武器装备毁伤效能数据工程

Introduction to Weapon and Equipment Damage Effectiveness Data Engineering

宫小泽　王永利　等著

国防工业出版社

·北京·

内 容 简 介

本书对武器装备毁伤效能数据工程进行了科普性介绍,内容主要包括武器装备毁伤效能数据工程概述,武器装备毁伤效能数据工程建设途径,建议的武器装备毁伤效能数据工程体系总体框架、系统组成,武器装备毁伤效能数据工程支撑条件,武器装备毁伤效能数据工程知识管理方法,毁伤效能智能化评估与辅助决策方法,部分关键技术等。

本书可供相关军事院校和部队用作学习武器装备毁伤效能数据工程知识的教材,也可作为地方高等院校开展国防知识教育的辅助教材和参考读物,还可供对武器装备毁伤效能数据工程知识感兴趣的军事爱好者阅读参考。

图书在版编目(CIP)数据

武器装备毁伤效能数据工程/宫小泽等著. —北京:国防工业出版社,2024.6
ISBN 978-7-118-13332-5

Ⅰ.①武… Ⅱ.①宫… Ⅲ.①武器装备-击毁概率-数据管理 Ⅳ.①TJ06

中国国家版本馆 CIP 数据核字(2024)第 104912 号

※

国防工业出版社出版发行
(北京市海淀区紫竹院南路23号 邮政编码100048)
北京虎彩文化传播有限公司印刷
新华书店经售

＊

开本 787×1092 1/16 印张 14 字数 317 千字
2024 年 6 月第 1 版第 1 次印刷 印数 1—1200 册 定价 68.00 元

(本书如有印装错误,我社负责调换)

| 国防书店:(010)88540777 | 书店传真:(010)88540776 |
| 发行业务:(010)88540717 | 发行传真:(010)88540762 |

前　言

毁伤效能是指武器弹药在特定使用条件下达到某种毁伤任务要求的能力，毁伤效能评估研究涉及武器弹药由概念论证、预先研究、型号研制，到生产动员能力规模制定、采购、储备基数确定，再到作战使用及使用后评估等武器弹药全寿命周期的各个环节，应用范围非常广泛。武器装备毁伤评估的准确性和实时性是实现武器装备创新发展和有效使用的重要基础，对充分发挥武器装备的战斗性能、提高作战水平具有重大的现实意义，直接影响战争的进程和结果。

武器装备的毁伤效能数据是数据资源的重要组成部分，是构建弹药手册的基础。装备毁伤效能数据工程是装备业务信息化和装备保障信息化的基础性工程，旨在运用系统工程方法和先进的信息技术手段，对装备毁伤效能数据资源进行顶层规划设计，构建丰富翔实的装备毁伤效能数据资源库，建立完善配套的管理保障机制，实现装备毁伤效能信息的高效流动和充分利用，促进装备毁伤评估全系统、全寿命业务管理信息化，提高装备保障能力和保障水平。

本书借鉴了多位专家已有的成果，总结了编写者参加多年武器装备毁伤效能评估领域信息化和数据工程工作的经验，旨在为武器装备毁伤效能数据工程梳理出一个较为完整的工作与方法体系，提供一个较为清晰的工作思路。本书没有面面俱到地介绍武器装备毁伤效能数据工程的各种具体技术，而是勾勒出相关工作与方法的总体结构，重点说明做什么，为相关工作人员提供一个总体思路。书中根据需要介绍了一些重要的技术内容，希望本书能为广大的武器装备毁伤效能数据工程工作人员提供有益的帮助。本书提出了武器装备毁伤效能数据生态的全新概念，围绕这一概念提出了统一规划、先进、可扩展、可靠、便捷的工程建设原则，书中大部分内容经过了工程实践检验。

参与本书内容研究和撰写的人员包括宫小泽、王永利、熊伟、赵显伟、颜克冬、刘冬梅、俞研、周小亮、方婷、王圣鸿、黄天文、王晓莉、桑江辉、王玉鹏。

由于我们水平有限，虽然很努力，但仍难免有不足之处，恳请读者发现后指出。

作者
2023 年 9 月于白城

致 谢

在本书编写过程中,很多从事装备数据、毁伤效能评估工作的领导和专家给予了我们重要的帮助。装备发展部某部主任、高级工程师,对本书编写目标的确定及内容选择、大纲编制等工作给予了重要指导和细致具体的帮助。

国防科技大学卢芳云教授对本书的大纲和武器装备毁伤效能数据规划等内容提出了富有价值的意见,并提供了很多宝贵的资料。装备发展部某研究所范开军高级工程师、陆军试验训练基地第一试验训练区姚志军正高级工程师、陆军工程大学张永亮副教授对本书武器装备毁伤效能数据采集与质量控制、数据管理与应用等相关内容提出了很有价值的意见。

南京理工大学陆建峰教授、李向东教授对本书提出了很多宝贵意见和建议。

我们还参考了很多其他专家的研究成果,都列在了书后参考文献中,但在撰写过程中,可能会由于匆忙和不细心而有所遗漏。在此对所有这些专家也表示衷心感谢!

还有很多专家、朋友及本单位的领导和同事为我们提供了无私帮助,不能一一致谢,在此一并表示衷心感谢!

目 录

第1章 武器装备毁伤效能数据工程概述 ·· 1

1.1 毁伤效能相关概念 ·· 1
1.1.1 毁伤效能评估的含义 ·· 1
1.1.2 毁伤效能评估的研究意义 ··· 2
1.1.3 毁伤效能数据的应用 ·· 3
1.2 武器装备毁伤效能数据 ··· 5
1.3 武器装备毁伤效能数据工程 ·· 5
1.3.1 数据工程的含义 ·· 5
1.3.2 武器装备毁伤效能数据工程的建设目标 ······································ 7
1.4 武器装备毁伤效能数据生态 ·· 9
1.4.1 毁伤效能数据生态 ··· 9
1.4.2 毁伤效能数据资源体系 ·· 9
1.5 武器装备毁伤效能数据工程研究现状及发展趋势 ······························ 10
1.6 武器装备毁伤效能数据工程的地位和作用 ·· 15

第2章 武器装备毁伤效能数据工程建设途径 ·· 17

2.1 建设流程 ·· 17
2.1.1 数据需求分析 ··· 17
2.1.2 数据规划 ·· 21
2.1.3 数据模型设计 ··· 25
2.1.4 设计方案实施 ··· 27
2.1.5 数据采集与汇总 ··· 28
2.2 功能需求分析 ··· 30
2.3 体系功能布局 ··· 32
2.3.1 毁伤效能数据采集与预处理设计 ··· 32
2.3.2 毁伤效能数据存储与计算分析设计 ·· 34
2.3.3 毁伤效能数据检索与应用设计 ·· 36
2.3.4 毁伤效能评估用户需求的服务推荐设计 ··································· 36

2.3.5 数据访问和数据操作的可靠性、安全性保证设计 …………… 37
　　2.3.6 系统安全管理设计 …………………………………………… 37
　　2.3.7 大数据平台支撑环境设计 …………………………………… 38
2.4 建设发展路径 ……………………………………………………… 40
　　2.4.1 工程建设阶段 ………………………………………………… 40
　　2.4.2 形成能力阶段 ………………………………………………… 43
　　2.4.3 发展提高阶段 ………………………………………………… 45

第3章 武器装备毁伤效能数据工程体系 …………………………… 46

3.1 总体框架 …………………………………………………………… 46
　　3.1.1 总体建设思路 ………………………………………………… 46
　　3.1.2 设计原则 ……………………………………………………… 46
　　3.1.3 建设内容及总体架构 ………………………………………… 48
3.2 系统组成 …………………………………………………………… 51
　　3.2.1 毁伤效能数据采集与预处理子系统 ………………………… 51
　　3.2.2 毁伤效能数据存储与计算分析子系统 ……………………… 54
　　3.2.3 毁伤效能数据检索与应用子系统 …………………………… 58
　　3.2.4 武器装备毁伤效能数据服务系统支撑软件平台 …………… 60
　　3.2.5 武器装备毁伤效能数据服务系统支撑硬件平台 …………… 64

第4章 武器装备毁伤效能数据工程支撑条件 ……………………… 66

4.1 体制标准机制 ……………………………………………………… 66
　　4.1.1 毁伤评估标准规范体系构建 ………………………………… 66
　　4.1.2 异构毁伤效能数据标准化规范方法 ………………………… 67
　　4.1.3 武器装备毁伤效能数据工程管理机制 ……………………… 68
　　4.1.4 法规标准体系建设 …………………………………………… 70
4.2 武器装备毁伤效能数据资源建设评估方法 ……………………… 71
　　4.2.1 武器装备毁伤效能数据服务能力评估 ……………………… 72
　　4.2.2 武器装备毁伤效能数据保障能力评估 ……………………… 73
　　4.2.3 武器装备毁伤效能数据应用效益评估 ……………………… 74
4.3 六性评价 …………………………………………………………… 77
　　4.3.1 可靠性 ………………………………………………………… 77
　　4.3.2 安全性 ………………………………………………………… 77
　　4.3.3 维修性 ………………………………………………………… 78
　　4.3.4 保障性 ………………………………………………………… 78

4.3.5　测试性 ··· 79
　　4.3.6　环境适应性 ··· 79
4.4　安全保密体系建设 ··· 80
　　4.4.1　安全保密体系构成 ··· 80
　　4.4.2　技术体系 ··· 82
　　4.4.3　管理体系 ··· 86
　　4.4.4　建设要求 ··· 88
4.5　人才队伍建设 ·· 88
　　4.5.1　人才队伍的构成 ··· 89
　　4.5.2　对人才的要求 ·· 89
　　4.5.3　人才培养 ··· 92
4.6　武器装备毁伤效能数据工程管理方法 ·································· 93
　　4.6.1　工程项目管理 ·· 94
　　4.6.2　工程职能管理 ·· 113

第5章　武器装备毁伤效能数据工程知识管理方法 ·················· 119

5.1　武器装备毁伤效能数据工程知识管理的内涵 ······················ 119
5.2　本体规划 ··· 119
　　5.2.1　本体知识建模 ·· 119
　　5.2.2　本体的构建方法 ·· 121
　　5.2.3　军事本体构建流程 ··· 121
5.3　元数据管理 ·· 122
　　5.3.1　多源异构信息的统一描述 ··· 122
　　5.3.2　元数据提取研究方法 ·· 122
5.4　知识图谱构建 ··· 125
　　5.4.1　实体抽取方法 ·· 125
　　5.4.2　命名实体识别算法 ··· 127
　　5.4.3　关系抽取方法 ·· 128
　　5.4.4　知识图谱融合方法 ··· 128
5.5　毁伤效能推荐 ··· 131
　　5.5.1　用户行为建模 ·· 131
　　5.5.2　用户行为获取 ·· 131
　　5.5.3　用户行为聚类 ·· 132
　　5.5.4　推测用户倾向 ·· 133
　　5.5.5　为网络异常事件识别提供基准 ·································· 134

5.6 毁伤效能智能分析的知识计算方法 ·································· 135
 5.6.1 毁伤知识本体推理 ·································· 135
 5.6.2 毁伤知识的规则推理 ·································· 136
 5.6.3 路径计算 ·································· 137
 5.6.4 社区计算 ·································· 138
 5.6.5 弹药目标匹配相似子图计算 ·································· 140
 5.6.6 链接预测 ·································· 141
 5.6.7 弹药毁伤知识不一致校验 ·································· 142
 5.6.8 弹药目标匹配相关分析 ·································· 144
 5.6.9 自动规则挖掘 ·································· 147
5.7 基于战场知识体系的推理与认知 ·································· 150
 5.7.1 基于知识推理的态势认知预测框架构建 ·································· 150
 5.7.2 基于知识推理的攻击体系威胁态势研究 ·································· 153
 5.7.3 防御体系能力辅助认知研究 ·································· 162
 5.7.4 武器装备知识图谱样例 ·································· 164
5.8 毁伤效能数据测试与验证 ·································· 167
 5.8.1 弹药手册知识体系框架 ·································· 168
 5.8.2 典型目标易损性分析及建模 ·································· 170

第6章 毁伤效能智能化评估与辅助决策 ·································· 174

6.1 毁伤效能评估问题分解 ·································· 174
 6.1.1 面向情景的复杂问题分解和求解规划生成技术 ·································· 175
 6.1.2 面向重点目标的毁伤评估要素分析与设定 ·································· 175
6.2 毁伤效能知识图谱生成与管理 ·································· 176
 6.2.1 面向毁伤评估任务全过程的知识图谱构建方法 ·································· 176
 6.2.2 多源异构毁伤数据统一表征技术 ·································· 177
 6.2.3 多源毁伤知识融合对齐及知识提取方法 ·································· 178
6.3 面向毁伤效能评估领域的语义理解智能问答 ·································· 180
 6.3.1 面向毁伤评估领域的智能问答系统算法框架 ·································· 181
 6.3.2 基于自然语言处理的问句分析 ·································· 182
 6.3.3 面向语义理解的智能问答流程 ·································· 182
6.4 战场毁伤效能信息汇聚与火力部署方案推荐 ·································· 184
 6.4.1 基于多过滤器驱动的类别属性抽取算法 ·································· 184
 6.4.2 基于语义关联度挖掘的类别属性抽取算法 ·································· 184
6.5 毁伤评估数据智能分析推理 ·································· 185

  6.5.1 基于机器学习的毁伤评估作战辅助决策方法 ………………… 186
  6.5.2 基于知识图谱的实时毁伤效果预测 ……………………………… 187

第7章 部分关键技术 ……………………………………………………… 189

 7.1 系统分析与建模 ………………………………………………………… 189
  7.1.1 结构化分析方法 …………………………………………………… 189
  7.1.2 面向对象分析方法 ………………………………………………… 190
 7.2 数据智能 ………………………………………………………………… 191
  7.2.1 不同来源主动诠释含义 …………………………………………… 193
  7.2.2 不同来源主动诠释目标 …………………………………………… 193
 7.3 评估方法 ………………………………………………………………… 195
  7.3.1 层次分析法 ………………………………………………………… 195
  7.3.2 模糊评价法 ………………………………………………………… 196
  7.3.3 专家评估预测法 …………………………………………………… 196
  7.3.4 多目标决策法 ……………………………………………………… 197
  7.3.5 毁伤效能评估方法 ………………………………………………… 198
 7.4 毁伤效能分析计算 ……………………………………………………… 198
  7.4.1 战斗部威力分析 …………………………………………………… 199
  7.4.2 目标易损性研究 …………………………………………………… 199
  7.4.3 弹药毁伤效能评估方法研究及数学建模 ……………………… 200
  7.4.4 弹目交汇毁伤评估 ………………………………………………… 202
 7.5 新技术与应用 …………………………………………………………… 204
  7.5.1 数字孪生 …………………………………………………………… 204
  7.5.2 云边端协同 ………………………………………………………… 208
  7.5.3 湖仓一体化 ………………………………………………………… 210

参考文献 ……………………………………………………………………… 212

第1章 武器装备毁伤效能数据工程概述

什么是毁伤效能？什么是毁伤效能数据？什么是毁伤效能数据工程？为什么要研究武器装备毁伤效能数据工程？武器装备毁伤效能数据工程有什么特点？本章将讨论有关武器装备毁伤效能数据工程的基本概念，以回答上述问题。

1.1 毁伤效能相关概念

近年来武器命中精度不断提高、毁伤威力不断增强。随着新概念武器的出现和应用，毁伤效能数据的应用领域和研究范畴也在不断发生改变。毁伤效能数据包括生产研制、试验鉴定、作战运用等阶段中全部与毁伤相关的大数据，是信息化、智能化条件下作战指挥决策的重要依据。毁伤效能评估是摸清武器装备性能底数的"最后一公里"。

1.1.1 毁伤效能评估的含义

"效应"是指在有限环境下一些因素和一些结果构成的一种因果现象。在军用毁伤领域，是指特定条件下毁伤元对目标或靶元的作用现象。"效应"与"效果""效能"的区别在于，"效应"主要是因果现象和因果规律；"效果"是由某种动因或原因所造成的结果或后果；"效能"是完成预期任务的能力。

"毁伤效应"是指毁伤元与目标或靶元的相互作用现象，是毁伤元功效与目标响应结果的内在因果联系。包括目标在给定毁伤元作用下的毁伤机理，毁伤元与同类材质目标或靶元结构毁伤之间的破坏规律、结构毁伤与功能毁伤之间的关系规律等。

"毁伤效果"是指在给定打击条件下武器弹药对目标或靶元击毁、杀伤、损坏、降低功能等作用造成的结果。单目标的毁伤效果通常按毁伤概率来判定；群目标的毁伤效果通常以被毁伤目标数的期望值或被毁伤目标的平均百分率即数学期望值与目标总数之比来判定。

"毁伤效能"是指武器弹药在特定使用条件下达到某种毁伤任务要求的能力，即武器弹药在有效射程、落点精度、战斗部落速、落角、炸点以及弹目交会等条件下能够实现的对目标毁伤的程度和能力。

"毁伤效能评估"是指综合考虑武器弹药性能、目标易损性、弹目交会条件、毁伤准则、使用环境等因素，在对毁伤过程及目标响应进行深入研究的基础上，对武器装备有效毁伤目标能力的评价与估量。

美军情报机构目标毁伤效果评估工作组对目标毁伤效果评估的定义是：在对既定目标进行军事打击（包括致命和非致命）后，对目标进行及时和准确的毁伤估计，目标毁伤效果评估适用于整个作战行动过程中所有类型的武器系统，包括空军、陆军、海军和特种作战力量武器系统，目标毁伤效果评估主要由情报部门负责，包括物理毁伤评估、功能毁伤评估和目标系统毁伤评估。

武器装备毁伤评估的准确性和实时性是实现武器装备创新发展和有效使用的重要基础，对充分发挥武器装备的战斗性能、提高作战水平具有重大的现实意义，直接影响战争的进程和结果。毁伤评估作为武器装备研制与使用的基础，引起世界主要军事大国的高度关注。

1.1.2 毁伤效能评估的研究意义

毁伤效能评估研究涉及武器弹药由概念论证、预先研究、型号研制，到生产动员能力规模制定、采购、储备基数确定，再到作战使用及使用后评估等武器弹药全寿命周期的各个环节，应用范围非常广泛。毁伤效能评估研究还涉及含能材料、炸药、弹体材料、毁伤元、各种战斗部、各类目标以及各类弹药对不同目标的作用等内容，内涵非常丰富。因此，必须研究各类武器装备的毁伤效应，评估其毁伤能力，从而发挥其高效毁伤能力，提高作战规划水平，指导实际作战。毁伤效能评估在作战/训练指挥中的作用如图1-1所示。

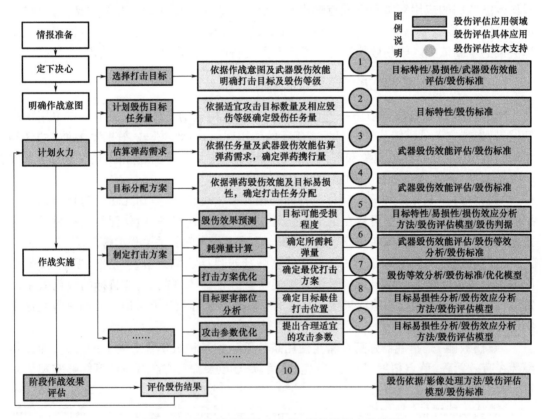

图1-1 毁伤效能评估在作战/训练指挥中的作用

近些年来随着高新武器装备的快速发展，高效毁伤战斗部设计技术和水平得到快速提高，研制了大量新型战斗部，战术性能也达到了新的高度。但由于在战斗部设计时对目标的毁伤效应分析不到位，不重视战斗部对目标的毁伤效能，同时缺乏对目标易损性、毁伤准则以及毁伤作用效应的深入研究，导致战斗部毁伤元设计具有一定的盲目性，战斗部实战毁伤性能不佳，这从部分军事演习和飞行靶试在非预定环境下武器性能表现不佳的情况得以体现。因此,必须研究各类战斗部的毁伤效应,评估其目标毁伤能力,从而将其高效毁伤能力发挥出来,提高作战规划水平,指导实际作战。

战斗部毁伤效能分析与评估研究及其相应的技术创新是制约战斗部及武器系统发展的关键问题。现阶段我国战斗部研发除了缺乏类似国外的毁伤效应分析与评估手段之外,还缺乏动态毁伤试验验证数据以及支撑毁伤效应分析与评估的材料静/动态力学性能数据库、目标特性数据库和战斗部数据库,且评估多以静态威力场为主,难以准确实现战斗部静爆威力数据与动态毁伤分析能力的转化与对接。要准确评估战斗部的实战性能并能够给出科学合理的结论,还缺乏有效的手段和充分的数据支撑。

分析战斗部的毁伤效能,主要面临以下三个方面的问题:

1. 毁伤效应测试方法与大数据欠缺规范和统一,急需深入发掘、整合和科学利用

在各种战斗部研制和技术研究过程中,积累了大量战斗部威力试验数据和毁伤效应试验数据,但是数据较为零散,格式不统一,处理方法不规范,数据未能实现有效整合,导致数据未能得到充分利用。

2. 战斗部动态毁伤效应分析与评估的理论模型、试验依据和测试方法不足

当前,毁伤效应评估主要使用国外软件,但对国外软件的算法和基础理论缺乏深入了解,对所使用工程算法的精度缺乏分析和比较,不能有效实现多种毁伤元的耦合计算和试验验证,导致目前毁伤分析与快速预估的准确性缺乏有效依据。

试验手段和测试方法不能满足有效可靠测试战斗部动爆条件下动态多效应毁伤元的时空分布参数的要求,如针对动爆超压测试时超压场分布不均、方向性强、爆点位置不确定、伴随有高速破片等特点,现有测试手段无法满足动态冲击波超压空间分布测试的要求;此外大量破片群的空间参数仍难以有效测试。

3. 缺乏高精度和实用化的毁伤效应分析与评估软件

国内毁伤数据库、毁伤效应计算软件、试验验证相互独立,未实现毁伤数据及算法的有效集成,毁伤评估未充分考虑弹目交会的影响,导致评估结果存在较大差距。

武器弹药系统毁伤效能评估工作内容繁多,涉及多种学科专业。为了顺利开展此项工作,充分发挥武器系统性能、提高部队作战能力、提高国家资源的有效利用,在借鉴国外研究、发展成果和经验的基础上,立足于国内现状和研究成果,积极开展武器弹药系统毁伤效能评估方法研究具有极其重要的意义。

综上,为了推动相关研究在国内的快速发展,2017年10月18日,党的"十九大"报告着眼于国家安全和发展战略全局、对国防和军队现代化作出战略安排,强调要确保到2020年基本实现机械化、信息化建设取得重大进展,战略能力有大的提升,力争到2035年基本实现国防和军队现代化,到本世纪中叶把人民军队全面建成世界一流军队。新形势下,建设强大的现代化新型军队关系到党在新时期新形势下的强军目标,需要以全新的面貌适应现代化战争,需要掌握武器装备的作战效能数据,建立武器装备作战效能分析模型,开展武器装备毁伤效能数据工程建设,并研编"弹药效能手册"以支撑作战火力规划,实现火力打击的信息化,为联合作战提升贡献率。

1.1.3 毁伤效能数据的应用

本节分析在研制设计、试验鉴定、作战指挥等不同阶段的毁伤效能数据应用场景,明

确武器装备毁伤数据建设工程的用户需求和设计实现目标。

1. 武器弹药设计和研制阶段

针对设计研制用户,调研国内外相似武器弹药设计方案、关键技术参数,在毁伤效能数据的基础上通过科学评估优化装药设计和攻击条件参数,使武器弹药的毁伤效能满足军事行动的需求;对采集的毁伤效能数据进行时域、频域和总体的有效性分析,对收集到的数据之间的关联性和有效性进行多维度对比分析,并对数据可信度进行分析。用户可以从基础、弹药、目标、试验综合数据库模型调取战斗部威力场模型、目标易损性模型、弹目交汇模型并集成相关程序、经验、算法计算弹药对目标的毁伤效能。利用弹目交汇模型计算战斗部与目标交汇的场景,通过三维视景进行碰撞检测可以得到战斗部毁伤元在目标上的命中位置;载入战斗部威力场模型中的威力数据;载入目标易损性模型等数据;按照《武器装备毁伤效能数据规范》在集成框架计算环境下进行毁伤效能分析计算。

以材料的装填比计算为例,可根据历史材料查找相似弹种的"破片平均质量""速率""破片的空间分布"等参数,计算弹药的装填系数。利用毁伤效能数据服务系统提供的"相关性分析"工具,获取强相关的要素信息,提高弹药设计质量,提升设计效率。

2. 武器弹药试验验证阶段

针对验证评估用户,通过少量的实弹试验获得的毁伤效能数据进行评估,验证武器弹药的实际性能,采用试验条件、环境、空间关系等毁伤效能数据反映弹药在静爆、动爆条件下的毁伤能力,通过对现役武器装备毁伤效能的评估研究,挖掘装备体系的优势和强项,找出存在的问题、不足和短板,缩短研制周期,减少试验量和经费消耗,进而有针对性地提出装备发展方向,为完善和优化装备体系、科学推动装备体系创新发展寻求方向。

① 试验方案制定:为了完成试验场域的选择、测试靶布设,利用毁伤效能数据服务系统提供的多媒体检索分析工具,分析历史试验数据(包括对有用视频的抓取、处理不同格式的文件),根据破片侵彻历史数据,进行临界距离的计算、安全距离的计算。

② 试验项目评估:包括各种试验项目的考核和评估,对历史数据进行核对校正、纠偏;如果国内没有类似的试验数据,则可利用检索工具搜索外军类似弹药的破片速度等参数。

3. 武器弹药作战训练和实战使用阶段

针对作战指挥用户,系统化收集和分析毁伤效能方面的相关数据,不仅可用于打击效果评估,还可用于深化武器毁伤效能评价,找出武器弹药设计缺陷与不足,反馈给武器管理部门和研制单位,促进技术进步和设计水平提升。

毁伤效能数据工程有助于弹药在役考核的运用,生成火力筹划方案,覆盖战前、战中、战后弹药毁伤运用。根据侦察情报、作战方向、对手信息等动态态势,确定作战一体化策略,辅助指挥人员进行决策,有哪些目标要打,哪些目标和弹药匹配,采用攻坚破甲弹、杀爆弹还是其他弹种,构建"小战术大支撑"的数据生态链条。例如作战指挥打击效果评估需要解决弹药耗用量预测问题:综合考虑参战兵力、战斗力比值、作战样式、作战强度、人员伤亡率、持续时间、隐蔽度、作战态势、指挥水平、信息化程度、训练水平、部队士气、保障能力、地形地貌、气象气候等因素,根据武器装备毁伤数据建设工程梳理的历史案例,基于多元回归分析、深度学习、图神经网络等方法构建弹药消耗预测模型,预测部队的轻武器、压制武器、反坦克武器、高射武器、防空导弹弹药的消耗量。

1.2　武器装备毁伤效能数据

武器装备是指用于作战和保障作战及其他军事行动的武器、武器系统、电子信息系统和技术设备、器材等的统称。主要指武装力量编制内的舰艇、飞机、导弹、雷达、坦克、火炮、车辆和工程机械等，分为战斗装备、电子信息装备和保障装备。

《新牛津英汉双解大词典》对"数据"（data）的解释：收集到一起的事实或统计数字，用于引用或分析。数据也专指在计算机上执行处理的、可以以电子信号方式存储和传播，并在磁、光或机械媒质上记录的数量、字符或符号。

在哲学上对"数据"的解释：已知或假设为事实的东西，它构成推理和计算的基础。

国际标准化组织（ISO）对"数据"所下的定义：数据是对事物、概念或指令的一种特殊表达方式，这种特殊表达方式可以使用人工的方法或者用自动化的装置进行通信、翻译转换或者进行加工处理。

国军标《指挥自动化术语》（GJB 1333—91）中对"数据"的解释：数据是事物、状态、概念、指令等一种形式化的表示，逻辑上分为数值型、文字型和图形型三种类型。它适合于人工或自动方式进行通信、解释或处理。

高复先等人在《信息工程与总体数据规划》一书中对"数据"的解释：数据是客观事物的基本事实。

陈庄等人在《信息资源组织与管理》一书中对"数据"的定义：数据是指对客观事物记录下来的、可以鉴别的符号。

综上所述，武器装备毁伤效能数据具有两个特征：①反映的是武器装备毁伤效能领域的事实；②作为武器装备毁伤效能分析领域的一种表达方式。这也符合我们日常用语中数据这个词所表达的含义。例如下列说法中"数据"这个词的含义就具备这两个特征：年度弹药耗用数据、人员编成数据、装备实力数据、本次打靶试验数据。它们分别反映了年度弹药耗用情况、人员数量和教育训练水平、装备数量和质量、打靶试验情况等事实，同时，它们通过纸质资料或屏幕显示作为表达方式，把相关事实呈现给需要的人。

1.3　武器装备毁伤效能数据工程

1.3.1　数据工程的含义

戴剑伟等人在《数据工程理论与技术》一书中，定义"数据工程是以数据作为研究对象，以数据活动作为研究内容，以实现数据重用、共享与应用为目标的科学"。

岳昆在《数据工程——处理、分析与服务》一书中，定义"数据工程，是指面向不同计算平台和应用环境，使用信息系统设计、开发和评价的工程化技术和方法"。

林平等人在《军事数据工程基本问题分析》一文中，给出了军事数据工程的说明。"军事数据工程以军事数据为研究对象，以军事系统工程为基本的研究方法，以数学和计算机为研究工具，为国防军队建设和作战指挥决策提供数据应用服务"。此外，林平等人还提出，"军事数据工程理论研究的基本内容包括数据概念、数据体系、数据来源、数据采集、数据统计、数据分析、数据结构、数据加工、数据产品、数据管理、数据应用等方面"。

数据工程,至今还没有公认的统一定义。不同的研究者,站在不同的立场,从不同的角度,看到的数据工程是不一样的。一方面数据工程的概念还比较新,还没有形成一致的看法;另一方面,数据工程的实践性很强,不同的实践差异很大,不容易形成一致的看法。

无论何种数据工程的实践,其目标是一致的,即以比较低的成本、比较高的效率实现数据的有效共享和充分利用。综上所述,对数据工程的不同定义以及经常遇到的有关数据工程的不同看法,可以总结为两个观点。

观点1:数据工程是理论方法体系。从这个角度,可以把数据工程定义为"实现数据全寿命管理的工程方法",其主要内容包括数据规划、数据建模、数据结构设计、数据采集方法、数据加工处理方法、数据应用模型等。

观点2:数据工程是工程实践。从这个角度,可以把数据工程定义为"为了达到一定数据应用目标而实施的长期项目"。这些项目各不相同,但其主要内容都包括数据应用目标、数据、数据源、数据库或数据存储、数据产品、基础设施、保障设施等。

其实,数据工程既是工程实践,又离不开理论方法,这二者是合一的。两种观点各自强调了数据工程的一方面。从学术的角度,把数据工程看成理论方法体系,有利于提高研究水平,但由于数据工程实践的复杂性和创新性,单纯的理论方法体系很难比较好地指导数据工程实践。而过于强调数据工程的实践性,又容易忽视理论方法的指导,降低数据工程成果的合理性和发展性。因此在实践中,二者不可偏废。这并不是硬性把两种观点合并到一起,而是强调理论和实践的关系是高度耦合的,而非分离的。

如果从技术和管理的角度看,数据工程既有丰富的技术内容,同时也有丰富的管理内容,这和传统上把技术和管理分离开、把技术人员和管理人员分离开的做法是不同的。数据工程的成功,需要技术和管理的统一,而不是单一的技术或管理。

从历史的角度看,数据工程有两个起源。一是起源于软件工程。在为克服软件危机而建立软件工程学科以后,软件质量得到了很大提高,然而随着应用的进一步深化,特别是大型计算机应用系统的普及,应用系统的效益并没有随之提升,反而出现了很多失败的项目。例如,很多企业的ERP项目都遭遇了失败,在国内不延期的ERP项目几乎找不到。其原因除了软件质量问题,更大的问题在于数据。其中很重要的一个原因是忽略了数据的规范性和数据流的规范化,于是很多企业在付出相当高代价以后,认识到了数据的重要性,又反过来开始做数据和数据流规范的基础性工作,人们将其称为数据驱动,并建立了一系列处理数据的技术方法和管理方法。正是这时候,数据工程诞生了。

数据工程的另一个起源是拥有大量数据的信息服务单位,如图书馆、互联网公司等。随着信息化手段的发展,图书馆等传统信息服务单位由于拥有丰富的信息资源,自然成为信息化的首要目标,而拥有大量信息的互联网公司则具有天然的优势。他们都开始从数据产品的角度,考虑如何为客户提供更好的服务,同时获得更大的社会效益和经济利益。于是,就有人专门研究如何进行数据的规划设计、数据建模、数据库和数据仓库的建立、数据加工处理,从而形成高质量的数据产品和服务,数据工程应运而生。

所以数据工程从诞生的时候起,就是融技术和管理于一体的。数据工程不仅要在数据规划设计、处理、应用等方面提供一套完整的理论、方法与技术体系,而且还要以建成能够提供数据服务的实体数据库为目标,提供整个项目建设过程中所涉及的各种工作的方法、思路、经验和技术。也只有这样,才能够有效指导数据工程项目的实施,以保证项目的成功。

从工程具有的几个特征来认识数据工程,对其含义可能会认识得更清楚:

(1)数据工程的目标:把原始数据加工成数据产品,实现重用、共享与应用。

(2)科学知识和技术手段:从学科来看,涉及数学、物理、计算机、软件等多种学科及相关专业领域的知识;从工作任务来看,涉及数据规划、设计、标准化、编码、建模、采集、存储、加工、服务、应用、管理等多方面的技术;从实现来看,涉及软件工程、数据库等多方面的手段。

(3)数据工程人员构成:工程管理人员、数据产品的用户、数据需求分析人员、设计人员、数据模型设计人员、软件工程师、数据采集人员等。

(4)数据工程的人员组织方法:职能管理,项目管理。

(5)数据工程的初始实体:各种原始数据。

(6)数据工程的目标实体:各种数据产品。

(7)通过人工和计算机软硬件的共同作用,把原始数据转化成数据产品。

(8)数据产品的价值:数据产品通常用于决策支持,可有效提高决策的及时性和准确性,具有很高的价值。

(9)数据工程的过程:由一系列运用各种管理方法和技术的高效率的活动构成,例如,数据的规划、设计、标准化、建模、采集、存储、加工、服务、应用,项目的立项、研究、实施、开发、评估、验收等。

1.3.2 武器装备毁伤效能数据工程的建设目标

武器装备毁伤效能数据工程定义为:"武器装备毁伤效能数据工程是科学和数学在装备数据领域的应用,目的是利用各种相关科学知识和计算机、软件、数据库等各种技术手段,构成一个包含装备数据的规划、分析、设计、标准化、编码、建模、加工、服务等工作的有效的工程过程,以最短的时间和精而少的人力,做出可有效支持装备业务和装备保障的数据产品。"

下面分析一下武器装备毁伤效能数据工程的主要特征。

(1)武器装备毁伤效能数据工程的目标:把装备业务和装备保障等工作中产生的原始数据加工成可有效支持装备业务和装备保障工作的数据产品,实现装备数据的重用、共享,提高装备业务和装备保障工作的水平。

(2)科学知识和技术手段:从学科来看,涉及数学、物理、计算机、软件等多种学科及相关专业领域的知识;从工作任务来看,涉及数据规划、设计、标准化、编码、建模、采集、存储、加工、服务、应用、管理等多方面的技术;从实现来看,涉及软件工程、数据库等多方面的手段。

(3)人员队伍:包括装备毁伤效能数据用户和技术支持人员。用户包括装备生产验证、试验鉴定业务人员和装备保障、作战训练人员,既是装备毁伤效能数据的数据产生者和数据采集者,又是装备毁伤效能数据的使用者;技术支持人员,包括数据需求分析人员、设计人员、数据模型设计人员、软件工程师、设备管理人员等,他们负责在武器装备毁伤效能数据工程的各个阶段为用户提供相关的技术支持和服务。

(4)武器装备毁伤效能数据工程的人员组织方法:和一般的管理组织活动一样,包括基于职能的管理和基于项目的管理两种方法,可以分别简称为职能管理和项目管理。对于装备信息系统的应用,采用职能管理,其对象包括装备业务人员和毁伤评估人员,以及为这些用户提供数据和技术保障的技术支持人员;对于装备毁伤效能信息系统等相关建设,采用项目管理,通过一系列的项目,完成武器装备毁伤效能数据工程工作,建立起装备毁伤效能数据综合应用的系统、数据、标准、法规及人员的完整体系。

(5)武器装备毁伤效能数据工程的初始实体:各种装备代码、目标代码、装备毁伤效能基础信息、历史火力筹划案例、毁伤准则、弹目交会试验记录等原始资料,全面地说,也应该包括相关的各种原始业务。

(6)武器装备毁伤效能数据工程的目标实体:可为武器装备毁伤效能全寿命周期各阶段装备业务工作和毁伤效能评估工作提供决策依据,以恰当形式展现各种数据产品及相关支持系统。

(7)建立相应的工作体系:开发用于数据采集、存储、加工和管理的计算机软硬件系统,采集相关原始数据,并把它们转化成数据产品。这个转化的过程更多情况下是持续的,随着新的原始数据不断产生,所开发的系统不断地把原始数据转化成新的数据产品。

(8)数据产品的价值:武器装备毁伤效能数据工程的产品是一些数据,它们能够反映装备业务和毁伤效能评估工作的现状和规律,可以预测未来的发展趋势,用于支持装备业务和毁伤效能评估工作中的各种决策活动,对于保证装备业务和毁伤效能评估工作的科学高效具有重要作用。具体数据产品的质量不同,用途不同,所产生的价值也不同。

(9)武器装备毁伤效能数据工程是一个过程,它由一系列运用各种管理方法和技术的高效率的活动构成,各活动的最终核心对象则是装备数据。例如,包括装备数据的规划、设计、标准化、建模、采集、存储、加工、服务和应用,装备数据相关项目的立项、研究、实施、开发、评估、验收等。

为了解决武器装备效能评估问题,开展武器装备毁伤效能数据工程建设,用于武器装备论证、研制、试验、使用等不同阶段的效能评估,为作战体系、装备体系评价和优化提供定量依据。

武器装备毁伤效能数据工程的建设目标主要包括以下几个方面:

(1)构建面向联合作战应用的大规模毁伤效能数据服务系统框架,建设武器装备毁伤效能数据生态。

(2)构建包含基础数据、武器弹药性能数据、目标易损性数据、毁伤试验数据等多种格式的数据库。

(3)制定兼容多种数据类型的武器装备毁伤领域通用数据规范。

(4)研制具备大数据融合挖掘功能的"弹药效能手册"研编支撑应用组件。

1.4　武器装备毁伤效能数据生态

武器装备毁伤效能数据工程的建设目标之一是构建一种数据生态,数据生态是在特定的系统框架内,数据与其传输、存储、运用的物理环境之间进行着的连续性"效益"(例如军事效益)和数据资源交换所形成的一个"生态学"功能单位。

数据生态建设是指借助数据治理等技术手段,在数据资源交换的过程中,不断丰富数据生态的体量、扩充知识储备并提升数据质量,使得数据资源可以在生态系统中不断演化增强,提高其效益,实现数据的增值。

1.4.1　毁伤效能数据生态

本书在数据生态概念的基础上提出一种毁伤效能数据生态系统构建思路,以毁伤效能数据资源池为核心,以数据治理为手段,构建用于装备研发、鉴定、运用的一个可以不断迭代更新的、动态的生态系统。在这个系统中,数据资源循环往复不断流动,在信息交换中协同互动,在管理运用阶段向外输出数据的同时吸收该阶段反馈的资源信息,推动数据生态系统螺旋上升发展。

毁伤效能数据生态系统是一个可以自调节的系统,具有很强的可塑性。毁伤效能大数据生态系统有助于实现装备数据资源与军事应用的有机融合、互动以及协调,形成武器装备毁伤效能大数据感知、分析、管理与服务的良性增益闭环生态系统。

1.4.2　毁伤效能数据资源体系

依据数据生态建设构想,本书设计的毁伤效能数据资源体系架构如图1-2所示,该架构涵盖弹药设计与研发、鉴定试验、作战运用等多个毁伤数据管理阶段。

在毁伤效能大数据资源体系架构中,毁伤效能数据资源池是核心,它是毁伤效能大数据生态系统"能量"的来源。按照毁伤效能评估的工作流程,系统的角色主要可分为三类,分别为武器弹药研制人员、武器弹药试验鉴定人员和部队实战训练人员,不同的角色通过资源池提供的对应接口与系统进行交互,获得所需要的服务,对数据资源池进行相应的管理。

资源池的建立离不开数据。在此数据生态系统中,数据源由私有数据源和公共数据源组成。私有数据源包括装备研制、试验院所、作战训练部队等单位积累的数据;公共数据源主要来自社交网络数据以及移动互联网数据,包括各种类型的结构化、半结构化及非结构化的海量数据,是毁伤效能大数据平台提供知识服务的重要来源。

毁伤效能数据资源体系架构面向针对战役、战术以及装备的多层级、多尺度、动态敏捷的毁伤评估与指挥决策需求,从武器装备毁伤效能数据治理入手,基于"毁伤数据化、数据体系化、体系智能化"理念,开展知识和数据双重驱动的毁伤效能智能涌现、自演进智能毁伤效能数据生态构建、智能毁伤效能数据服务系统体系架构等基础理论与方法研究,突破传统静态为主的毁伤效能数据运用方式,构建动态伴生、智能演进的毁伤效能数据空间,打通"数据-信息-知识-决策"通路,推动实现对目标易损性分析模型、威力场评估模型、弹目适配算法、战场及鉴定环境、战术战法以及指挥艺术的一体化运用、有序积累和不断演进,为毁伤效能评估系统向智能化发展提供理论和技术基础。

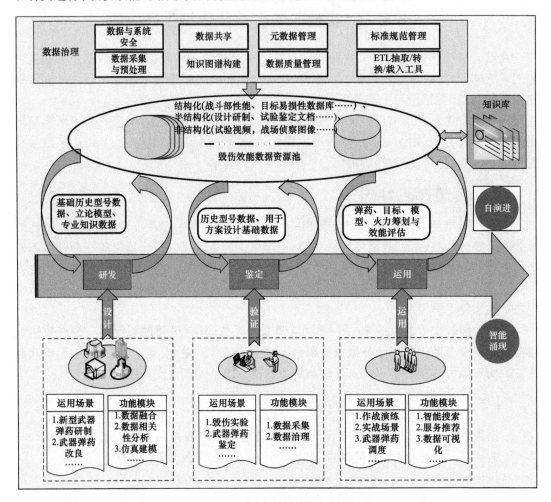

图1-2 毁伤效能数据资源体系架构

1.5 武器装备毁伤效能数据工程研究现状及发展趋势

毁伤评估研究工作较好的国家主要有美国、俄罗斯、德国、英国、荷兰、日本等,其中,美国于20世纪40年代最早启动研究工作,拥有世界上任意目标的毁伤模型,其数据库之丰富一方面基于大量的数据采集工作,但更重要的是其建立了为构建毁伤模型需要进行试验的试验设计准则、提取数据的方法流程以及根据模型使用效果对其进行修正的闭环程序。目前,大量评估系统运用于毁伤评估、目标易损性分析等领域,已形成系列研究成果并建立数据库,研究基础好、规范完整,已融入美军的武器弹药发展和作战使用过程中。目前,仍在针对新型弹药战斗部结构和毁伤模式以及新的环境和作战模式不断开展毁伤评估研究工作,不断完善毁伤评估体系工作。

目前,美国研究了战场上几乎所有军事目标的易损特性和武器的杀伤力和毁伤机理,积累了丰富的试验(实验)数据,对各种目标毁伤模式研究较为透彻,为爆炸、威力场、杀伤机理建立了较完善的基础理论。美国的 ARL 及 BRL 两大军方实验室对目标毁伤效能，从终点毁伤效应、机理到评估方法和评估程序、计算机应用技术等，做了大量深入细致的研究。美国 ATEC（评估路线见图 1-3）弹药毁伤测试评估路线是：从武器系统测试评估计划、战场环境/目标仿真模型、集成武器系统、开发测试设备/测试方法、实弹毁伤试验，到最终形成有效、置信度高的毁伤数据库。

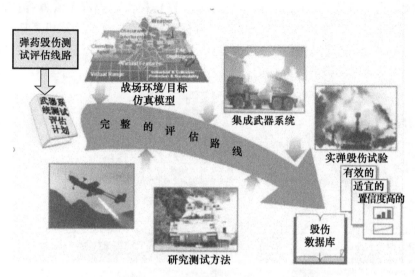

图 1-3　美国 ATEC 制定的毁伤测试评估路线

2016 年美国国防部作战指挥测试与评估委员会（DOTE）发布的联合弹药效能手册专家系统软件 V2.2 版本如图 1-4 所示，包括输入目标、目标属性、打击位置以及攻击武器类型，软件可以自动计算出目标大致毁伤情况及毁伤概率。

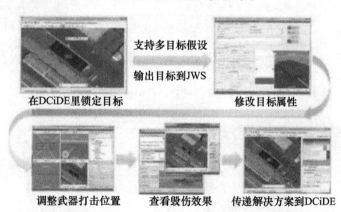

图 1-4　联合弹药效能手册武器专家系统 JWS

美国 SERVICE 工程公司也在战斗部毁伤效应、目标易损性方面做了大量工作，使用模型预估毁伤效能，然后采用实弹毁伤试验对物理模型进行修正，如图 1-5 所示，该公司的评估软件已经应用在美国军方的多个武器装备毁伤测试评估职能部门，如联合委派支援行动（Joint Accreditation Support Activity，JASA）、美国陆军评估中心（the U. S. Army Evaluation Center，AEC）；美国的陆军研究实验室（ARL）和弹道研究所（BRL）两个军方实验室从目标毁伤的终点毁伤效应、机理出发,利用计算机仿真技术等做了大量深入细致的研究,开发了多种典型目标的毁伤效能模型及程序,并将研究分析成果应用于武器工程设计中。另外,荷兰应用科学研究机构(TNO)使用先进的测试方案以及计算机模型对陆海空目标进行了广泛的毁伤效能仿真与试验,如图1-6所示。TNO可以用计算机模型预测特定类型弹药的毁伤效能,并且更改仿真模型能快速预测评估终点弹道效能(包括弹体飞行稳定性、爆炸、威力场过程以及威力场装甲后效应等),极大地提高了武器弹药研制效率,节省大量军费开支。瑞典FMV机构研制的"目标毁伤/武器威力计算机高精度仿真评估的软件包"(AVAL),能够实现包括人员、坦克、飞机和舰船等陆海空在内的目标毁伤、武器威力及实战场景毁伤概率等方面的评估。

图1-5 美国SERVICE工程公司易损性模型与实弹试验测试

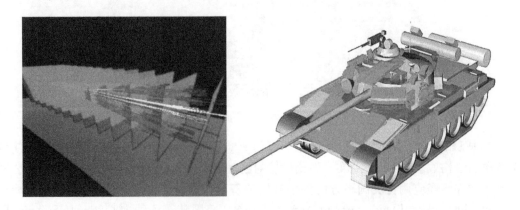

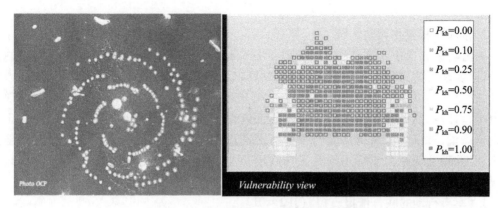

图1-6 TNO对陆海空目标的毁伤仿真

由于技术封锁,目前世界主要军事强国相关资料无法获取,世界军事强国(尤其是美国、俄罗斯)均十分重视"弹药效能手册"的研编工作。

此外,俄罗斯还编制了火力毁伤规划手册,通过标准弹和标准目标的形式计算对目标的用弹量。在美国的毁伤评估成果体系中,《联合弹药效能手册》是这些产品的核心,《联合弹药效能手册》内容涵盖武器及武器系统物理特征和性能详细数据等。根据2002年公布的资料,《联合弹药效能手册》光盘集成产品包括5个部分(各一张CD-ROM光盘),分别是联合对空作战效能-空中压制2.0(J-ACE-AS2.0)、联合对空作战效能-防空1.0(J-ACE-AD1.0)、联合弹药效能模型/飞机生存力武器运用工程系统2.2.1(JANS2.2.1)、联合弹药效能手册-武器效能系统2.0(JWES2.0)以及特种作战目标易损性与武器运用工程手册2.0。2007年,弹药效能联合技术协调小组发布了DVD版联合弹药效能武器运用工程系统(JWSv1.2),集成了空对地和地对地武器效能评估相关工具,内含新增/更新战斗部数据、投放/打击精度数据,近280种新增目标的易损性数据,以及新版建筑物分析模块(其中包括小直径炸弹、制导多管火箭系统等新/老弹药装备)。同时,该小组又推出CD-ROM版联合对空作战效能-空中压制3.2.1,与老版相比,新版增加了F-22飞行性能数据和一些新型空空导弹、防空导弹性能模型。2012年,《联合弹药效能手册》已更新至v2.1版。此外,美国还有如下的指导弹药作战应用的模型和手册。

1. 目标毁伤效果评估贝叶斯网络决策模型

1999年美国空军的丹尼尔上校(Daniel W. F)提出目标毁伤效果评估贝叶斯网络(Bayesian belief network)决策模型。该模型可用于战时实时的目标毁伤效果评估,它可以综合战前的各种预测信息、战场上收集到的各种目标毁伤信息及专家的经验对目标的毁伤效果做出综合评估,因而提高了目标毁伤效果评估的准确性。同时它可以不必等待侦察卫星收集到的目标毁伤信息就可以对目标的毁伤效果做出相对准确的评估,从而提高目标毁伤效果评估速度。

2. 目标毁伤评估概率模型

美国海军研究生院的Donald P. G. 和Patricia A. J. 共同提出一种目标毁伤评估概率模型,他们认为不同的目标毁伤效果评估正确率将影响目标毁伤结果,即目标毁伤效果评估正确率高,评估结论可信,所做出的打击决策正确,最终的毁伤概率就比较高;反之毁伤率较低。

3. 陆军目标毁伤评估系统

美国陆军的盖伦·迪克森上校(Glen Dickenson)开发的陆军目标毁伤效能评估系统,可以实现目标毁伤评估过程自动化,并可以为将自动化的目标毁伤效果评估能力结合到"全部信息来源分析系统"(ASAS)中奠定基础。该自动化系统可以对部队的现有兵力进行计算,从而大大减少了目标毁伤评估小组的工作量,使小组成员可以专注于控制数据质量,并确保战斗部队及时报告所需信息;同时它还可将计算结果与文字处理文档相连,并转化为超文本标识语言发布在网络上,供作战部队访问,随时了解敌军兵力情况。

4.《军事行动的联合情报支援》(JP2-01)

美军联合参谋部1996年发布的《军事行动的联合情报支援》(JP2-01)规定"联合司令部所属的联合情报中心(JIC)为满足各地区作战指挥官及其下级指挥官的作战情报需要,负责提供包括目标毁伤评估在内的目标情报支持"。

5.《目标确定联合条令》

美军联合参谋部2002年发布的《目标确定联合条令》(JP3-60)继续充实了目标毁伤评估的相关理论,明确了目标毁伤评估在联合目标选择与打击工作中所处的阶段和地位及其包括的内容,并规定"各级情报部门(J-2)在为所有的作战行动提供情报收集、分析和目标毁伤评估方面负有主要职责"。

6.《为目标选择与打击提供情报支持的联合战术、技术和方法》(JP2-01.1)

美军联合参谋部2003年1月发布的《为目标选择与打击提供情报支持的联合战术、技术和方法》(JP2-01.1)从战术、技术和方法上详细地阐述了目标毁伤效果评估的目标、方法、职责分工、报告样式及相关培训等问题,同时也使情报部门更好地理解了目标毁伤评估对作战评估和联合目标工作的重要性。

7.《目标毁伤评估快速指南》

由美国国防情报局制订,主要用于为目标毁伤效果评估提供行动指南。

8.《目标毁伤评估参考手册》

由美国国防情报局制订,主要用于为目标毁伤效果评估用户建立通用的知识基础。

据上述公开文献可知:美国已体系化地建立了大量指导弹药作战应用的模型和手册、建模软件、内嵌程序和针对性强的数据库,涉及战斗部数据、目标的易损性数据以及武器系统的性能数据。

综上所述,外军武器装备毁伤效能数据工程特点如下:

(1)指导弹药作战应用的模型和手册成体系,研究内容明确,支撑关系清晰,且技术方法实用性强,已有相关的软件进行作战支撑;

(2)"弹药效能手册"围绕对外作战而构建,有专门的管理机构进行统一规划和数据积累,注重毁伤评估研究所需数据的共享和通用性,研究具有延续性和继承性;

(3)重视仿真、建模、工具、数据库的开发和积累等基础性工作,打造可共享、可维护、可升级、可拓展的"弹药效能手册"系列产品;

(4)重视试验测试(尤其是实弹试验研究和实战装备数据的收集和整理),试验测试结果是"弹药效能手册"数据的重要来源,尤其是实弹试验与评估是验证相关模型、算法有效性的重要手段,也是评价目标毁伤效果的直接依据。

1.6 武器装备毁伤效能数据工程的地位和作用

武器系统的目的是对目标实行高效毁伤,能否有效毁伤目标是衡量武器完成打击任务的最终标志。能够正确有效地评估武器装备的毁伤效应和毁伤能力很大程度上影响着实战的进程和结局。美国国防部认为,要评估一个国家在未来冲突中的态势,首先要能精确地评估各类目标的特征和各种武器的杀伤力,即战场目标在预定武器打击下的毁伤效应分析。美国借助杀伤力研究的不断深入,形成了大量研究成果,并将其融入开发了多种先进的毁伤效应分析与评估系统,且不断完善其功能性能,其毁伤效应分析与评估能力达到了较高水平,为其武器装备的发展和作战应用提供了强有力的支撑,包括在武器装备规划、系统论证与总体设计、战斗部杀伤力方案选择与威力确定、武器作战使用与效能评估、武器性能试验与靶场验收以及目标的防护设计与改进等方面发挥着极其重要的作用。毁伤效能分析与评估研究及其相应的技术创新是制约武器装备系统发展的关键问题,凸显武器装备毁伤数据工程的重要性,具体而言:

1. 数据工程建设是开展面向实战的弹药毁伤效能评估的重要支撑

实际作战条件下,毁伤元的作用强度和作用范围受落点、落速、方位以及地形地貌等因素的影响不可忽略,影响到战斗部的毁伤效能。而这些逼近实战的动态毁伤效能可通过数据建设,利用数据挖掘技术分析各战场因素对效能结果的影响,从而给出更科学、更准确的评估结果。

2. 数据工程建设是武器装备作战运用和实战化模拟训练的重要支撑

在实战化考核、训练新形势的要求下,武器装备的作战性能鉴定和部队大规模军事训练也更加贴近实战化。实战化军事训练火力方案的制定和武器弹药的运用、战场建设、目标防护以及训练保障等工作离不开毁伤效能技术和数据的支撑。毁伤效能技术和数据是实现贴近实战的模拟训练不可缺少的核心和关键。

3. 数据工程建设是"弹药效能手册"编研的必要支持

弹药效能手册的研编工作必须有海量的数据作为支撑,国外军事强国已经对不同毁伤对象的目标易损性进行过长期研究。海湾战争后,美国对国内各军兵种的毁伤效能系统进行了整合,目前已经形成了统一的毁伤测试评估标准、体系和平台,开发了一整套成体系化的评估模型和建模软件,内嵌多种工具及数据库,大都集成在"联合弹药效能手册",因此数据工程建设是弹药效能手册研编的基础和必要条件。

"武器弹药毁伤效能手册"是反映武器弹药、打击目标、使用方式与目标毁伤之间关系的应用工具,用纸质或电子版形式体现。主要内容包括:武器弹药及武器系统的部队配属特点、物理特征和性能详细数据,利用这些数据生成武器效能评估结果所依据的数学方法,协助用户计算武器弹药效能的软件,目标易损性及武器弹药作战使用环境、火力消耗测算方法和软件模型等。"武器弹药毁伤效能手册"主要用于:确定弹目匹配、作战使用、耗弹量及目标毁伤效果;探索在性能试验、作战试验、在役考核和实战训练中武器弹药的使用性能、规律及出现的问题、作战使用全流程中的边界条件、方法和基本要求等,用于武器弹药试验鉴定及部队作战使用。

武器系统的目的是对目标实行高效毁伤,能否有效毁伤目标是衡量武器完成打击任务的最终标志。战斗部作为弹药系统的有效载荷和最终执行毁伤目标任务的重要分系统,其毁伤效应和毁伤能力直接决定导弹武器系统的作战效能,甚至很大程度上影响战争的进程和结局。

第 2 章 武器装备毁伤效能数据工程建设途径

武器装备毁伤效能数据工程建设,主要是对武器装备毁伤效能相关的全系统全寿命数据进行全面分析和统一规划,设计数据模型,定义数据源、采集、整理装备毁伤效能数据,构成实体数据库,支持自动化数据治理流程。通过建立数据质量保证体系保证数据质量,通过对装备毁伤效能数据资源进行有效管理提高数据服务水平,通过建设成果评估和方法改进提高建设水平。本章介绍武器装备毁伤效能数据工程的建设途径,包括建设流程、功能需求分析、体系功能布局以及建设发展路径,为武器装备毁伤效能数据工程体系及支撑条件构建做好方法论准备。

2.1 建设流程

武器装备毁伤效能数据工程建设的流程如图 2-1 所示。其建设过程分为 5 个阶段,按照时间顺序依次是:数据需求分析、数据规划、数据模型设计、设计方案实施、数据采集与汇总。其中,数据规划和数据模型设计都要求对成果进行评审,必要时可补充数据需求分析、数据规划或数据模型设计的工作。数据规划和数据模型设计两项工作之间有密切联系,它们的工作成果可以相互参考。

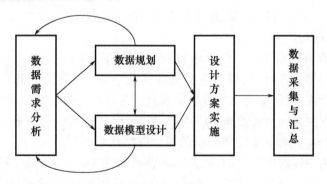

图 2-1 数据工程建设的流程

2.1.1 数据需求分析

数据需求分析,就是对武器装备毁伤效能各种业务中所需要和所产生的装备毁伤效能数据进行分析整理与定义数据的属性。数据需求分析的工作目标是得到毁伤效能全系统全寿命业务所涉及的数据及其关联关系,全系统即覆盖了所有种类的装备、目标、材料、环境等,全寿命即覆盖了装备从科研生产到退役报废的所有阶段。数据需求分析的主要工作包括队伍组建与培训、用户需求调研、数据分析整理、数据需求评审、需求管理,主要工作成果是《用户调研报告》和《装备数据需求分析报告》(可由多册分报告构成)。

1. 队伍组建与培训

在进行装备数据需求分析之前,首先要组建需求分析队伍,比较理想的人员在知识、能力和品质上应具备下列条件:熟悉装备业务,精通软件开发技术和数据工程理论与技术,具有丰富的大型软件工程和数据工程经验,具有良好的沟通能力,具有敏锐的发现问题的能力和很强的解决问题的能力,具有敏捷的思维能力,具有一丝不苟的工作态度和很强的敬业精神,等等。

实践中往往很难组织到足够数量的理想人员,需要做一些折中处理。例如,可以通过一些具有不同知识背景的人员组合成队伍:精通软件开发技术、数据工程理论与技术的人员和熟悉装备业务的人员相互配合,或者由少量理想人员作为总体组,对需求分析人员进行培训,带领技术人员和业务人员完成需求分析,并对最终结果把关。组织形式可以灵活处理,但要保持队伍整体具备相应的知识背景和能力。

在工作安排上,通常应该按照熟悉什么业务就负责分析什么业务的原则,比如熟悉采购业务的人员负责采购业务的调研和分析,熟悉调配业务的人员负责调配业务的调研和分析,以此类推。也可以从专业的角度安排工作,由各专业的专家负责分析各自专业的需求。整个队伍可以分成若干个组,每个组负责一些关系密切的业务。各组分别调研各自负责的业务,然后一起对需求做整体分析,排除矛盾和错误。

为了保证需求分析工作的效率和质量,在需求分析开始之前应当对需求分析队伍进行培训,其目的是让所有的人员明确需求分析的目的和目标,明确工作的方法和步骤,明确工作成果的内容和质量要求,了解调研对象和将调研的业务。

培训内容主要包括用户调研方法、需求分析技术、数据工程理论与技术、相关工具的使用、各种装备业务等。根据涉及人员不同,可分别采用统一培训或分组针对性培训的方式。例如,装备业务可以分组培训,其他业务可以统一培训。

2. 用户需求调研

用户需求调研是数据需求分析工作的关键环节,其目的是了解用户的部门和职能划分,了解内部、外部的业务关系,摸清业务流程及其节点,熟悉业务表单的产生、传递、使用、存档、废弃等管理过程,掌握用户业务所涉及的各种装备数据及其属性、用户业务和其他业务之间的数据关系及数据之间的关联关系,最后根据调研的内容形成《用户调研报告》,作为数据分析整理和数据需求分析的原始资料。

在正式开始用户需求调研之前,除前面所说对调研者进行培训外,还应当对作为调研对象的用户进行培训。培训内容主要包括:调研的目的和目标,调研的工作方法和步骤,用户的责任,用户需要做的准备工作,用户需要提供的资料,用户需要做的解释说明工作等。总之,要让用户清楚如何配合调研人员的调研和以后的数据分析工作。

用户需求调研的基本组织方式通常有两种:一是统一调研,二是分别调研。

统一调研,即组织有关业务人员经过充分准备后,提供有关资料并统一在会议上对所负责的业务进行说明,讲述后进行交互,由调研人员就自己需要了解的问题提问,业务人员回答。统一调研的优点是:调研人员了解信息充分,每个调研人员都了解所有情况,更容易把握业务之间的关联关系和数据之间的关联关系;由于业务人员的说明可以相互印证,因此具备一定的纠错机制,比较容易发现业务人员说明中的错误并立即纠正。其缺点是:会议庞大,耗费高,容易出现业务细节交流不充分的问题,容易遗漏一些细节。

分别调研,即调研人员分别和自己的调研对象进行小范围交流。其优点:由于范围较小,容易进行充分的细节交流,通常调研比较充分;由于会议规模小,经费较节省。其缺点:由于分别组织,进度难以把握,容易拖进度;由于每个调研人员的调研范围有限,因此后期业务关系和数据关系的整理工作量大,容易导致较多重复调研;由于分别调研,难于或者比较迟才能发现不同用户讲述中相互矛盾的地方。

通常来说,如果调研的业务范围不是很大,以统一调研为好;如果业务很多,或者分散面很广,则以分别调研为主。对于装备业务,由于业务庞大复杂,用户众多且分散,因此组织统一调研几乎是不可能的。但如果分别调研,则又过度分散,最后的业务关系分析难度很大。因此,比较好的方法是把业务划分成若干个相对比较独立的领域,在每个领域组织统一调研,然后一起分析相互关系,以较低的成本获得较高的效率和较好的质量。

用户调研的最终成果是各单项业务的《用户调研报告》,其内容主要包括:用户业务流程图及其说明、业务单据及其数据说明等。

在业务流程图中,包含涉及的部门或岗位、业务处理、单据等内容,能够说明一个业务如何开始,经过哪些部门哪些岗位的什么处理、传递哪些单据、什么条件无法办理成功、什么时候能够办理成功等问题。

通常还需要附相关单据的实例,并对单据中的数据进行说明,明确其含义及其在业务中的作用以及与其他数据的关系。

为了明确提供资料的业务人员的责任,一般还要求把调研报告及其原始资料按一定的格式、方式整理好,装订成册,交给提供资料的业务人员及其部门负责人审核,并由提供资料的业务人员及其部门负责人签字,表示对相关内容负责。

3. 数据分析整理

用户需求调研后,由数据分析人员对用户调研报告进行集中统一分析,主要是对用户调研报告中所涉及的各种数据项的属性进行分析和整理。对数据的分析通常要解决四个问题:

(1)建立数据流程,区分专用数据和共享数据。通过明确数据的来源和去向,建立数据流程,区分专用数据和共享数据。严格地说,所有的数据都是共享数据,只是共享的范围不同。这里所说的共享数据,指的是在两个以上大单位使用的数据,专用数据则指只在某个大单位使用的数据。对于专用数据,由数据专用单位规范化;对于共享数据,在整体范围进行规范化。在区分专用数据和共享数据的时候,必须清晰地定义共享范围。

(2)规范统一数据项名称。一般来说,数据项的名称应当和用户使用的名称保持一致,以免给用户造成混淆和误解。但对于一些数据项名称不规范,或者不符合军内相关标准、规定要求的数据项名称,要予以规范,并记录清楚规范的原因和过程,与所有和该数据有关的人员进行交流和说明。

(3)编制数据项字典。整理各种数据项,建立数据项字典,根据业务中对该数据项的使用情况,定义数据项的类型、长度等属性,并明确其含义。这是一项非常困难的工作,由于涉及的数据项非常多,要把它们两两对比,分析其关系,其工作量极大,要求极高的敬业精神和耐心。在实际工作中,往往对此认识不深,为了赶进度,用时不够,导致数据分析不透彻,数据定义存在较多的不一致性,给后续工作带来很多困难。

(4)确定数据关联关系。数据不是孤立的,它们之间存在复杂的联系,要分析出这些关系,并做出详细而准确的说明。

数据分析的成果是在调研报告基础上,对相关的数据进行统一和规范,得到标准化的数据需求描述。在用户需求调研时,业务人员对数据的描述未必是完全准确的,调研和分析人员看到的实际单据和数据越多,对数据的分析就越准确,因此,在不泄密的情况下,应当尽可能让调研和分析人员看到较多的实际数据。

进行数据分析时,要特别注意队伍的建立和培训,要选用有丰富经验、有深刻分析问题能力、有强烈敬业精神的人员承担这项重要任务。由于数据分析和用户需求调研关系密切,经常同一人兼任数据分析人员和用户需求调研人员。

由于数据量很大,数据分析整理工作可以分组进行,即根据业务关系,把数据分成多个部分,把人员分成多个小组,每个组承担一部分分析工作。各组把所负责的数据分析完以后,各组之间再进行归并分析,最后形成一个完整的数据需求。

4. 数据需求评审

数据需求评审是评估数据需求质量并认定数据需求分析结果是否有效的把关环节,数据需求分析成果必须通过评审后才能进入下一个阶段的工作。数据需求的评审内容主要包括:文档是否齐全、文档形式是否符合要求、文档格式是否符合规范、文档中的数据需求内容等。例如,部门职能、业务流程、数据项、数据字典等是否齐全、规范、一致,是否存在疏漏,是否存在自相矛盾的说明等。

数据需求评审通常由项目主管部门负责牵头组织,数据分析人员、数据调研员、相关部门的骨干业务人员、相关部门的领导、上级领导、外聘专家等参加评审会。

数据需求评审会议与一般评审会不同,由于需要对数据需求说明书进行详细的逐条分析审核,所以时间长、工作量大,一般要经过相当一段时间的仔细分析研究,才能给出评审结果。一般过程是,由数据分析人员汇报数据需求,特别要关注经过规范、统一的内容以及各部门之间相关联的内容,由与会代表进行深入分析和研讨,发现其中存在的不一致、不规范、疏漏、矛盾等问题,并由所有的利益相关者沟通协调解决。如果会议代表之间无法达成一致意见,则由上级领导协调解决。经过充分分析辩论以后,如果没有发现错误、疏漏和争议,就可以通过评审。

数据需求评审可以分成两个阶段进行。第一个阶段是数据需求分析人员、业务骨干人员和外聘专家进行深入研讨,对数据的规范性、统一性及其关系进行分析,排除不一致、不规范、疏漏、矛盾等问题,解决大部分的问题,只留下各部门之间存在严重争议的问题。第二个阶段是包括第一阶段人员、各部门领导参加的会议,主要解决各部门之间存在严重争议的问题。意见统一以后,就可以结束评审会。

数据需求分析阶段的成果为《数据需求分析报告》,其主要内容:业务流程及其相关数据、数据项字典、规范统一的数据项及其相关人员须在业务中改变的习惯和做法,以及其他必要的说明等。

项目需求通过评审以后,相关文档纳入配置管理。

5. 需求管理

需求管理,指的是对需求文档的配置管理。在需求分析阶段,会形成《用户调研报告》《数据需求分析报告》等成果文档和《工作计划》《数据需求评审报告》等中间文档。中间文档在形成以后就不再变化,用于存档。成果文档可能会发生变化,例如,在使用过程中,用户业务发生了变化,要求修改数据需求,这时需要按照配置管理的要求,根据业务流程履行所需手续,才能修改数据需求。

2.1.2 数据规划

数据规划是对装备数据资源的顶层设计,即根据对装备全系统全寿命管理活动数据需求分析的结果,构建装备数据分类体系和共享交换目录,制定配套的数据标准,定义数据源,设计数据部署方案,制定权限管理方案,分析和策划所需的软硬件工具,为装备数据的采集、管理与应用提供基本依据。

1. 装备数据的分类原则

装备数据可以按照很多种标准来分类,不管哪种分类方法,都应当满足如下要求:一是符合《装备条例》等现行装备法规、标准制度的要求;二是覆盖武器装备全系统、全寿命管理活动;三是基于现有各类装备信息系统所涉及的装备数据,结合作战指挥需求和装备业务工作实际,满足装备的建设和管理需要。

装备数据分类就是根据装备、装备业务、装备保障、装备训练等事物的特征,把作为一个大集合的装备数据分成若干个小的数据集合,并排列其顺序,以便管理和使用。每个数据集合都要赋予其一个名称,称为一个分类项,简称为类目。通常还要对类目进行编码,以便标识类目或对类目进行排序。由类目排列成的序列称为装备数据分类目录。每个类目还可以依据一定的特征继续分成更小的类目,所以装备数据分类目录表现为一个以"装备数据"为根节点的树状结构。类目之间的差别不只在于名称,更重要的是名称背后所蕴含的事物特征。由于装备及装备工作的复杂性,用来对装备数据进行分类的特征通常有很多。用来对装备数据进行分类和编码的多种特征和方法以及最终形成的分类目录总称为装备数据分类目录体系。

装备数据分类的基本原则包括科学性、可扩延性、兼容性和综合实用性等。

科学性:装备数据分类的基础和依据应该是装备领域的科学原理与方法。为了保证分类结果的持久性,应该综合考虑各专业各部门的要求,选用装备和装备工作最稳定的本质特征作为分类的基础和依据。

可扩延性:装备数据分类应满足装备和装备工作不断发展和变化的需要。在编排类目时,要考虑到未来的发展,例如,增加新装备或新业务时,要能够方便地增加新装备或新业务对应的类目。

兼容性:在分类方法和类目设置上,应尽量与现行规定、标准相一致,保持无歧义、无矛盾。

综合实用性:即综合实用价值,一是装备数据分类目录的应用范围,不局限于某类装备、某个专业、某些业务或某个区域,而是在装备系统甚至包括地方装备技术保障单位的更大范围内,具有更普遍的适用性;二是装备数据分类目录在实际应用中识别、选择装备数据时,应简明、准确、有效。

2. 装备数据的分类方法

对装备数据进行分类的基本方法有两种:线分类法和面分类法。线分类法是层级分类法,就是根据装备、装备工作的若干个特征把整个装备数据集合划分成若干个类目,而后把每个类目进一步划分成子类目、子子类目等,形如一棵倒挂的树。线分类法符合人们的思维习惯，缺点是分类表具有一定的凝固性，不便于根据需要随时改变，也不适合进行多角度的信息检索，采用线分类法的大型分类表对管理的要求较高。面分类法是为了克服线分类法的不足而发展起来的分类方法，它是将装备数据的若干个特征视为若干个"面"，每个"面"中又分成彼此独立的若干个类目。使用时，根据需要将若干个"面"中的类目组合在一起，形成一个复合类目。面分类法的缺点是不太符合人们的思维习惯，且管理工作量大。

在长期的信息化过程中，各单位、各部门独立开发的信息系统中，对所属的装备数据分别采用了不同的分类编目方法，造成了系统之间数据定义的不一致，使数据难以集成和共享。所以进行数据规划时要综合考虑各单位、各部门的专业和业务特点，设计一种满足大家不同要求的数据分类目录体系。

为了满足各方面的需求，装备数据分类体系通常包含多种分类方法，其中一种为主分类，作为组织管理装备数据的依据，其他的为辅助分类，用于兼容各部门各种不同的数据分类需求。主分类通常采用线性分类法。

武器装备数据包括装备基本信息、业务数据和基础数据。

（1）装备基本信息：分为装备通用信息、战技性能信息和配套装备信息三类。其中，装备通用信息包括装备代码、装备名称、装备用途、简述信息、图片信息、视频信息等；战技性能信息包括装备的各项战术和技术指标；配套装备信息包括配套装备的代码、名称、计量单位、数量、说明及典型配载方案等。

（2）业务数据：装备科研、采购、调配、管理、维修和退役报废等业务管理数据及相关的统计指标数据。

装备科研数据主要包括装备技术研究、型号研制、装备试验、装备定型及技术革新等数据。

装备采购数据主要包括订货计划、订货合同、产品检验和验收、接收和技术服务等数据。

装备调配保障数据包括装备申请、补充、供应、换装、调整、交接和装备储备等数据。

装备管理数据包括装备的接装、使用、保管与封存，装备的登记统计与点验、装备的配套设施建设、安全管理及教育检评等数据。

装备维修保障数据主要包括计划管理、维护与修理、维修器材筹措、供应与技术保障设备建设等数据。

装备退役报废数据主要包括装备退役计划的制定，装备报废的申请与审批，以及退役、报废装备的调拨、运输、交接、储存、保管、统计、处理等数据。

其他业务数据，例如，装备计算标准、装备评价、装备法规、装备技术基础、对外合作与交流和经费管理相关数据等。

（3）基础数据：主要是各种基本代码和元数据。在装备数据规划过程中，标准化是最重要的工作之一，其目标是形成一个统一的数据编码标准体系，这个标准体系包含了各种基本实体和概念的分类与代码，例如，装备分类与代码、备件分类与代码、组织机构分类与代码等。元数据是对装备数据的管理数据，用于描述装备数据。

除了上述主分类，还应当根据各业务的需求，定义所需的数据补充分类，例如，可以分成静态数据和动态数据、原始数据和计算数据、通用数据和专用数据等。另外也可以是业务中的专用数据分类,如维修器材的可互相代用关系等。

3. 装备数据目录

数据目录是数据及其说明的全集。所谓装备数据目录,就是把所有的装备数据收集起来,按照一定的方式整理、组织到一起,构成的一个装备数据及其说明的集合,一般通过数据库进行管理。

为了整理数据目录,需要先制定两个标准:数据元标准和数据分类与代码标准。数据元标准规定了如何组织、分类和标识数据,规范统一了数据的含义、表示方法和取值范围等,保证数据从产生的源头就具备一致性;数据分类与编码标准规定了如何组织所有的数据元,以便管理和使用。

1) 数据元标准

数据元是数据库、文件和数据交换的基本数据单元。数据库或文件由记录或元组等组成,而记录或元组则由数据元组成。例如,一种装备型号可以用编码、名称、生产厂家、型号、定型时间等来表示,其中每一个数据项,如"名称",就是一个数据元。数据元标准就是指把数据元的描述标准化,从而可以实现对数据元含义的一致理解,便于数据交换和共享。

用来描述数据元的基本属性通常包括五方面。

① 标识类属性:适用于数据元标识的属性,包括中文名称、英文名称、中文全拼、内容标识符、版本、注册机构、同义名称、语境等。

② 定义类属性:描述数据元语义方面的属性,包括定义、对象类词、特性词、应用约束等。

③ 关系类属性:描述各数据元之间相互关联和(或)数据元与模式、数据元概念、对象、实体之间关联的属性,包括分类方案、分类方案值、关系等。

④ 表示类属性:描述数据元表示方面的属性,包括表示词、数据类型、数据格式、值域、计量单位等。

⑤ 管理类属性:描述数据元管理与控制方面的属性,包括状态、提交机构、批准日期、备注等。

2) 数据分类与编码标准

数据分类与编码标准就是根据数据的重要特征确定数据分类体系,并对其中的每个元素赋予具有一定规律、易于计算机和人识别处理的名称、编码及其他属性,而形成的元素集合。

装备数据分类与编码标准依赖于装备数据分类体系,是对装备数据分类体系描述方法的规范化。它统一应用于所有装备相关工作和各种装备业务信息系统,是武器装备毁伤效能数据工程的基础。

装备数据分类与编码标准的制定就是根据装备数据分类的特点,制定合适的命名和编码方案,对所有的装备数据分类进行命名和编码,构成装备数据分类与编码标准。装备数据分类与编码标准的制定应由装备数据主管部门牵头,委托具有信息化总体规划能力的技术单位来承担。编制完成以后,由主管机构批准、注册,形成标准并发布,在要求范围内执行。

3) 装备数据目录的整理

装备数据目录的整理,就是按照数据元标准和装备数据分类与编码标准的规定,用规范的方法描述每一个数据元的特性。可以按照以下步骤整理装备数据目录。

① 建立装备数据分类体系；

② 根据装备数据分类体系，把数据整理任务分配给各组人员；

③ 各组人员整理所负责的装备数据；

④ 按照数据元标准和装备数据分类与编码标准的要求，对装备数据进行描述；

⑤ 对各组整理的装备数据目录进行合并，检查冗余和不一致性并修改，直到最终合并为所有的装备数据目录。

装备数据目录通常通过数据库来管理，所有装备数据目录最终体现为数据目录数据库，包括了指定范围的所有数据元定义。

4）共享交换数据目录

共享交换数据目录是一个由需要在用户之间共享的数据元构成的集合，是根据数据共享需求从数据目录中选择出来的一个子集，同时包括了数据源、共享规则等与共享相关的信息。共享交换数据目录是装备数据规划中的重要成果之一，是有序地完成数据共享和交换的重要依据。

由于数据量巨大，共享关系非常复杂，装备数据共享交换目录一般通过数据库进行管理。装备数据共享交换目录及数据库的构成主要包括以下几部分。

① 共享交换数据目录：根据需求分析的结果，参照装备数据目录的定义，整理出所有需要共享的数据元和数据源，以及共享交换的方式；

② 共享交换数据目录库：在共享交换数据目录的基础上设计数据模型并生成目录库，主要包括数据元、源库存储位置、目标库存储位置、共享交换规则等内容；

③ 共享交换池：装备数据共享交换平台用于数据共享交换的缓冲区；

④ 共享交换规则库：主要包括共享交换方式、共享交换格式、共享交换频度、触发条件等；

⑤ 共享交换日志库：用于存储装备数据共享交换平台进行数据共享交换的历史记录。

构成装备数据目录和共享交换数据目录以后，就可以实现基本装备数据的管理和共享。但随着信息化的进展，装备数据范围还会发生变化，还会产生新的数据产品，如何持续地实现对装备数据的有效共享是一个难题。解决这个问题的一种有效手段是元数据。

元数据是关于数据的数据。它是为了共享数据资源而定义的对数据资源的结构化描述，主要用于描述数据资源的内容、覆盖范围、质量、管理方式、数据的所有者、数据的提供方式等有关信息，其描述的主要对象是不同范围、不同规模的数据资源集合。通过元数据，数据的使用者能够对数据进行详细、深入的了解，包括数据的格式、质量、处理方法和获取方法等各方面细节，数据的生产者可以利用元数据进行数据维护和历史资料维护。

对装备数据目录和共享交换数据目录的描述也是一种元数据，但是对装备数据的元数据定义不仅限于此。例如，装备数据可以通过若干个主题数据库来管理，在主题数据库下面还可以分成很多层次大小不同的数据集合，通过元数据对这些主题数据库和数据集合进行说明，有利于用户对数据的理解和使用，有效地促进了数据共享。

装备数据数量庞大，需要定义的元数据也非常多，所以需要多个专业、多个单位、多个人员分别完成这些工作。为了协调一致，在定义元数据前，应当由装备数据和装备信息化管理部门牵头，组织技术总体队伍，制定装备数据的元数据标准。元数据标准一般包括描述一个具体数据集合时所需要的数据项集合、各数据项语义定义、著录规则和计算机应用时的语法规定等，一般包括数据集描述信息、结构描述信息、服务描述信息、数据集分发信息、元数据参考信息、范围信息、联系信息等。装备数据的元数据标准的评估依据：是否利于实现装备数据的有效管理和在全部范围内有效共享，以充分挖掘和发挥装备数据的价值，实现军事效益和经济效益。

近年各国非常重视元数据标准的制定，在制定装备数据的元数据标准时，可以借鉴这些元数据标准的内容和方法。比较著名的元数据标准有《都柏林元数据标准（DC元数据标准）》《GB/T 39608—2020 基础地理信息数字成果元数据》《英国电子政务元数据标准》等，国内的元数据标准有《中文描述元数据规范》等。

4. 数据部署方案

数据部署方案是数据规划的一项重要内容。装备数据部署一般分为三级。第一级为在数据中心的分布，即哪些数据存放在哪个/哪些数据中心，为了快速、稳定地提供服务，一般按照就近的原则，选择靠近用户的数据中心，但还需要考虑共享的问题，如何实现共享，如何实现数据的实时更新。第二级为在服务器或存储系统的分布，由于一个数据中心通常包括多套服务器和存储系统，要考虑各种业务在服务器和存储系统上的分布，这可能会影响数据管理和系统开发的复杂性。第三级为在数据库中的分布，即在同一个数据库中，可能分成很多表空间，如何合理划分表空间，并把表合理分配到各表空间，会影响数据访问服务的性能，以及系统维护管理的难度。

对于装备数据来说，还具有一些特殊性，即装备数据的密级。不同密级的装备数据对管理的要求不同，因此，其存储和管理也会存在一些不同的要求，设计部署方案时必须考虑到这些不同要求，以便在实现数据共享的同时保证数据的安全性。

5. 相关软硬件工具

装备数据资源管理的工作非常复杂，工作量很大，完全采用手工管理，根本不可能满足时效性要求，因此必须开发相关的管理工具。由于数据的特殊性，管理工具的来源通常只能是研发，采购的管理工具很难满足适用性。根据功能划分不同，管理工具集合也不同，对于管理工具不好给出一个清单，通常可以根据数据管理工作的需要，做一般性设想。

一般来说，相关工具应当包括：元数据管理工具集、数据元管理工具集、数据分类编码管理工具集等。各工具集包括了一组对管理对象进行维护、更新、查阅、查找、分析等功能的多个工具，其功能可以根据需要划分。工具一般在数据规划的同时或者略早一些开发出来，在进行规划时投入使用。

2.1.3 数据模型设计

数据模型设计是根据数据需求分析和数据规划的结果，把用户的数据需求转变成合理的数据库结构的过程。数据模型包括概念模型、逻辑模型和物理模型三种，这些模型在定义上已经形成一些共识，但仍然没有完全统一，本书采用较为公认的概念定义。

1. 概念模型

概念模型一般指的是基于业务概念而建立的模型。在不同的地方，概念模型的含义不一样，但一致的是，概念模型使用的都是业务中的实体，主要表述实体的特性、相互关系以及其在整个业务中的地位。

装备数据的概念模型,就是使用装备业务中的各种实体概念来表述数据构成及其关系的一种方式。装备数据的概念模型描述内容一般包括:部门、岗位、业务流程、业务活动、业务表单等实体,以及业务表单的产生、传递、使用、存档、废弃等行为,概念模型基本上是建立在用户调研基础上的,主要成果包括业务流程图和 E-R 图。

设计概念模型时,包括业务流程优化的内容。计算机系统的使用不可避免会带来业务流程的变化。例如,在使用信息系统之前,统计是一项很繁重的工作,通常由一个或多个统计员专门负责这项工作,但在使用信息系统以后,统计中的数据运算工作全部由计算机自动完成,所以就统计来说,其工作性质、工作内容、工作要求、工作持续时间等已经和原来完全不同了,用户的有些表格、表单可能也会发生变化,表单的传递关系也会发生变化。有了概念模型,就可以清楚地表述使用信息系统之后各种业务的做法。

概念模型的设计人员通常应该是既精通信息系统开发技术,又精通管理理论和技术、拥有丰富信息化经验的高级人才。如果缺少这样的人才,可以由分别精通信息系统开发技术的人员与精通管理理论和技术的人员来合作完成,但这样做的效果将会差很多,工作效率也会大大降低。

概念模型设计完成后,要进行严格评审。在正式评审之前,应首先组织相关部门领导、业务骨干人员尽可能全面,对概念模型进行分析、检查和研讨,主要内容包括:是否符合条令条例和各种规章制度、是否符合相关标准、是否能够完成业务、是否能够适应实际业务中可能出现的各种情况、是否高效合理等。

设计概念模型时,虽然不一定覆盖所有的业务工作,但分析评价概念模型时,一定要考虑到所有的业务工作,和现有业务工作逐条对比分析、检查,防止出现遗漏和矛盾。分析研讨时要注意:一是每个代表在分析研讨前做好充分准备,仅仅靠会议上很短时间内临时考虑分析是远远不够的;二是考虑一定要全面,有时为了防止遗漏,可以间隔一定时间,反复组织研讨,每次可能都会有新的收获。

当经过反复研讨,已经不能再发现问题时,就可以组织评审。在评审中如果没有发现重大问题,就可以经过适当修改以后,作为数据概念模型产品定稿,其成果作为下一步逻辑模型设计的依据。

2. 逻辑模型

逻辑模型这个词在不同的领域有不同的含义。在数据工程领域,数据的逻辑模型指的是使用计算机或者说是用信息系统管理数据时,数据组织方式所呈现的结构,它的主要内容是逻辑数据库模型,体现的是系统分析设计人员的观点。数据的逻辑模型有多种,最常用的是关系数据库模型,其他还有面向对象数据模型、对象关系模型、半结构化数据模型等。

对不同的数据库,例如,面向对象数据库、关系数据库等,同一个概念模型的逻辑模型是不同的。逻辑模型设计就是根据所使用的数据库或数据存储系统,把概念模型转换成逻辑模型。逻辑模型用来作为物理模型设计的依据,其设计工作由系统分析与设计人员或数据库设计师完成。

在逻辑模型设计完成以后,要进行分析评审,或者进行内部审查,主要分析逻辑模型是否实现了所有的概念模型、逻辑模型的设计是否高效合理等。通过评审或审查以后,则进入下一阶段,即物理模型的设计。

3. 物理模型

数据的物理模型也有不同的含义,本书指的是和具体的数据库或数据管理系统型号及物理存储设备有关的数据呈现方式。物理模型的设计依据是逻辑模型。

不同的数据库管理系统或数据管理系统开发商为了使自己的系统获得比较高的性能,除支持通用的关系数据库功能外,通常还会进行定制改进,以体现出自己的特色和优势。不同的数据库管理系统,它们的服务器定义方式很多是不同的,某些数据类型的表示也是不同的,需要根据所使用的数据库,把前面定义的逻辑模型定义为具体数据库中的对象,这就是物理模型。

数据库的物理模型还包括了数据库空间的分配。例如,整个数据库分成多少个表空间,每个表空间多大,所有的数据库对象分别存放在哪个表空间中,表空间扩展的方式是什么,等等。

物理模型的定义技术性较强,通常由软件设计人员或数据库设计师完成。为了保证设计工作的合理性,可以请有丰富设计经验的专家对设计结果进行审查。

4. 数据模型评审

数据模型是建立实体数据库和数据管理系统的依据,按照工程的特点,错误发生的位置越靠前,其产生的损失越大,所以数据模型设计完成后,应当进行严格评审,然后再进入设计方案实现与实施阶段。

一般来说,评审主要针对概念模型,而逻辑模型和物理模型通常采用审查和测试的方式来检查其正确性。所以,比较常见的做法是在概念模型设计完成后,进行概念模型的评审,但也可以在概念模型、逻辑模型和物理模型都设计完成后再进行评审。在组织数据需求分析和数据模型设计时,可以根据实际情况选择采用何种方式。但无论是最终评审还是在概念模型设计完成后评审,其评审重点都是概念模型,相关部门的领导和业务骨干都应当参加,还应当请一定数量的非项目成员的专家参加,尽可能全面地对设计成果进行分析和检查。

2.1.4 设计方案实施

在数据模型设计完成以后,就可以根据设计方案进行实施。实施包括两部分:一是数据结构的建立,即在信息基础设施建设完成的基础上,根据在数据模型设计阶段设计的数据模型,建立数据库或数据管理系统所有的结构和实体;二是数据管理工具开发,即根据数据管理和处理的需要,开发相关的软件并实施构成数据管理系统和数据处理系统,实现对数据的管理和处理。

1. 数据结构建立

数据结构的建立应当包括两大步骤:建立数据库结构或其他数据管理系统所需的数据结构;对建立的数据结构进行审查。这两项工作应当分别由不同的团队来承担。

建立数据物理模型时,可以使用建模工具,可明显提高效率。这些工具一般都支持逻辑模型向物理模型的转换,可以根据逻辑模型自动生成物理模型,也可以根据物理模型自动生成建立相关数据对象的脚本,以便自动在指定的数据库或其他数据管理系统中生成所有的实体,建立所需的结构。

如果使用可以根据物理模型自动生成数据结构的工具,则审查工作可以主要针对物理模型,只要物理模型正确,生成的数据结构通常不会有问题。检查物理模型比检查实际的数据结构效率要高很多。如果没有使用自动工具,或者要求对实际生成的数据结构进行检查,则需要对数据结构、各种数据实体进行逐一检查,和逻辑模型、物理模型核对,确保其一致性。

2. 数据管理工具开发

为了对数据进行有效管理和处理,一般需要开发相应的工具软件。装备数据数量庞大,数据管理工作非常复杂、艰苦,一旦出现数据错误,查找错误原因和纠正错误的过程异常困难,将付出高昂的成本。因此,通常都需要开发软件工具来完成数据的管理。数据管理工具通常包括:数据采集处理软件、数据汇总软件、数据字典管理软件等。数据采集处理软件主要用于把采集的数据录入系统时,对数据进行合法性检查,检查依据是数据模型中定义的数据合法性规则,主要包括名称、长度、类型、小数位数、一致性、标准数值、关联关系、命名合法性等。数据汇总软件主要是把从不同源头来的数据汇总到一起,汇总数据时需要对数据的正确性、一致性、是否冲突、字典一致性等进行检查,并把数据来源、检查发现的问题等记录为历史。数据字典管理软件主要完成数据字典的管理和维护,保证字典数据的一致性。

软件工具开发过程应遵循软件工程的方法和规范,进行细致的需求分析和精心设计,然后再编码实现,最后进行全面测试,确保系统的正确性。

2.1.5 数据采集与汇总

在完成装备数据需求分析、模型设计和实施建立数据结构以后,就可以开展数据采集与汇总工作。必须处理好这四个问题:明确工作目标、建立完善的工作体系和流程、做好组织实施工作、提供良好的工作条件。

1. 明确工作目标

数据采集与汇总的工作目标其实在进行数据模型设计时就已经明确,但由于承担数据采集任务的人员不一定是数据分析人员,因此,建立数据采集队伍以后,需要通过培训,让每个成员都清楚地知道数据采集的目标。

数据采集工作的总目标是得到装备数据综合数据库,要把整个工作和总目标分解成若干项小的工作和小的目标,明确具体要求。例如,对某个业务的数据采集工作,需要明确定义要采集的数据,明确采集哪些年月的数据、采集哪些单位的数据、数据的来源媒介、数据的质量要求、工作的时间要求、工作的流程要求等。

2. 建立完善的工作体系和流程

数据采集工作有两种方式,手工采集和自动采集。手工采集需要把非数字数据或数字数据以手工方式录入或导入到系统中,通过系统检查排错,进入数据库,工作量比较大;自动采集通过程序自动完成,需要的只是对数据的审核和确认,工作量较小。自动采集是设计开发工作的重点,但不是数据采集工作的重点。

对于手工采集数据,主要的工作包括数据获取、质量保证、安全保证、考核与奖惩等。数据获取就是从数据源提取出所需要的数据,这个看似简单的过程其实并不简单,主要问题在于所提取的数据是否和数据的定义一致。经验表明,数据采集工作中很多错误是由于数据采集人员对数据定义理解不清造成的,所以一定要采取加强培训和交流等措施,确保数据采集人员对数据定义理解正确。在采集数据时,还要保证录入正确。当数据量大的时候,要保证每条数据都正确是一个非常大的挑战。

采集的数据进入数据库,将更便于使用,但同时使泄密的隐患增加了,电子媒质比纸质媒质更容易泄密,更难发觉。因此,需要完善的安全保密体系,并得到数据采集人员的落实,以保证数据的安全性。

为了鼓励先进,鞭策后进,应当建立良好的奖惩制度,使数据采集及时、质量高的人员受到奖励,数据采集严重拖延、错误百出的人员受到鞭策。

装备数据采集的流程主要包括:获取、审核、汇总、更新、废弃与销毁。审核既是数据质量保证的手段,也是一种责任认定,任何单位上报数据时,必须有人对数据的质量负责,通常应当有专人或领导对数据进行审核并签字;汇总是把下级单位的数据聚合到一起,构成更完整的数据库,每次采集都需要多级逐级汇总,最后得到所有范围的数据库,每一级汇总都要对质量进行严格把关;在数据采集上来以后,还需要及时更新,及时补充新的数据;当数据超过使用期限,不再有价值,或者已完成任务,按规定不再保留数据时,要执行数据销毁,要注意不仅要对数据进行逻辑删除,还要把存放该数据的移动媒体进行处理,防止出现泄密事件。

3. 做好组织实施工作

数据采集工作分单位分级实施,通常仍沿用行政隶属关系的层级模式,按照隶属关系层层分解,然后由下向上采集、汇总。各级在向下级布置任务的时候,一定要明确任务依据、任务内容、完成时间、质量要求、安全保密要求及责任,划拨所需经费。

各单位要尽量安排精干和有经验的人员完成工作。数据采集工作既需要了解业务,又需要了解数据模型和数据采集要求,这些都相当复杂,没有经验的人员很容易出错,而培养这样的人才需要很长时间,所以为了做好数据采集工作,最好由专人负责,保持工作的连续性。负责数据采集的人员最好是各单位各部门的业务骨干,并具有良好的计算机基础,拥有上进敬业的工作精神,利于完成好任务。

各单位领导应当直接关心这些工作。数据采集工作涉及面广,但不是各单位的主体工作,因此在任务繁重的时候,数据采集工作很容易受到冲击,导致质量不佳或者进度拖延。各单位领导要充分认识数据工作的重要性,直接关心工作,提高工作质量,按时完成任务。

对数据采集工作人员要加强培训。即使有经验的人员,在数据采集前,通常也需要对数据模型、数据定义、采集软件、工作流程、工作方法、质量要求、安全要求、奖惩制度等进行学习。

4. 提供良好的工作条件

工作条件包括工作环境、相关技术、所需设备及所需工具等,良好的工作条件可以有效减轻数据采集人员的劳动强度,有利于提高数据质量。

工作环境包括硬环境和软环境。所谓硬环境,就是良好的机房和办公环境;所谓软环境,就是领导和同事的支持、良好的机制,以及良好的信息化气氛。硬环境可以通过采购获得,而软环境则需要做很多细致的工作,需要领导的支持,需要深入的宣传才能获得。

数据采集人员应当配备专门的设备。首先是计算机等设备,最好配备笔记本电脑,以方便携带。要配备所需的安全设备,保证数据的安全性。如果很多数据取自纸质媒体,可以考虑配备扫描仪和文字识别设备。

数据采集人员应当配备功能强大的数据采集软件。工欲善其事,必先利其器,数据采集软件是数据采集工作的主要工具,应当具有完善的查错功能。借助于软件,可以有效减少低级数据错误。

应当加强人员培训投入。增加培训经费,采用进修、委培、办班等多种措施,提供更多提高人员水平的机会,利于做好工作。

2.2 功能需求分析

1. 多源数据采集

从数据来源划分,武器装备毁伤效能数据工程需要处理以下几种数据类型:

(1)传感器数据。包括目标、被试品或靶标的北斗、姿态、状态数据等。

(2)网络报文数据。包括测控数据(雷达探测、光学探测、侦察探测等),环境构设数据,执行任务过程的工作状态、参数数据。

(3)指控信息数据。包括试验、训练、部队管理涉及的音频、视频数据。

(4)现有业务系统数据。包括气象、环境、材料、路况、管制变化、文档资料等数据。

(5)人工记录数据。人工记录数据是数据采集手段受限情况下的离线数据,信息覆盖面广,最终会通过人工转录的方式变化为文本文件、pdf、excel、word等文件数据。

这些数据产生于不同的网络,包括试验数据网、办公网、全军骨干网等,需要将各网段的历史和实时数据集中采集到大数据平台。

2. 全结构数据存储

武器装备毁伤效能大数据平台将各种来源的多模态数据信息资源统一采集交换到数据中心,包括数据采集系统和数据交换系统。数据采集系统提供丰富灵活的适配器服务组件采集各数据产生部门的数据信息,将其传输、归集到数据中心存储与分析库中。数据交换系统负责从存储与分析库获取数据,并在必要时将它转换为适合数据分析方式的格式。例如,可能需要转换一幅图,才能将它进行分布式存储(HDFS)或存储在关系数据库管理系统(RDBMS)中,以供进一步处理。

3. 数据分析

毁伤评估对数据分析的需求主要有:

对试验、训练、管理、情报等多源、异构数据的分析处理,配合人工智能算法,提供研制、试验鉴定、作战训练数据预处理和可视化显示、视频智能识别、音频识别等应用能力,最终为试训时空一体化管理、毁伤效能数据全生命周期管理、火力筹划辅助决策等应用提供服务。

提供二次开发的能力,支持算法库等组件开发;支持为其他系统提供数据挖掘解决数据调用;数据源、转换、算法模型、输出等组件可进行定制化。

4. 数据服务

数据服务主要包括毁伤效能数据采集、毁伤效能评估服务、信息资源管理门户和数据辅助决策产品服务。毁伤效能数据采集服务主要是各类毁伤效能数据的采集和搜索,通过先进的大数据、云计算、搜索建模、知识图谱等技术,实现毁伤效能数据领域内的语义检索和服务资源直达,满足精准化、便捷化的检索需求;信息资源管理门户主要针对数据产生部门和数据管理部门使用,按权限管理所辖数据资源;数据产品服务主要针对数据需求方,可按需订制个性化数据产品。

5. 数据治理

数据治理是为数据资源提供集中的数据治理服务,需要支持元数据管理、数据建模、数据集成、数据质量管理、数据安全管理、数据服务管理。

数据治理与管理过程中,通过对模型实体、属性、关系的设计,实现对数据模型的标准化管理;

以元数据为驱动,构建完整的数据管理和服务体系,帮助数据中心统一数据口径、表明数据方位、分析数据关系,管理模型变更;

建立有效的数据质量监控机制、问题评估与处理流程,明确相关责任,实现全生命周期的数据质量管理;

通过分布式数据处理和任务调度,高效完成数据融合,提高数据处理效率、规范流程;

覆盖数据归集、采集、交换、加工、清洗、分析挖掘和应用全流程的统一资源管理;

通过免编程、可视化的流程编排管理工具,实现全数据流程端到端的可视化配置、实时监控、管理与审计,充分整合数据流转的监控关键点,实现精确指向、分析监控、快速锁定。

6. 安全

武器装备毁伤效能数据工程对安全的需求主要体现在如下几个方面:

1)安全管理

需建立起包含安全治理、风险管理和合规性管理的数据中心安全管理体系,制订安全策略、安全计划和流程,支撑数据中心安全运维的执行和检查,满足安全合规性要求。

2)用户与身份

需确保合法用户在恰当的时间能够访问到正确的资产,包括基础设施、数据、信息和服务。

建立集中的用户库,记录用户的身份信息,并生成用户标识;

提供口令和其他强认证信任凭证,提供信任凭证从生成、分发、保存、使用到删除全生命周期内的安全保护;

建立与用户管理相结合的访问控制系统,在用户访问资源时进行认证与鉴权,防范非法用户或合法用户的非法访问;

对数据中心各类系统运维使用的管理员特权账号进行管理,监控和记录特权账号的各项操作。

3)数据安全

需保护数据在其生命周期中的机密性、完整性和可用性。

识别所涉及的敏感数据,并建立和维护敏感数据的目录,明确对应的保护策略和机制;

提供安全通信机制,保障通过互联网所传递敏感数据的机密性和完整性;

提供安全机制,对保存有敏感数据的数据库、文件、存储依照策略应用加密、访问控制、监控与审计等保护措施；

提供容灾备份机制，对结构化、半结构化、非结构化数据进行高可靠性容灾备份。

7. 云服务

云平台，主要是通过分布式操作系统的云化能力，整合数据中心所有服务器的硬盘、CPU和内存资源，屏蔽资源管理和任务调度的复杂性，为上层云服务组件提供基础的分布式运行环境，从而构造强大的分布式云服务组件，为最终用户提供各种云服务，包括云虚拟主机、容器、数据库等服务。

云管理：主要提供网络负载均衡、虚拟网关等功能。

云安全：建设云平台的安全体系，提供流量安全监控（流量统计、异常流量检测、Web应用攻击防护）、主机入侵检测（关键目录完整性检测、异常进程告警、异常端口告警）、网络攻击拦截（网站后门查杀、暴力破解攻击拦截、异地登录告警）、安全审计（原始日志采集、策略设置、审计查询）等云安全防护能力，具备全面立体的网络防护能力。

需预留与其他单位云服务平台的接口。

2.3 体系功能布局

2.3.1 毁伤效能数据采集与预处理设计

1. 数据来源

充分调研弹药毁伤效能相关的不同数据来源，数据来源包括武器弹药所处不同生命周期的多模态数据（结构化、半结构化、非结构化数据）。

数据应用的不同阶段包括：

（1）在武器弹药设计和研制阶段，在毁伤效能数据的基础上通过科学评估优化装药设计和攻击条件参数，使武器弹药的毁伤效能满足军事行动的需求。

（2）在武器弹药试验验证阶段，通过少量的实弹试验获得的毁伤效能数据进行评估，验证武器弹药的实际性能。采用试验条件、环境、空间关系等毁伤效能数据反映弹药在静爆、动爆条件下的毁伤能力，挖掘装备体系的优势和强项，找出存在的问题，缩短研制周期，减少试验量和经费消耗，进而有针对性地提出装备发展方向。

（3）在武器弹药部队作战训练和实战使用阶段，系统化收集和分析毁伤效能方面的相关数据，不仅用于打击效果评估，还可用于深化武器毁伤效能评价，找出武器弹药设计缺陷与不足，反馈给武器管理部门和研制单位，促进技术进步和设计水平提升。

2. 网络文本数据抓取

对网络文本进行数据抓取，具有HTTP交互模块功能，每秒交互次数较高且需要按照实际使用要求达到一定数量级，以保证准确高效地并发使用系统，并且支持新闻网页和社交媒体中目标情报信息自动采集。

3. 网络视频数据获取、摘要

从多媒体页面识别、多媒体发现与源地址解析技术、多媒体发现子系统和多媒体源地址解析中间件三个方面，提供多媒体发现技术工具，单个视频数据获取速度需要按照实际使用要求达到一定数量级，以保证使用效率。

4. 网络数据抓取

网络数据抓取可以采用面向多站点的网络嗅探采集方法,从两个方面对采集到的数据进行清理,包括传统清理方法以及基于应用和时间关系的清理方法,以便获得比较准确的能够反映用户浏览行为的数据信息,数据清理的查准率需要依照实际达到一定要求。

5. 传感器数据采集

可以基于压缩感知进行传感器数据采样,提供基于压缩感知的信号采集工具,能够根据《武器装备毁伤效能数据规范》进行数据读取,并生成相应的数据格式。

6. Web 数据预处理

可以采用多种方式对 Web 数据进行高效预处理,提供 HTML 解析工具,具有数据采集、数据清理、用户识别、会话识别、事务识别功能。

7. 视频数据预处理

通过 URL 评估以及基于 Bloom Filter 的 URL 去重,实现视频数据预处理。能够提供关键帧提取工具,具有提取弹药、目标、爆炸过程关键帧能力;能够提供摘要生成工具,包括视频切割模块、视频提取模块、重要度评判模块、摘要生成模块;能够提供基于 FPGA 加速的计算密集型视频分析算法,具有建立 Web 视频源地址解析模型能力。

8. 日志数据的转换与装载

基于引用和时间关系的清理方法,实现日志数据的转换与装载,具有日志数据清洗、转换、装载能力。

9. 传感器数据的转换和装载

通过数据预选、计算关联矩阵、选择合适的赋值策略/更新状态阶段三个阶段进行数据关联,通过检测融合、位置融合、目标识别、威胁估计、态势估计、精细处理六级处理实现对数据的融合,实现转换和装载传感器数据,提供数据关联和数据融合模块。

10. ETL(抽取–转换–载入)

按照 ETL(Extract,Transformation,Loading)思想,能够对分散在各业务系统中的现有数据进行提取、转换、清洗和加载,使智能计算平台获取高质量数据;能够提供海量多源数据的数据库交互式自动导入工具,具有整合分散、零乱、标准不一数据的能力。

11. 数据融合

提供多模态感知信息的表示模型,通过检测融合、位置融合、目标识别、威胁估计、态势估计、精细处理六级处理实现对数据的融合,构建基于序列分析的 D–S 证据方法、人工神经网络和贝叶斯网络融合等融合模型,具有决策级融合能力。在对数据清洗、转换的基础上,针对各军兵种应用特点将武器装备毁伤数据进行规整重塑,支持多对多数据合并、坐标系转换和轴向旋转等功能,形成能够支持毁伤效能评估、数据验证和分析的数据序列集合。

12. 异构数据统一规范表示模型

通过基于元数据的分布式信息融合实现统一数据描述。包含武器弹药性能、目标易损性评价以及毁伤试验等多个领域的异构数据统一规范表示模型;提供与大数据工程统一数据描述规范的接口,支持各种主流数据接入方法;提供基于智能自描述数据字典的自描述数据传输方法,基于元数据的分布式信息融合统一数据描述方法;提供结合传统关系数据库与新型语义网络的综合毁伤效能知识表示方法。

2.3.2 毁伤效能数据存储与计算分析设计

1. 武器装备毁伤效能数据库平台

设计一种新型武器装备毁伤效能大数据存储分析系统以符合毁伤领域实际使用要求,消除传统磁盘数据库系统在读取操作上的主要性能瓶颈,为专门的毁伤分析提供加速功能。该平台实现构建基于武器装备毁伤效能数据的基础、弹药、目标、试验综合数据库模型,支持亿级实体规模知识图谱存储与管理,支持文本、视频、图像、语音、数据库、格式报、矢量等多种类型数据的知识图谱构建。另外,该平台包含基础数据,以及战斗部威力场、目标易损性、弹目交汇数据、靶场试验数据、虚拟试验数据、仿真计算数据等多种应用场景的数据。

2. 资源数据动态建模处理平台

实现对业务过程中产生的数据进行管理和整合,并且以服务的方式把统一的、完整的、准确的、具有权威性的数据进行分类管理,分发给相关范围内需要使用这些数据的操作型应用和分析型应用,提供多源异构数据的转换服务(DTS),构建多类型数据库数据转换模型。

3. 毁伤效能知识图谱

生成与管理远程压制、攻坚破甲、破障登陆等种类的武器装备毁伤知识图谱,支持亿级实体规模知识图谱存储与管理,包含弹药毁伤基础知识、军事常识、战法规则、关键事件等知识实体。利用非关系型(NoSQL)数据库完成知识图谱实体节点和关系的存储,利用自动化或半自动化技术从原始数据中提取包含实体、属性、关系在内的知识要素,在获得新知识后对其进行整合以消除矛盾和歧义。通过信息抽取,实现从非结构化和半结构化数据中获取实体、关系以及实体属性信息的目标,通过知识融合将可能冗余、包含错误信息、数据之间关系过于扁平化、缺乏层次性和逻辑性的知识进行加工融合,对于经过融合的新知识进行质量评估之后(部分需要人工参与甄别)添加到知识库中以确保知识库的质量。新增知识之后,进行知识推理以拓展现有知识得到新知识,然后在此基础上完成本体推理、规则推理、路径计算、社区计算、相似子图计算、链接预测、不一致校验等知识计算。

4. 数据智能应用组件

利用武器装备毁伤效能数据建设工程获得的数据,针对弹药性能要素相关性分析、弹目适配等应用,使用基于知识图谱的弹药相关性分析、知识与数据驱动的数据融合方法、基于张量分解及深度学习模型等,来设计体现部队用户偏好的弹药毁伤服务推荐方法;基于LSTM、多模态语义学习理论等,设计支持语义的弹药毁伤效能检索等组件。具备基于数据挖掘的毁伤效能数据分析能力,提供面向标靶图片的弹孔智能计数工具等相关模型。

5. 数据库数据恢复

数据库数据恢复需要针对实例故障的一致性恢复、介质故障或文件错误的不一致恢复两种情况,提供基于数据库日志的数据恢复模型,具备静态转储、动态转储、海量转储、增量转储能力。

6. 武器弹药性能数据分析

构建武器弹药性能数据库,其包含处理后的弹药性能数据、威力场仿真计算结果数据、靶后威力场仿真计算结果数据、战斗部威力场模型、靶后威力场模型数据等多种应用场景的数据。能够构建武器弹药性能数据多维度描述模型,在功能验证阶段提供典型攻坚破甲、火力压制类战斗部威力场弹药性能等数据分析。

7. 目标易损性数据分析

目标易损性数据库包含目标易损性数据、结构特性数据、毁伤准则模型数据、毁伤树模型数据、毁伤计算模型数据等多种数据。能够以典型地面目标,建立目标易损性毁伤部件、毁伤树、毁伤准则、易损性模型,在功能验证阶段构建目标数据描述模型。

8. 毁伤试验数据分析

构建毁伤试验数据库包含各种类型武器装备毁伤试验原始数据、毁伤试验处理后数据、进行数据挖掘后模型数据等不同处理阶段的数据。能够以典型地面目标为例,在战斗部威力场、目标易损性、弹目交汇试验等数据的基础上,构建毁伤效能数据库共性抽取模型。

9. 仿真模型评估模型接入

动态建模功能可以创建各种数据类型,具体有 String、Byte、Boolean、Date 等 16 种数据类型。实现仿真模型评估模型接入,提供基于仿真数据的多类型数据库数据转换模型,提供跨数据库复杂分析工具,具有用户自行动态建库与维护功能。

10. 跨数据库复杂分析、动态建库

设计不同类型多源异构结构化数据库转换工具、非结构化文本数据自动标注及内容理解工具、非结构化图像与视频目标识别及内容理解工具,在毁伤效能知识图谱的基础上,支持跨数据库复杂毁伤效能分析,为用户提供自行动态建库与维护功能。

11. 共享数据库平台

基本型数据库包括弹药数据、目标数据、材料数据(基础数据)、试验数据等父级库,其中弹药数据库、目标数据库和材料数据库等为共享数据库,支持图数据库和常用关系数据库之间跨平台统一数据访问。共享数据库平台能够直接接入主流图数据库,包括 Neo4j 等;访问主流关系数据库,包括金仓、达梦、Oracle、MySQL、Microsoft SQL Server 等。

12. 武器装备毁伤效能数据功能验证

对采集的毁伤效能数据进行时域、频域和总体的有效性分析,对收集到的数据之间的关联性和有效性进行多维度对比分析,并对数据可信度进行分析,以增强数据可信度,排除相关干扰数据。

13. 武器装备毁伤效能数据功能验证系统

武器装备毁伤效能数据功能验证系统为武器研制生产、试验评估、博弈应用等几类典型用户提供第三方应用程序的服务调用接口,从基础、弹药、目标、试验综合数据库等不同应用场景的数据库调取战斗部威力场模型、目标易损性模型、弹目交汇模型等并集成相关程序、经验、算法计算弹药对目标的毁伤效能。其能够利用弹目交汇模型计算战斗部与目标交汇的场景,能够通过三维视景进行碰撞检测得到战斗部毁伤元在目标上的命中位置,能够载入战斗部威力场模型中的威力数据、目标易损性模型等数据,能够按照武器装备毁伤效能数据规范在集成框架计算环境下进行毁伤效能分析计算。

2.3.3 毁伤效能数据检索与应用设计

1. 关联查询模块

由于毁伤效能知识体系庞大,需要实现百万级实体规模知识图谱存储与管理,具有知识图谱查询能力,提供战斗部威力场、目标易损性、弹目交汇试验数据、GJB 102A—1998弹药系统术语、军用术语、军事百科、jane's等军工数据库、wiki百科、DBpedia、中国兵工学会主办及出版的期刊、国防科技文献特色数据库、军标数据库、AD、AIAA、NASA、NTIS等数据库和数据节点的关联查询,支持面向博弈空间实体和任务的数据关联集成,具备关键词查询能力,支持亿级图节点数据存储和查询,根据用户习惯提供热词检索功能。

2. 高级检索模块

高级检索模块能够提供基础库的全文搜索、多关键字组合查询功能,在搜索栏中输入查询信息,系统将查询信息与数据的每个属性信息进行匹配,并以列表的形式展现查询结果。

提供基于自然语言处理技术的模糊语义查询功能,根据毁伤效能专业语料库、知识图谱,利用LSTM(长短期记忆模型)时间递归网络等理解用户提出的请求,消除语义歧义,为用户提出的查询主题给出最近距离的答案;提供支持基于内容的跨媒体检索工具;提供主题语义检索工具。

设计一种基于卷积神经网络的以图搜图模型,支持用户输入图片检索图片,并且显示搜索到的图片的相关信息。可以与系统内的其余功能模块进行交互,以获取最新收录的数据。

提供多条件模糊检索工具,支持基于时间、空间、博弈目标、博弈任务、关键事件等多维度的跨媒体信息汇聚与推荐。

2.3.4 毁伤效能评估用户需求的服务推荐设计

1. 用户数据搜集

通过研究多源异构数据的融合以及大数据的存储问题,完成用户数据搜集,支持多源异构数据的融合,提供大数据的存储模块;研发设计、工业生产、试验鉴定、博弈指挥等部门针对毁伤效能数据服务平台的用户访问需求。

2. 用户行为建模

通过分析搜集到的用户数据,包括物理域、网络域、社会域的跨域多维度用户行为数据,对用户的人口统计学特征、消费行为、兴趣爱好及心理偏好等属性进行标签化处理,从而得到用户画像提供数据标签化模块,构建攻坚破甲、火力压制类典型装备的试验方案优选等典型毁伤评价场景。

3. 用户行为聚类

设计适用于多元用户数据聚类的方法,具备提供典型决策场景的用户个性推理和用户行为预测能力。

4. 推测用户倾向

基于张量分解的跨域协同过滤服务推荐算法,实现推测用户对于未知悉武器、目标、分析服务的兴趣与情感的能力,具备根据用户习惯推荐功能,能够根据一定的目标需求对参数设置进行优化。

5. 为网络异常事件识别提供基准

探究用户异常行为感知与推断,研究用户行为异常事件模式构建方法,为毁伤效能数据访问的异常事件识别提供基准,能够支持跨域毁伤评价决策的细粒度知识管理。

2.3.5 数据访问和数据操作的可靠性、安全性保证设计

1. 文件数据库的加解密

采用 ACTIVEXCOM 组件或 Dockers 方式提供文件加解密和数据加解密功能。

2. 数据内在关联

研究基于知识图谱的强化模块,支持面向毁伤效能评估空间实体和任务的数据关联集成。

3. 数据完整性验证

实现构建基于可信第三方(TPA)代替用户模块。

4. 数据压缩机制

采用如字典压缩、通用值抑制、行程编码、群集编码、间接编码等技术实现数据压缩机制,在压缩比和性能之间适当平衡。另外,能够提供基于实时数据库的字典压缩的数据压缩模块。

5. 存储级内存备份和恢复技术

通过事务日志记录与数据库检查点相结合的策略实现非易失内存、磁盘的持久性和可恢复性,构建备份映像、重做和撤销模块。

6. 武器装备毁伤效能数据服务平台保障安全

实现构建权限管理模块,具备全面的系统安全策略、灵活的权限分配能力,具备操作审计功能。

7. 数据可靠性保证机制

从多处理器的任务分布、行列混合存储、数据压缩、备份与恢复等几个方面解读可靠性保证的含义,实现支持基于双设备数据更正 DDDC(Double Device Data Correction)的内存恢复模块;构建基于 MCA Recovery 的结合模块。

2.3.6 系统安全管理设计

1. 用户权限管理

用户主要包括两类:一类是系统管理人员,用于管理系统数据库、设置用户权限;另一类是系统使用人员,又可分为三类:武器弹药研制负责人员、武器弹药实弹试验负责人员、部队实战训练负责人员。各类用户对系统的功能需求如下:

武器弹药研制负责人员:通过科学评估优化装药设计和攻击条件参数;查看、修改基础数据库及武器弹药性能;查看目标易损性数据库及毁伤试验数据库;数据备份、恢复、导入导出;检索相关信息。

武器弹药实弹试验负责人员:记录毁伤试验数据;验证评估系统的准确性,验证武器弹药的实际性能;查看、修改目标易损性数据库及毁伤试验;查看基础数据库及武器弹药性能;数据备份、恢复、导入导出;检索相关信息。

部队实战训练负责人员：收集实战毁伤效能的相关数据；查看、修改目标易损性数据库及毁伤试验；查看基础数据库及武器弹药性能；数据备份、恢复、导入导出；检索相关信息。

系统管理人员：管理系统数据库、设置用户权限；在相应级别用户的授权下，完成该用户所具备的操作权限。

2. 用户安全管理

对不同类别的用户，建立不同等级的口令安全策略，保障系统信息不泄露，同时保障数据库的存取安全。

3. 数据安全管理

针对用户对数据库数据的修改、查询及数据备份等权限进行管理。

2.3.7 大数据平台支撑环境设计

1. 运维管理平台

运维管理平台支持多租户管理，提供大数据统一租户管理平台，实现租户资源的配置和管理、资源使用统计等功能；支持异构集群部署，在集群中存在不同硬件规格的服务器，允许在 CPU 类型、内存大小、硬盘数量与容量等方面有差异；支持运维管理平台用户和组件用户统一管理和认证，用户访问平台各个组件的界面时支持单点登录，只需要登录认证一次，即可访问其他组件的界面；支持单集群大规模滚动升级，业务不中断，保证客户业务稳定运行，提供 700 节点以上滚动升级用户报告；提供界面化的扩容、减容功能，实现集群主机、部署的服务按需调整；支持自动健康检查，帮助用户实现一键式系统运行健康检查，保障系统的正常运行，降低系统运维成本；支持数据备份恢复功能，支持周期备份与手动备份方式，提供多种备份策略，支持备份到本地目录、远端 HDFS 或者第三方文件系统（NFS 或 CIFS 协议），并可以从备份路径恢复数据；单集群内支持 ARM 架构（Aarch）服务器和其他架构服务器混合使用，满足客户对设备自主可控的要求；支持在线日志检索，支持通过 Web 维护面登录后，在线检索并显示组件的日志内容，用于问题定位等其他日志查看场景。

2. 数据集成

大数据集成工具具有支撑大数据平台与关系型数据库、文件系统间交换数据与文件的能力，如支持通过 SFTP 将文件导入 HDFS、支持 MySQL 等数据库的数据导入。

3. HDFS

通过聚合数十上百台服务器本地文件系统的吞吐能力，提供同时对超大数据文件的 HDFS 访问能力。HDFS 组件支持磁盘异构，即支持集群中配备多种不同容量的磁盘，方便后续扩容；支持分级存储，用户可以将文件存放在指定类型的磁盘上，用于满足不同类型的文件存储性能要求；支持标签功能，可以让不同的应用数据运行在不同的节点，实现业务隔离。

4. NoSQL 数据库

提供高可靠性、高性能、面向列、可伸缩的分布式存储系统，解决关系型数据库在处理海量数据时的局限性。支持海量数据（TB 或 PB 级别以上）操作，在海量数据中实现高效的随机读取，支持可视化界面数据备份与恢复功能；可以创建多个服务。

5. 内存计算

提供内存计算组件,并保持开放性;JDBC Server 支持多租户并行执行,租户任务提交到不同的队列执行,租户间资源隔离。

6. SQL on Hadoop

提供基于 Hadoop 的 SQL 引擎,支持多租户,支持 JDBC、ODBC 标准接口,兼容标准 SQL 2003 语法,以方便使用和扩展。

7. 流式计算

提供流处理组件,用户可根据业务需要自主选择。

8. 全文检索

支持基于角色的权限控制的全文检索引擎,方便用户根据使用习惯自由选择。

9. 图数据库

提供分布式图数据库能力,基于 Hbase 存储系统和全文检索系统,实现百亿节点的便捷查询;提供丰富的访问 API,支持 RESTful API 和标准图查询语言 SQL;支持实时和批量数据导入;图数据库支持多图。

10. 内存数据库

支持操作按照读取、写入、管理进行细分的权限控制,不同的用户赋予不同的权限,避免越权的操作;支持集群异常告警,包括持久化异常告警、槽位分布不均告警、内存使用超过阈值等告警;支持集群的性能监控,包括 Fork 时间、TPS、内存使用率、客户端连接数、网络带宽等。

11. 多租户

支持服务资源静态隔离,即支持对系统中不同服务的资源使用上限进行配置,保证各服务的资源使用不会超过配置上限;支持基于时间的服务资源动态调整,即为了保障业务的 SLA,同时充分利用系统资源,需要配置不同服务在不同时间段内使用资源的不同比例,来动态自动调整各服务在不同时间段可用系统资源;单集群支持组件多服务部署,满足多厂商业务隔离需求,支持多服务部署的组件至少要包括 Kafka、Hyperbase、New Search 等。

12. 安全性

提供各服务和组件使用的访问端口及说明,提供接口及说明文档官网链接。相关设计应符合国家和军队有关数据安全规范;支持 AES 标准加密,SM4 国密等算法;大数据平台集群的非查询类操作都应该记录审计日志,审计日志内容应详细完整,至少包括操作类型、开始结束时间、用户名、IP 地址、操作结果等;支持审计日志自动转储到第三方存储,便于长期保存。

13. 易用性

提供大数据平台的接口文档、开发指南、样例仓库、maven 库,能够指导开发人员快速完成应用开发,提供厂商接口文档、开发指南官网链接及样例仓库、maven 库功能界面截图。

14. 可靠性

提供运维管理平台系统(OMS)支持实现双机 HA,防止因为单点出现问题导致运维管理平台不可用。

15. 协同查询

支持跨数据源与跨数据中心的协同查询,提供 SQL 接口,支持基于代价计算的优化方式执行策略。

2.4 建设发展路径

武器装备毁伤效能数据工程的建设发展路径,主要是按照武器装备毁伤效能数据工程总体目标的要求,从全局上综合统筹各领域、各系统建设,明确建设阶段、实施步骤和衔接关系,勾画最优路径。总体来说,武器装备毁伤效能数据工程可以分成三个阶段:工程建设阶段、形成能力阶段、发展提高阶段。

2.4.1 工程建设阶段

武器装备毁伤效能数据工程是为了提高装备精细化管理支持能力、装备精确保障支持能力、装备发展科学决策支持能力,首要工作就是在总部的统一规划下,进行系统的工程建设,打通装备全系统全寿命数据流程。

工程建设阶段的任务主要包括需求调研与分析、数据资源规划与设计、数据流程设计和软件研发、信息基础设施建设、工作运行体系建设、系统部署等。

1. 需求调研与分析

需求调研与分析是数据工程工作的第一个阶段,其工作成果是后续所有工作的依据。良好的需求调研和分析可以减少后续工作中的无效劳动,使后续工作效率更高;糟糕的需求调研和分析产生的错误会传递到后续工作的任何阶段,并导致返工,浪费大量的人力、物力和时间。实践证明,在当前的技术发展情况下,需求调研和分析的质量对数据工程成败的影响超过了 50%,所以从一开始,就要格外重视需求调研和分析工作。

需求调研内容一般包括:装备业务、装备训练、装备保障的方法和业务流程,以及其包含的数据及其属性。负责总体设计的人员还应当了解国防战略、军队发展战略及装备业务改革方向。需求调研的最终结果是对相关业务的详细描述,并通过分析,确定装备业务信息系统的数据需求、系统需求、性能需求和安全需求。

需求调研应当组织军内人员承担,通常由以下几类人员构成:数据工程方面的专家、业务专家、最终用户代表或业务骨干、装备部门各级领导等。数据工程方面的专家和业务专家负责分析需求并形成文档,最终用户代表或业务骨干提供反映需求的各种资料并对最终结果把关,各级领导负责部门协调、业务难题拍板、把握建设方向并解决经费问题。需求调研分析人员应当在本专业数据工程方面具备丰富经验,参加过多种相关相近项目且有良好成绩,善于沟通,对工作负责。

2. 数据资源规划与设计

数据资源规划与设计是数据工程工作的第二个阶段,它以需求调研和分析的结果为依据,其成果又是后续工作的依据。

对装备数据资源进行规划和设计,其目标:编制装备数据分类目录和共享目录,确定并以严格的表达方式表示各部门的数据需求和数据来源;设计符合业务需求的主题数据库,确定其部署方式和数据同步方式;研究工作所需的理论、方法、技术和工具,为各项建设工作提供支持。

装备数据资源规划工作应当以军内管理和技术人员为主,吸收地方有经验的技术专家参与部分技术工作。

3. 数据流程设计和软件研发

数据流程设计和软件研发是数据资源规划与设计阶段的后续工作,与信息基础设施建设和工作运行体系建设并列,可以细分为数据流程设计、软件设计、软件实现、软件测试四个阶段。

(1)数据流程设计。详细分析各种用户的需求,设计数据流程,确定各用户连接的数据中心,确定数据来源和去向,以支持用户应用装备数据。数据流程设计应当由业务人员和技术人员承担,并由装备部门各级领导直接把关。

(2)软件设计。支持用户方便地获得数据、展现数据、使用数据和交付数据,设计的软件要根据总体安全方案,配合其他的安全措施,采用可靠的用户身份认证和权限管理方法技术,确保只有经过授权的用户才能使用数据。

(3)软件实现。根据软件设计的结果编写软件。软件开发过程应要求所有的开发团队按照统一的软件开发标准和规范,采用合适的软件工程模型,进行协调规范的开发,坚决避免各行其是,以保证软件良好的集成性和较高的质量。

(4)软件测试。以保证软件的质量。软件测试通常分为单元测试、集成测试、系统测试等阶段,单元测试一般由开发人员自己完成,集成测试由系统集成人员完成,系统测试则由专门的测试组完成,也可由具备军事软件测试资质的第三方来承担。

4. 信息基础设施建设

信息基础设施建设一般与数据流程设计、软件开发等工作同时进行,保持工作间的进度协调。通常使软件开发和信息基础设施建设同时完成,然后就可以进行系统部署,这样可以减少互相等待的时间,提高工作效率。

信息基础设施建设一般分成方案设计、方案评估、建设招标、投资建设、过程控制、验收等阶段。方案设计一般应由作战、保障、通信、软硬件技术、数据工程等各方面的专家和承建方一起完成,并由军内外专家对方案进行细致的评估。投资建设以后,要做好过程控制,保证过程质量,并通过严格的验收,确保信息基础设施的最终质量。

信息基础设施需求复杂,各种需求间可能存在矛盾关系,要充分考虑和分析各种需求,运用适当的多目标决策方法和全寿命分析方法,确定较佳的系统配置参数,使性能、可用性、可靠性、安全性、经济性等各方面保持均衡。同时由于建设周期长、投资大,应全面仔细规划建设方案,采用合理的投资方式,以获得最好的全寿命效益。

5. 工作运行体系建设

完善的工作运行体系是相关信息系统正常可靠运行、装备数据充分发挥效益的基础,其设计依据是各种工程建设完成以后,为保障相关信息系统的正常运行和装备数据的应用共享所需的各项工作的预测和设计。

工作运行体系建设一般也与数据流程设计和软件开发同时进行,这样在系统开发完成后,很快就可以投入良好的运行状态。工作运行体系建设包括编制体制设计、机制设计、制度设计、人员培养等。

编制体制是非常严肃的问题,其设计是一个难点,不仅需要对今后的工作进行很好的谋划,还需要和相关部门进行有效沟通。编制体制设计的主要内容包括:划分部门和岗位、明确各部门和岗位的职责、分析对任职者知识结构和能力结构的需求等。

机制是一套有机联系的制度,可以使人员产生符合管理期望的内在工作动力。虽然机制最终体现为一套制度,但并不是所有的制度都会产生机制,只有制度之间构成一定的关系,从而形成人员的内在动力,这才形成机制。

制度是工作的依据,为了保证工作运行顺畅,需要建立合理的制度体系,形成良好的工作机制。编制体制是制度设计的依据,机制是制度设计的目的。编制体制、机制、制度三者之间相互影响,需要根据实际工作需要,不断进行改进提高。

人员队伍是工作运行体系的主体,在进行信息基础设施建设的同时,应当及时培养人员,建立队伍,为系统有效运行提供支持。为了适应人员队伍的新老更替规律,应当考虑建立稳定的人才培养渠道和合理的人才培养体系,不断提供优秀的人才。

6. 系统部署

系统部署是在硬件和软件开发完成并经过实验室测试以后,按照最终用户的需要把它们安装在实际运行的地方,并调试连通,构成最终可运行系统的过程。

系统部署是工程阶段的最后一个阶段,工作非常繁杂和艰苦。人们往往认为硬件已经安装好,软件已经开发完毕,似乎工作基本上完成,往往忽略了这个阶段,或者忽略了其工作的困难。国内外多年的实践证明,系统部署是关系到数据工程成败的第二个重要阶段,有很多数据工程的项目实际上就失败在系统部署阶段。

系统部署阶段工作包括:硬件安装配置和调试、软件安装配置和调试、系统初始化、数据初始化、运行测试等。

在信息基础设施建设完成以后,硬件安装调试的工作主要是指用户端的硬件,例如,局域网各种设备的安装、计算机安装、各种外设的安装等,并根据系统需要,对硬件参数进行适当配置。

软件安装主要包括安装和配置两项工作。需要安装的软件主要包括操作系统、数据库、所需的第三方支持软件、数据应用软件等。根据软件不同,可能边安装、边配置,也可能安装完以后再配置。一般来说,配置软件各种参数的工作比较困难。由于需要配置的参数不同,不同软件的安装难度有很大不同,主机操作系统、数据库服务器、应用服务器一般安装难度较大,需要专业人员来完成。

系统初始化是把系统中用于临时辅助性工作的痕迹清除,保持系统干净,同时定义系统中的用户及其关系,并授予权限。

数据初始化是一组重要的工作,主要是清除系统中的各种垃圾数据,把各种标准数据、基础数据、业务结存数据等导入系统。这项工作难度并不太大,只要对数据之间的关系了解比较透彻就容易做好,但对工作质量要求很高,不能出错。标准数据和基础数据会被很多用户使用,业务结存数据是以后业务数据汇总统计的基础,一旦出现错误,改正的成本将非常高。

完成了上述一系列工作,系统就可以投入运行。通常实际运行环境和实验室环境有一定差距,因此,在初始运行的一段时间里,还属于测试阶段,称为运行测试。在运行测试阶段,用户正常使用系统,同时按照事先制定的周密的规程,对系统运行状态和各种数据进行密切监测,分析其是否存在问题。如果系统经过一定时间或若干个业务周期的运行,所有的检测项目都没有发现问题,则说明通过了运行测试。

2.4.2 形成能力阶段

装备数据信息系统的运行高度一体化,对相关工作人员的工作质量也提出了相当高的要求,所有系统内人员都必须按照统一的规定协调一致地动作,才能够真正形成装备业务支持能力。其中任何一个环节出问题,都可能对其他人的工作造成不良影响,甚至造成损失。在工程建设阶段完成以后,系统虽然投入了运行,但只是形成初步的装备业务支持能力,与形成全面的装备业务支持能力的要求相比尚有一定差距。所以,还需要经历一个形成能力的阶段,这个阶段的主要任务就是通过培训、训练,保证系统顺畅运行,从而逐渐通过系统支持,获得对装备精确保障的支持能力、对装备精细化管理的支持能力,以及对装备发展科学决策的支持能力。

经过培训、训练以后,使相关的人员形成对工作的统一认识,掌握所需的知识和技能,从而相互协调地配合工作。需要通过培训、训练,从而全面支持装备数据信息系统顺畅运行,主要工作包括需求一致性监控、数据流程监控、数据质量监控、系统管理、数据服务等。

1. 需求一致性监控

需求一致性监控就是按照预定的规则,定期或不定期分析用户需求的变化情况,分析装备数据库、装备业务信息系统和用户需求不一致的地方及其影响。如果需求不一致的地方越来越多,对用户业务即将或已经开始产生不利影响,要及时考虑系统的改进维护,使系统持续支持用户。

用户需求变化情况通常有两个来源:一是用户使用过程中的感受,这需要通过经常性地了解用户使用数据和系统时存在的问题和意见,纳入系统需求中进行统一分析;二是对未来需求的预测,一般通过科研立项,由专家通过研究国家战略、国防政策、军队战略、装备发展战略、装备法律法规、理论与技术的发展等影响因素的变化情况,及时分析得到装备数据需求的变化。

2. 数据流程监控

数据流程监控就是通过获取数据流程的状态信息,分析装备数据是否正常流动,如果出现异常情况,要及时分析确定问题的原因并采取措施解决。

在装备数据库和装备业务信息系统正常运转以后,数据采集的方式可以分成两大类:自动采集、人工采集。

(1)自动采集就是系统中的用户使用信息系统正常完成工作,产生的数据存入数据库,系统根据预定的规则,自动从各用户数据库中采集相应的数据,或者由用户数据库或系统自动提交相应的数据,存入装备数据库。自动采集流程主要由三个环节构成:定义规则、监控数据、维护规则。这三个环节构成一个循环,保证规则的正确性和数据采集正常进行,采集的数据用于提供数据服务,不需要的数据可以废止或销毁。

(2)人工采集就是对于不在系统中的数据或者无法构成自动采集流程的数据,由人工采集,录入系统中,最终汇入装备数据库。人工采集流程主要由四个环节构成:数据采集、数据汇总整编、数据审核、数据管理归档。装备数据最终进入数据库,提供数据服务,不需要的数据废止或销毁。

无论自动采集流程,还是人工采集流程,都需要对其过程进行监控和分析,主要内容包括：流程是否顺畅、数据是否按照正常的流程流转、数据是否按时流转、流程是否存在潜在的问题、数据流程涉及的人员队伍是否保障有力等。

3. 数据质量监控

数据质量监控就是通过了解分析数据的状态信息，分析装备数据是否存在质量问题。数据质量监控贯穿整个数据流程，其主要工作包括：数据完整性监控分析、数据一致性监控分析、数据质量保证措施监控等。

数据完整性监控分析。通过预定的规则，分析数据是否完整，包括三方面：数据分类是否完整、数据来源部门是否完整、数据成分是否完整。

数据一致性监控分析。通过预定的规则，分析数据之间是否存在矛盾，主要包括：定义矛盾、标准矛盾、数值矛盾。定义矛盾就是不同来源的数据定义不同，或者和预先的定义不同；标准矛盾就是数据的值和格式与预定义的数据标准不一致；数值矛盾就是数据的数值之间存在矛盾，例如直接获取的总和不等于获取的各分项值相加的结果。

数据质量保证措施监控。对数据报送的手续进行检查分析，对照预定的质量保证措施清单，看是否存在不履行质量保证措施的情况。为了保证数据质量监控的有效性，应当制定质量评价和考核标准，由质量监控人员给出数据质量评价，并由相应的部门纳入考核。

数据质量监控容易和数据流程监控混淆，但它们是完全不同的工作。流程监控属于组织管理工作，主要监控各项工作是否正常开展，是否按照预定的规则开展，而质量监控属于技术工作，主要监控数据的质量是否符合要求。

数据质量监控也不同于数据质量保证。质量监控范围较小，属于结果分析；质量保证范围大得多，从规划设计就已经开始，主要是从管理的角度预先采取措施提高数据质量。质量监控的结果可以为质量保证提供改进的依据。

4. 系统管理

系统管理主要包括设备管理、用户管理、系统资源管理、数据备份与恢复等工作。

设备管理：监控各种设备的运行状况，特别是服务器、大屏幕、存储系统、备份机等关键设备，保持其正常运转。

用户管理：管理用户权限，包括定义系统中的用户、授予或收回其数据访问权限等。

系统资源管理：对系统的处理器、内存、外存等资源进行监控，当发现问题时，例如数据库性能下降、存储空间不足、用户数剧烈增长等，应及时调整分配方案，保证关键应用拥有稳定可靠的资源，其他应用在资源富裕时能够及时获得资源，必要时需采取措施扩充系统资源。

数据备份与恢复：按照不同的分类方式，数据可以分成多种类型。例如，按备份设备所在位置可以分为本地备份和异地备份，按备份设备可以分为磁带备份、磁盘备份、光盘备份，按备份方式可以分成全备份和增量备份。在系统出现故障时，可以利用备份的数据及时恢复系统的状态。

整个装备数据库系统非常庞大，其系统管理需要采用分级管理的方式，由系统管理员完成，按照数据中心的级别，系统管理员也有一定的级别，决定了其权限和管理范围的大小。

5. 数据服务

数据服务就是通过装备数据库对用户提供装备数据的检索、订阅、咨询等服务。系统正常运行以后,用户的日常业务工作通常都已经设计为流程,通过信息系统支持实现对装备数据的使用。同时还会有很多用户在工作中需要通用性的装备数据服务,例如,从装备数据库中检索需要的数据进行分析,订阅需要的装备数据产品等。这些都需要一支专门的装备数据服务队伍,根据用户需求,以更专业的方式对装备数据进行处理,为用户分析获取需要的数据产品或信息,及时提供给用户。

2.4.3 发展提高阶段

武器装备毁伤效能数据工程是一个逐步深化和完善的过程,装备数据信息系统对装备业务的支持能力和装备数据保障能力是随着武器装备毁伤效能数据工程的深化和完善而不断提高的。

武器装备毁伤效能数据工程的完善需求主要体现在应用开发的阶段性和需求的变化性。应用开发的阶段性主要反映在各种应用不可能是一次开发完成的,通常先开发和实施核心应用,然后在运行过程中,根据需求的紧迫性,逐渐纳入新的应用。需求的变化性主要反映在系统运行以后,有一些原因,例如,军队任务变化、装备业务发生重要调整、信息技术有重要发展等,会引起应用需求的重大变动。这时需要对影响需求的各种因素进行分析,适时对系统进行调整和完善,从而不断形成更高的能力。

拓展应用的工作单靠维护人员难以完成,通常需要保持一支研究队伍,专门负责对国家和军队的战略和法规、新技术及技术发展趋势、应用的拓展需求、用户要求变化情况等进行研究,对系统需求提出科学的预测,从而指导扩展应用的开发。

第3章 武器装备毁伤效能数据工程体系

武器装备毁伤效能工程工作繁杂而艰巨,需要首先理清头绪,做好顶层设计,使工作事半功倍。本章通过系统思考,精心梳理,完善体系,建立武器装备毁伤效能数据工程工作的总体框架,明确各部分工作的相互关系,为武器装备毁伤效能数据工程理清思路。有助于工作者采用合适的策略,有效组织实施,从而有条不紊地推进武器装备毁伤效能工程的各项工作。

3.1 总体框架

3.1.1 总体建设思路

本书结合前述武器装备毁伤效能数据工程建设需求,围绕弹药效能手册研编试点任务,根据"统一规划、先进、可扩展、可集成、安全可靠、维护便捷、可视"的原则,设计了一种武器装备毁伤效能数据工程体系的参考总体建设框架。该总体建设框架根据毁伤效能数据生态的设计思想,在本体规划与元数据管理的基础上,通过采集、收集、整理以及挖掘数据,建立由基础数据库、武器弹药性能数据库、目标易损性数据库、毁伤试验数据库以及多种非结构化数据组成的综合性武器装备毁伤效能数据服务系统。该系统统一规范各种毁伤效能数据,实现数据共享,便于武器装备毁伤领域大数据的融合和挖掘,为装备论证设计、研制生产、试验鉴定、作战应用提供数据支撑。

武器装备毁伤效能数据服务系统依据数据入库的共有属性,除了重点建设的4类数据库以外,数据还将自动聚类成针对不同用户的数据库,包括轻武器弹药、重武器弹药、不同口径弹药、主用弹和特种弹、火力压制弹药、防空反导弹药、攻坚破甲弹药、地雷破障弹药等,以满足个性化需求。在不同格式的数据库中抽象出不同模型具有的共性描述,兼顾生产研制、试验鉴定、训练作战等不同用户的毁伤评估模型,建立模型之间可共享的知识映射关系。

3.1.2 设计原则

1. 统一规划原则

系统采用统一的风格和基调、提供统一的操作界面和方式,通过建设数据综合分析,实现对数据收集、处理、展现的规划原则。

2. 前瞻性原则

系统建设应充分理解装备毁伤效能数据工程的实际情况,考虑未来3~5年的业务发展规划进行系统建设。以数据驱动业务创新的模式,支持数据应用快速、灵活创新和流程优化,为毁伤评估提供快捷、方便、安全、多手段、多渠道的服务支持。

系统技术水平要保证先进性,符合当今计算机科学的发展潮流。系统网络平台、硬件平台、系统软件平台技术要代表当今计算机技术发展的方向,同时经实践证明其实用性和稳定可靠性,可以保证该项技术不断地更新并可顺利升级而维持系统的先进性。采用较为先进的技术理念,在保证项目稳定运行的同时满足业务分析信息基础应用发展需要。

3. 可扩展可集成性原则

通过历史数据可知,毁伤领域的技术发展是迅猛的,相关数据资源的数量、种类也必然不断激增,在应用方面的需求也会随之增长,这都要求现在建设的毁伤效能数据库系统能支持较长时间内的业务开展,具有较长生命力。因此系统要考虑一定的扩展性总体规划,分步实施原则,并可以方便、快速、稳定地进行扩展升级。需要在软硬件平台、应用平台建设时充分考虑上述需求,软硬件系统之间、各应用平台之间可以方便地实现集成。在系统设计和实施过程中,严格遵循软件工程的观点和方法进行工作。自始至终考虑到系统的整体性、层次性、相关性、目的性、时间性和环境的适应性。使系统搭建过程中无需花费过多的精力从事于系统平台的集成,而将精力集中到应用系统的开发和调试中。在符合管理需要的条件下,应用软件全部使用图形化交互式人机界面,使操作简单、便捷,而且采用高效的服务器、功能强大的数据库系统及通用数据库引擎,为各种业务提供高效率的工作能力,适应大规模数据处理的要求。应用软件在易于维护的系统平台上开发,并安装简单。

系统建设应遵循模块化、组件化、参数化设计原则,通过高内聚的应用核心和层次化的应用结构实现数据应用插件式的管理模型,系统的各个关键部件基于成熟的应用软件产品、开发工具实现,体现数据应用开发到数据应用装配的逐步转变,易于进行业务功能范围和系统承载能力的双向扩展。

4. 安全可靠性原则

武器装备毁伤效能数据资源在一定程度上反映了武器装备的性能和战术技术指标,因此数据信息的安全性是需要着重考虑的。在数据库设计时,需要充分考虑数据本地化处理时所采用的先进信息安全技术和手段,确保数据资源和数据库的安全性、可靠性。

系统建设应当具备可靠的数据信息加密和身份认证机制,确保毁伤效能数据的正确性和安全性。具备对系统操作人员、系统管理人员、运维管理人员的多级安全控管和灵活的多级授权机制,以及对各种操作的有效记录和制约。

系统建设应能在正常和高峰业务处理中稳定运行,提供连续、可靠的服务,减少因系统故障而产生的系统停止运行时间以及业务范围,保证服务的连续性和稳定性。提供准确、完整的数据备份和快速、完整的数据恢复机制。

5. 维护便捷性原则

武器装备毁伤效能数据库的应用对象包括试验鉴定部门、产品的设计研制部门和一线作战筹划部门,因此,平台应针对这一应用中的特点,按照可配置的模式("应用程序加配置文件"模式)进行设计,应用程序解决如何做的问题,配置文件解决做什么的问题,应用程序从配置文件中读取配置信息决定如何进行处理。通过可配置的设计,实现在对平台进行调整和扩充时不需要修改应用程序,通过调整配置文件就可以完成功能的扩展,保证平台具有良好的可扩展性、可维护性,实现不同栏目的数据信息内容可由相应的不同人员进行管理和维护,降低系统运营成本。

6. 可视化原则

为提高数据应用的直观性，多种形式展示数据应用的结果，系统将"一张图表比一千句话能说明更多的信息"融入设计理念之中，系统的基本出发点是尽量把抽象的文本和数字数据以图表的形式展现出来。

7. 易用性原则

系统必须具备持续、高效、可靠的运行能力；具备系统服务的启停机制，提供异常处理、日志管理、系统监控和预警等功能；具备友好的用户界面，操作简易便捷。

8. 容错和自主可控原则

系统建设应具备完善的容错和纠错能力，提供常规维护中的查错手段及日志登记，能够记录所有数据操作和访问痕迹，并做出适当的分类以便稽查。针对分布式事务处理以及网络、应用、中间件、数据库以及主机异常等，必须提供完备的事务连续性及数据一致性保障策略，具备数据及事务处理流程的信息完整记载、可追溯、可补偿。

系统所使用的硬件、操作系统、软件平台和工具首选国产软硬件系统，实现自主可控。

3.1.3 建设内容及总体架构

本书建议的武器装备毁伤效能数据服务系统由多个子系统、多个数据库以及多个支撑平台组成。系统是指武器装备毁伤效能数据服务系统，其中可以包括毁伤效能数据采集与预处理子系统、毁伤效能数据存储与计算分析子系统、毁伤效能数据检索与应用子系统等多个子系统，可以按照数据处理流程、用户类型、使用频率等方式划分子系统。数据库可以包括基础数据库，以及武器装备弹药性能数据库、目标易损性数据库、毁伤试验数据库等多个除基础数据库外的特定种类的数据库，以便于对不同功能做数据管理工作，也能规避相关数据风险。平台可以包括武器装备毁伤效能数据服务系统支撑软件平台、武器装备毁伤效能数据服务系统支撑硬件平台等软硬件支撑平台。

1. 武器装备毁伤效能数据服务系统

1）该系统建立包含弹药性能、目标易损性评价以及毁伤试验等多个领域的异构数据统一规范表示模型

① 建立基于智能自描述数据字典的自描述数据传输方法，基于元数据的分布式信息融合统一数据描述方法，为分布式毁伤效能数据融合提供一种平台无关和协议无关的通用机制；

② 设计结合传统关系数据库与新型语义网络的综合毁伤效能知识表示方法，为跨域的、动态的、快速访问的弹药效能手册数据共享打下坚实基础。

2）该系统建立高性能毁伤效能数据管理架构，设计面向大数据处理的武器弹药毁伤效能数据服务系统架构

① 面向大数据处理的毁伤效能评估需求，设计由效能数据采集与预处理子系统、毁伤效能数据存储与计算分析子系统、毁伤效能数据检索与应用子系统构成的武器装备毁伤效能数据服务系统架构；

② 分析毁伤效能数据处理特征，设计结构化非结构化混合、软硬混成的海量异构数据存储方法，根据大容量内存的应用访存特征，采取适当的数据及任务调度策略，提高数据访问命中率，提高密集型弹药效能计算的性能；

③ 建立轻量级数据压缩方法，高效地去除数据间冗余，减少数据发送量；构建使用相同规范的数据结构完成OLTP（在线事务处理）和OLAP（在线分析处理），实现对潜在有价值的毁伤效能数据的挖掘与分析；

④ 设计利用混合负载进行优化调度的方法，合并主存储和差分缓冲区的并行化方法，设计多级索引算法，集成历史的结构化、半结构化、非结构化海量数据。

3）该系统建立针对计算密集型武器弹药毁伤效能特点的高性能数据采集、访问及分析的总体解决方案

① 设计针对公网和专网的Web数据的爬取引擎，收集、整理、采集分散在公网、专网、军网等其他单位的数据，提供数据导入、导出、互操作接口，为数据库的增量发展、系统的可扩展预留关键支撑功能；

② 设计灵活高效的数据检索方法，支持关键字检索、主题语义检索、图片检索等多种检索模式；

③ 提供常用的数据分析算法库，支持毁伤效能知识图谱的构建。

4）该系统建立针对毁伤效能评估用户需求的服务推荐方法，提升用户的服务质量，并为安全审计追溯提供技术支撑

① 设计包括研发设计、工业生产、试验鉴定、作战指挥等部门针对毁伤效能数据服务平台的用户访问需求，研究跨域多维度用户行为的获取及用户画像生成方法，构建典型用户群体的用户画像；

② 设计跨域多维度用户行为规律的学习与提取方法，研究基于用户行为的智能推荐方法，推测用户对未知悉武器、目标、分析服务的兴趣与情感倾向，提供针对性的智能服务，为用户提供高质量数据共享及知识重用服务；

③ 设计用户异常行为感知与推断方法，研究用户行为异常事件模式构建方法，为毁伤效能数据访问的异常事件识别提供基准。

5）该系统建立数据访问和数据操作的完整性、可靠性及安全性保证机制

① 建立基于感知压缩和智能数据字典的数据压缩方法，高效地去除数据间冗余，减少数据发送量；

② 设计结合新的内存特性的高效、低传输量的数据可靠性保证机制，有效地解决计算中节点失效等问题；

③ 设计高安全的可信身份认证机制及审计方法，为武器弹药毁伤效能数据服务平台提供安全保障机制；

④ 设计保证毁伤效能数据完整性方法，保障数据的完整性和可靠性。

2. 毁伤效能数据库

该系统建立基础数据库，以及武器弹药性能数据库、目标易损性数据库、毁伤试验数据库等除基础数据库外的特定种类的数据库，各数据库都支持多种格式（包括图像、视频、声音、传感器序列数据、文本文档、XML文件、Word文件等）数据的采集、预处理、存储。

3. 武器装备毁伤效能数据服务系统支撑软件平台

软件平台包括数据采集与预处理、数据存储与计算分析、数据检索与应用等支撑组件集合，也可以提供毁伤效能评估用户需求的服务推荐，数据访问和数据操作的可靠性、安全性保证，以及大数据环境管理等功能。

4. 武器装备毁伤效能数据服务系统支撑硬件平台

研制支撑毁伤数据库及服务组件运行的硬件平台，支撑多个子系统（包括但不限于数据采集与预处理子系统、数据存储与计算分析子系统、数据检索与应用子系统）的生产运行。在条件充裕的情况下可以设计多个数据中心，例如 A 与 B 数据中心，实现容灾部署。A、B 两地存储秒级同步，在灾难场景下，A 失效后，可以确保数据不丢失，在 B 数据中心正常访问数据库中的数据，以保护重要数据资源和计算资源。

武器装备毁伤效能数据建设工程组成示意图如图 3-1 所示。

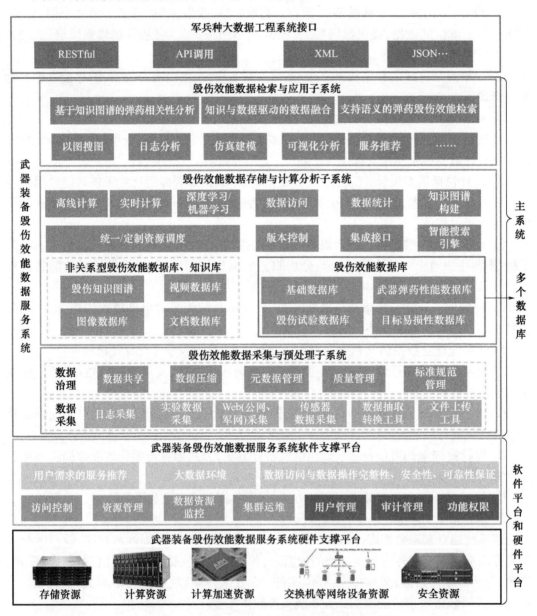

图 3-1 武器装备毁伤效能数据建设工程组成

3.2 系统组成

武器装备毁伤效能数据服务系统包含毁伤效能数据采集与预处理子系统、毁伤效能数据存储与计算分析子系统、毁伤效能数据检索与应用子系统内容。武器装备毁伤效能数据服务系统提供弹药性能、目标易损性评价以及毁伤试验等多个领域的异构数据统一规范表示,具有高性能毁伤效能数据管理、提供面向大数据处理的武器装备毁伤效能数据服务的功能。系统提供针对计算密集型武器装备毁伤效能特点的高性能数据采集、访问及分析,提供针对毁伤效能评估用户需求的服务推荐方法。

平台包含武器装备毁伤效能数据服务系统支撑软件平台和武器装备毁伤效能数据服务系统支撑硬件平台。

武器装备毁伤效能数据服务系统支撑软件平台为武器装备毁伤效能数据服务系统提供支撑。提供毁伤效能评估用户需求的服务推荐,数据访问和数据操作的可靠性、安全性保证,以及大数据环境管理等功能。

武器装备毁伤效能数据服务系统支撑硬件平台,支撑武器装备毁伤效能数据服务系统的生产运行。硬件平台实现系统的容灾部署,实现数据秒级同步,确保数据不丢失。

3.2.1 毁伤效能数据采集与预处理子系统

1. 子系统组成示意图

毁伤效能数据采集与预处理子系统组成示意图如图3-2所示。

图3-2 毁伤效能数据采集与预处理子系统组成

2. 子系统用例图

毁伤效能数据采集与预处理子系统用例图如图3-3所示。

3. 子系统活动图

毁伤效能数据采集与预处理子系统活动图如图3-4所示。

4. 子系统硬件组成、应用、功能

1) 硬件组成

主站点采集服务器、备站点采集服务器、数据预处理与分析服务器、数据爬虫服务器等各类应用场景的服务器设备。

2) 数据来源

武器弹药所处不同生命周期的多模态数据(文档、结构化、半结构化数据、图像、视频等)。

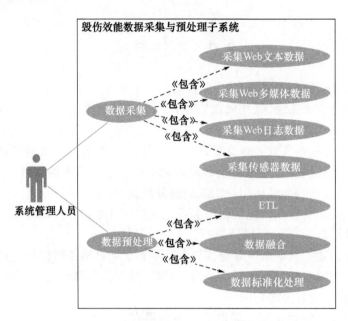

图3-3 毁伤效能数据采集与预处理子系统用例图

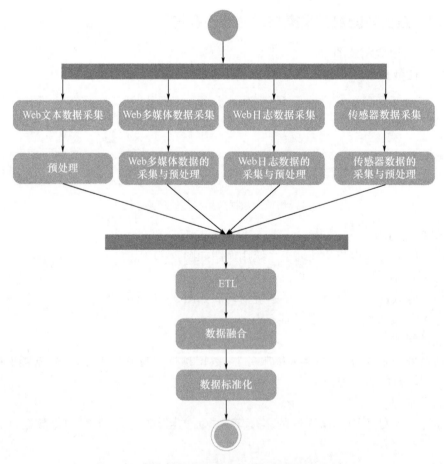

图3-4 毁伤效能数据采集与预处理子系统活动图

3）数据应用

① 在武器弹药设计和研制阶段,在毁伤效能数据的基础上通过科学评估优化装药设计和攻击条件参数,使武器弹药的毁伤效能满足军事行动的需求;

② 在武器弹药试验验证阶段,通过少量的实弹试验获得的毁伤效能数据进行评估,验证武器弹药的实际性能,采用试验条件、环境、空间关系等毁伤效能数据反映弹药在静爆、动爆条件下的毁伤能力,挖掘装备体系的优势和强项,找出存在的问题,缩短研制周期,减少试验量和经费消耗,进而有针对性地提出装备发展方向;

③ 在武器弹药部队作战训练和实战使用阶段,系统化收集和分析毁伤效能方面的相关数据,不仅用于打击效果评估,还可用于深化武器毁伤效能评价,找出武器弹药设计缺陷与不足,反馈给武器管理部门和研制单位,促进技术进步和设计水平提升。

4）系统功能

① Web 文本数据抓取与预处理:具有 HTTP 交互模块功能,要求每秒交互次数达到一定数量级,支持新闻网页和社交媒体中目标情报信息自动采集。提供 HTML 解析工具,具有数据采集、数据清理、用户识别、会话识别、事务识别功能。

② Web 多媒体数据抓取与预处理:提供多媒体发现技术工具,要求单个视频数据获取速度较高。提供关键帧提取工具,具有提取弹药、目标、爆炸过程关键帧能力;提供摘要生成工具,包括视频切割模块、视频提取模块、重要度评判模块、摘要生成模块;提供基于 FPGA 加速的计算密集型视频分析算法;具有建立 Web 视频源地址解析模型能力。

③ 日志数据抓取与预处理:提供面向多站点的网络嗅探采集方法,要求数据清理的查准率较高。提供基于时间与引用的清理方法,具有日志数据清洗、转换、装载能力。

④ 传感数据采集、转换和装载:提供基于压缩感知的信号采集工具,能够根据《武器装备毁伤效能数据规范》进行数据读取,并生成相应的数据格式;提供数据关联数据融合模块。

⑤ ETL(抽取 – 转换 – 载入):提供海量多源数据的数据库交互式自动导入工具,具有整合分散、零乱、标准不一数据的能力。

⑥ 数据融合:提供多模态感知信息的表示模型;构建基于序列分析的 D – S 证据方法、人工神经网络和贝叶斯网络融合等模型,具有决策级融合能力。在对数据清洗、转换的基础上,针对不同的应用特点将武器装备毁伤数据进行规整重塑,支持多对多数据合并、坐标系转换和轴向旋转等功能,形成能够支持毁伤效能评估、数据验证和分析的数据序列集合。

⑦ 异构数据统一规范表示模型:包含武器弹药性能、目标易损性评价以及毁伤试验等多个领域的异构数据统一规范表示模型;提供与大数据工程统一数据描述规范的接口,支持各种主流数据接入方法(包括 RESTful、XML、JSON、CSV 等),便于与已有信息系统进行武器弹药效能数据交换;提供基于智能自描述数据字典的自描述数据传输方法,基于元数据的分布式信息融合统一数据描述方法;提出结合传统关系数据库与新型语义网络的综合毁伤效能知识表示方法。异构数据统一规范表示模型如图 3 – 5 所示。

图 3-5 异构数据统一规范表示模型

3.2.2 毁伤效能数据存储与计算分析子系统

1. 子系统组成示意图

毁伤效能数据存储与计算分析子系统组成示意图如图 3-6 所示。

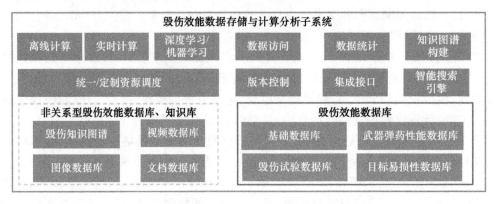

图 3-6 毁伤效能数据存储与计算分析子系统组成

2. 子系统用例图

毁伤效能数据存储与计算分析子系统用例图如图 3-7 所示。

3. 子系统活动图

1) 非结构化数据键值存储读取活动图

非结构化数据键值存储读取活动图如图 3-8 所示。

2) 毁伤效能知识图谱构建活动图

毁伤效能知识图谱构建活动图如图 3-9 所示。

3) 毁伤效能知识图谱查询活动图

毁伤效能知识图谱查询活动图如图 3-10 所示。

4) 毁伤效能数据测试与验证活动图

毁伤效能数据测试与验证活动图如图 3-11 所示。

4. 子系统硬件组成、数据库、功能

1) 硬件组成

计算分析服务器、计算分析 GPU 服务器、双活仲裁服务器、双活存储-主站点、双活存储-备站点等相关设备。

第3章 武器装备毁伤效能数据工程体系

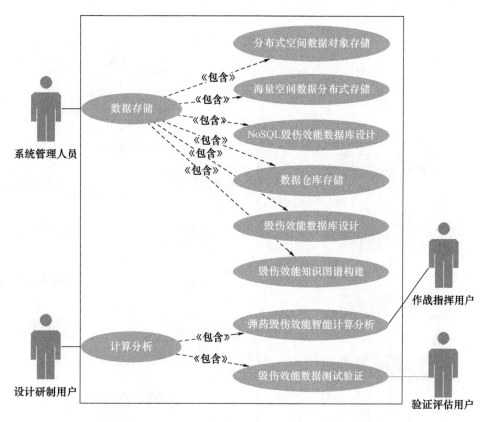

图3-7 毁伤效能数据存储与计算分析子系统用例图

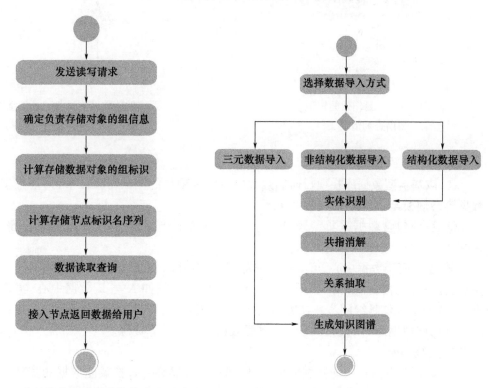

图3-8 非结构化数据键值存储读取活动图　　图3-9 毁伤效能知识图谱构建活动图

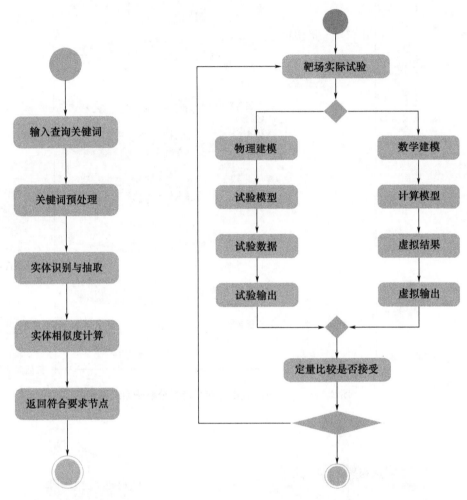

图 3-10　毁伤效能知识图谱查询活动图

图 3-11　毁伤效能数据测试与验证活动图

2) 基本型数据库功能

① 该基本型数据库在项目研制过程中可作为项目的测试与验证平台,基本型数据库数据容量规模至少达到 PB 级。

② 系统包含数据采集与预处理系统、数据存储与计算分析系统、数据检索与应用系统。

③ 设计两个数据中心,可实现容灾部署。容灾部署双活数据容量按照需要达到一定量级,在条件充裕的情况下可以设计多个数据中心。例如 A 与 B 数据中心,实现容灾部署,A、B 两地存储秒级同步。在灾难场景下,A 失效后,可以确保数据不丢失,在 B 数据中心正常访问数据库中的数据,以保护重要数据资源和计算资源。

3) 系统功能

① 武器装备毁伤效能数据库平台:构建基于武器装备毁伤效能数据的基础、弹药、目

标、试验综合数据库模型,支持亿级实体规模知识图谱存储与管理,支持文本、视频、图像、语音、数据库、格式报、矢量等多种类型数据的知识图谱构建;包含战斗部威力场、目标易损性、弹目交汇数据、靶场试验数据、虚拟试验数据、仿真计算数据及基础数据,规模达到一定量级。

② 资源数据动态建模处理平台:提供多源异构数据的转换服务(DTS),构建多类型数据库数据转换模型。

③ 毁伤效能知识图谱构建:生成与管理远程压制、攻坚破甲、破障登陆等种类的武器装备毁伤知识图谱,支持亿级实体规模知识图谱存储与管理;包含弹药毁伤基础知识、军事常识、战法规则、关键事件等知识实体。利用非关系型(NoSQL)数据库完成知识图谱实体节点和关系的存储,利用自动化或半自动化技术从原始数据中提取包含实体、属性、关系在内的知识要素,在获得新知识后对其进行整合以消除矛盾和歧义。通过信息抽取,实现从非结构化和半结构化数据中获取实体、关系以及实体属性信息的目标,通过知识融合将可能冗余、包含错误信息、数据之间关系过于扁平化、缺乏层次性和逻辑性的知识进行加工融合,对于经过融合的新知识进行质量评估之后(部分需要人工参与甄别)添加到知识库中以确保知识库的质量。新增知识之后,进行知识推理以拓展现有知识得到新知识,在此基础上完成本体推理、规则推理、路径计算、社区计算、相似子图计算、链接预测、不一致校验等知识计算。

④ 数据智能应用组件:利用武器装备毁伤效能数据建设工程获得的数据,针对弹药性能要素相关性分析、弹目适配等应用,研制基于知识图谱的弹药相关性分析、知识与数据驱动的数据融合方法、体现用户偏好的弹药毁伤服务推荐、支持语义的弹药毁伤效能检索等组件。具备基于数据挖掘的数据分析能力,构建面向标靶图片的弹孔智能计数工具等相关模型。

⑤ 数据库数据恢复:提供基于数据库日志的数据恢复模型,具备静态转储、动态转储,海量转储、增量转储能力。

⑥ 武器弹药性能数据分析:构建武器弹药性能数据多维度描述模型,在功能验证阶段提供典型攻坚破甲、火力压制类战斗部威力场弹药性能数据分析。

⑦ 目标易损性数据分析:以典型地面装甲目标为例,建立目标易损性毁伤部件、毁伤树、毁伤准则、易损性模型,在功能验证阶段构建目标数据描述模型。

⑧ 毁伤试验数据分析:以典型地面装甲目标为例,在战斗部威力场、目标易损性、弹目交汇试验数据的基础上,构建毁伤效能数据库共性抽取模型。

⑨ 仿真模型评估模型接入:提供基于仿真数据的多类型数据库数据转换模型。

⑩ 跨数据库复杂分析、动态建库:提供跨数据库复杂分析工具,具有用户自行动态建库与维护功能。

⑪ 共享数据库平台:构建基于综合数据库的数据共享模型,支持图数据库和常用关系数据库之间跨平台统一数据访问;可直接接入主流图数据库,包括 Neo4j 等,可访问主流关系数据库,包括但不限于 Oracle、MySQL、Microsoft SQL Server 等。

⑫ 武器装备毁伤效能数据功能验证:对采集的毁伤效能数据进行时域、频域和总体的有效性分析,对收集到的数据之间的关联性和有效性进行多维度对比分析,并对数据可信度进行分析。

⑬ 武器弹药模型集成接口：为武器研制生产、试验评估、作战应用等几类典型用户提供第三方应用程序的服务调用接口，从基础、弹药、目标、试验综合数据库模型调取战斗部威力场模型、目标易损性模型、弹目交汇模型并集成相关程序、经验、算法，计算弹药对目标的毁伤效能。利用弹目交汇模型计算战斗部与目标交汇的场景，通过三维视景进行碰撞检测可以得到战斗部毁伤元在目标上的命中位置；载入战斗部威力场模型中的威力数据；载入目标易损性模型等数据；按照《武器装备毁伤效能数据规范》在集成框架计算环境下进行毁伤效能分析计算。

3.2.3 毁伤效能数据检索与应用子系统

1. 子系统组成示意图

毁伤效能数据检索与应用子系统组成示意图如图 3-12 所示。

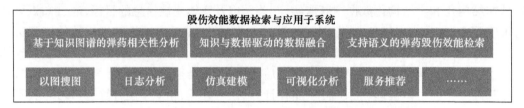

图 3-12 毁伤效能数据检索与应用系统子系统组成示意图

2. 子系统用例图

毁伤效能数据检索与应用系统子系统用例图如图 3-13 所示。

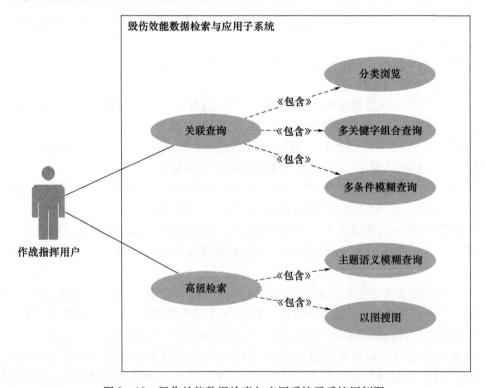

图 3-13 毁伤效能数据检索与应用系统子系统用例图

3. 子系统活动图

1) 关联查询模块活动图

关联查询模块活动图如图 3-14 所示。

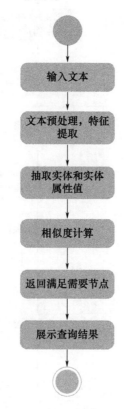

图 3-14 关联查询模块活动图

2) 高级检索模块活动图

高级检索模块活动图如图 3-15 所示。

4. 子系统硬件组成、功能

1) 硬件组成

数据检索与应用服务器、数据中心万兆核心交换机、千兆管理 & 业务接入交换机、应用工作站、仿真高性能图形工作站等相关设备。

2) 系统功能

① 关联查询模块：支持百万级实体规模知识图谱存储与管理，具有知识图谱查询能力，提供战斗部威力场、目标易损性、弹目交汇试验数据、GJB 102A—1998 弹药系统术语、军用术语、军事百科、jane's 等军工数据库、wiki 百科、DBpedia、中国兵工学会主办及出版的期刊、国防科技文献特色数据库、军标数据库、AD、AIAA、NASA、NTIS 等数据库和数据节点的关联查询，支持面向作战空间实体和任务的数据关联集成，关联层级达到一定数量级，动态情况数据关联发现时间较短；具备关键词查询能力，支持亿级图节点数据存储和查询，单节点查询响应时间较短；根据用户(包括研发设计、工业生产、试验鉴定、作战指挥等)习惯，提供热词检索功能。

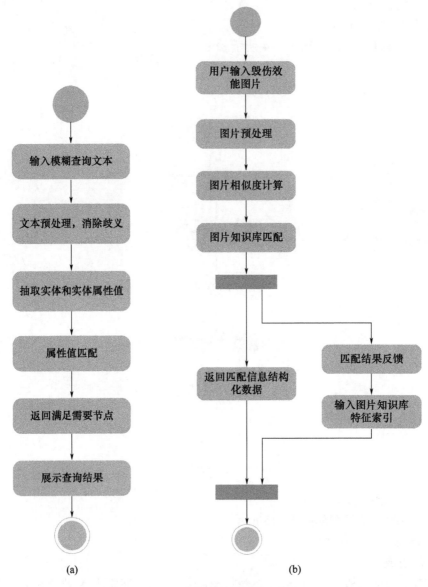

图 3-15 高级检索模块活动图

② 高级检索模块：提供支持基于内容的跨媒体检索工具，推荐时间应较短；提供主题语义检索工具，问题与答案匹配时间应较短，准确率应较高；提供多条件模糊检索工具，支持基于时间、空间、作战目标、作战任务、关键事件等多维度的跨媒体信息汇聚与推荐；提供以图搜图工具，应达到响应时间较短、精准率较高。

3.2.4 武器装备毁伤效能数据服务系统支撑软件平台

武器装备毁伤效能数据服务系统支撑软件平台包括毁伤效能评估用户需求的服务推荐子系统，数据访问和数据操作完整性、安全性、可靠性保证组件，大数据平台支撑环境。其组成示意图如图 3-16 所示。

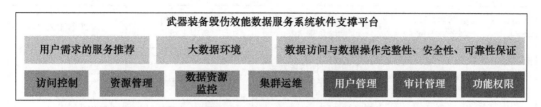

图 3-16　武器装备毁伤效能数据服务系统支撑软件平台组成示意图

1. 毁伤效能评估用户需求的服务推荐子系统

子系统支持的功能如下：

(1) 用户数据搜集：支持多源异构数据的融合，提供大数据的存储模块；多部门针对毁伤效能数据服务平台的用户访问需求。

(2) 用户行为建模：研究跨域多维度用户行为的获取及用户画像生成方法，构建典型用户群体的用户画像，提供数据标签化模块，构建攻坚破甲、火力压制类典型装备的试验方案优选多个典型毁伤评价场景。

(3) 用户行为聚类：构建基于用户行为类簇的信息分析模块，具备提供典型决策场景的验证知识用户个性推理和用户行为预测能力。

(4) 推测用户倾向：构建基于用户搜索行为分析模块，具备推测用户对于未知悉武器、目标、分析服务的兴趣与情感的能力，具备根据用户习惯推荐功能。

(5) 为网络异常事件识别提供基准：具备用户异常行为感知与推断能力，研究用户行为异常事件模式构建方法，为毁伤效能数据访问的异常事件识别提供基准，支持跨域毁伤评价决策的细粒度知识管理。

2. 数据访问和数据操作完整性、安全性、可靠性保证

子系统支持的功能如下：

(1) 文件数据库的加解密：基于 ACTIVEX 或 Dockers，提供文件数据库的加解密模块。

(2) 数据内在关联：提供基于知识图谱的强化模块，支持面向毁伤效能评估空间实体和任务的数据关联集成。

(3) 数据完整性验证：构建基于可信第三方(TPA)代替用户模块。

(4) 数据压缩机制：提供基于实时数据库的字典压缩的数据压缩模块，数据压缩率较高，符合实际工作需要。

(5) 存储级内存备份和恢复技术：构建基于装载备份映像、重做和撤销模块。

(6) 武器装备毁伤效能数据服务平台保障安全：构建权限管理模块，具备全面的系统安全策略、灵活的权限分配能力，具备操作审计功能。

(7) 数据可靠性保证机制：支持基于双设备数据更正 DDDC(Double Device Data Correction)的内存恢复模块；构建基于 MCA Recovery 的结合模块。

(8) 用户权限管理：用户主要包括两类，一类是系统管理人员，用于管理系统数据库、设置用户权限；另一类是系统使用人员，又可分为三类：武器弹药研制负责人员、武器弹药实弹试验负责人员、部队实战训练负责人员，各类用户对系统的功能要求如表 3-1 所示。

表3-1 用户类别及对系统的功能要求

人员类别	武器弹药研制负责人员	武器弹药实弹试验负责人员	部队实战训练负责人员	系统管理人员
功能要求	①通过科学评估可以优化装药设计和攻击条件参数； ②查看、修改基础数据库及武器弹药性能； ③查看目标易损性数据库及毁伤试验数据库； ④数据备份、恢复、导入导出； ⑤检索相关信息	①记录毁伤试验数据； ②验证评估系统的准确性，验证武器弹药的实际性能； ③查看、修改目标易损性数据库及毁伤试验； ④查看基础数据库及武器弹药性能； ⑤数据备份、恢复、导入导出； ⑥检索相关信息	①收集实战毁伤效能的相关数据； ②查看、修改目标易损性数据库及毁伤试验； ③查看基础数据库及武器弹药性能； ④数据备份、恢复、导入导出； ⑤检索相关信息	①管理系统数据库、设置用户权限； ②在相应级别用户的授权下，完成该用户所具备的操作权限； ③设定对原始数据的触及与使用权限

(9)用户安全管理：对不同类别的用户建立不同等级的口令安全策略，保障系统信息不泄露，同时保障数据库的存取安全。

(10)数据安全管理：针对用户对数据库数据的修改、查询及数据备份等权限进行管理。

3. 大数据平台支撑环境

大数据平台支撑环境包括以下内容：

(1)运维管理平台(Manager)。

① 大数据平台支持多租户管理，提供大数据统一租户管理平台，实现租户资源的配置和管理、资源使用统计等功能。

② 大数据平台支持异构集群部署，在集群中存在不同硬件规格的服务器，允许在CPU类型、内存大小、硬盘数量与容量等方面有差异。

③ 大数据平台支持运维管理平台用户和组件用户统一管理和认证，用户访问平台各个组件的界面时支持单点登录，只需要登录认证一次，即可访问其他组件的界面。

④ 大数据平台支持单集群大规模滚动升级，业务不中断，保证客户业务稳定运行，提供数百节点滚动升级用户报告。

⑤ 大数据提供界面化的扩容、减容功能，实现集群主机、部署的服务按需调整。

⑥ 大数据平台支持自动健康检查，帮助用户实现一键式系统运行健康检查，保障系统的正常运行，降低系统运维成本。

⑦ 大数据平台支持数据备份恢复功能，支持周期备份与手动备份方式，提供多种备份策略，支持备份到本地目录、远端HDFS或者第三方文件系统(NFS或CIFS协议)，并可以从备份路径恢复数据。

⑧ 单集群内，支持ARM架构(Aarch)服务器和普通X86服务器混合使用，满足客户对设备自主可控的要求。

⑨ 大数据平台支持在线日志检索，支持通过Web维护面登录后，在线检索并显示组件的日志内容，用于问题定位等其他日志查看场景。

(2)数据集成：大数据平台提供自研的大数据集成工具，用于大数据平台与关系型数据库、文件系统间交换数据与文件的能力。如支持通过SFTP将文件导入HDFS、支持将

MySQL 数据库的数据导入 hive 等,提供产品界面截图;大数据平台提供自研的大数据集成工具,支持可视化对作业进行基于角色的权限控制。

(3) HDFS:大数据平台的 HDFS 组件支持磁盘异构,即支持集群中配备多种不同容量的磁盘,方便后续扩容,提供产品界面截图;大数据平台的 HDFS 组件,支持分级存储,用户可以将文件存放在指定类型的磁盘上,用于满足不同类型的文件存储性能要求,提供产品文档截图证明;大数据平台的 HDFS 组件支持标签功能,可以让不同的应用数据运行在不同的节点,实现业务隔离。

(4) NoSQL 数据库(Hbase):大数据平台的 HBase 组件,支持可视化界面数据备份与恢复功能,提供产品界面截图 Hbase 支持多服务,可以创建不少于多个 Hbase 服务。

(5) 内存计算(Spark):大数据平台提供 Spark 组件,并且保持开放性,支持最新版本;大数据平台的 Spark SQL、JDBC Server 支持多租户并行执行,租户任务提交到不同的队列执行,租户间资源隔离。

(6) SQL on Hadoop:大数据平台支持提供基于 Hadoop 的 SQL 引擎,支持多租户,支持 JDBC、ODBC 标准接口,兼容标准 SQL 2003 语法。

(7) 流式计算:大数据平台的流处理组件,集成 storm 和 sparkstreaming、Flink,用户可根据业务需要自主选择。

(8) 全文检索:大数据平台同时支持 solr 与 ElasticSearch 两种全文检索引擎,方便用户根据使用习惯自由选择;大数据平台的全文检索 ElasticSearch 为 6.0 及以上版本,ElasticSearch 支持基于角色的权限控制。

(9) 图数据库:大数据平台支持提供分布式图数据库能力,基于 HBase 存储系统和 ElasticSearch 全文检索系统,实现百亿节点,千亿边的秒级查询;大数据平台的图数据库提供丰富的访问 API,支持 REST API 和标准图查询语言 Gremlin;支持实时和批量数据导入;大数据平台的图数据库支持多图。

(10) 内存数据库:支持对 Redis 操作按照读取、写入、管理进行细分的权限控制,不同的用户赋予不同的权限,避免越权的操作;大数据平台的 Redis 组件支持 Redis 集群异常告警,包括持久化异常告警、槽位分布不均告警、内存使用超过阈值等告警,提供产品界面截图;大数据平台的 Redis 组件支持 Redis 集群的性能监控,包括但不限于 Fork 时间、TPS、内存使用率、客户端连接数、网络带宽等,并提供直观的图表展示。

(11) 多租户:大数据平台支持服务资源静态隔离,即支持对系统中不同服务的资源使用上限进行配置,保证各服务的资源使用不会超过配置上限,提供产品界面截图;大数据平台支持基于时间的服务资源动态调整,即为了保障业务的 SLA,同时充分利用系统资源,需要配置不同服务在不同时间段内使用资源的不同比例,来动态自动调整各服务在不同时间段可用系统资源,提供产品界面截图;单集群支持组件多服务部署,满足多厂商业务隔离需求,支持多服务部署的组件至少要包括 Kafka、Hbase、ES 等。

(12) 安全性:大数据平台支持提供各服务和组件使用的访问端口及说明,提供接口及说明文档官网链接。相关设计应符合国家和军队有关数据安全规范。大数据平台支持 AES 标准加密、SM4 国密等算法;大数据平台集群的非查询类操作都应该记录审计日志,审计日志内容应详细完整,至少包括操作类型、开始/结束时间、用户名、IP 地址、操作结果等。支持审计日志自动转储到第三方存储,便于长期保持。

(13) 易用性：可提供大数据平台的接口文档、开发指南、样例仓库、maven 库，能指导开发人员快速完成应用开发。

(14) 可靠性：大数据平台的运维管理平台系统（OMS）支持实现双机 HA，防止因为单点出现问题导致运维管理平台不可用；大数据平台的组件进程故障后支持自动重启恢复，无需手动干预。

(15) 协同查询：大数据平台支持跨数据源与跨数据中心的协同查询，提供 SQL 接口，支持基于代价计算的优化方式执行策略。

3.2.5　武器装备毁伤效能数据服务系统支撑硬件平台

武器装备毁伤效能数据服务系统支撑硬件平台可分为三个部分：毁伤效能数据采集与预处理子系统、毁伤效能数据存储与计算分析子系统、毁伤效能数据检索与应用子系统。建议的系统拓扑图如图 3-17 所示。

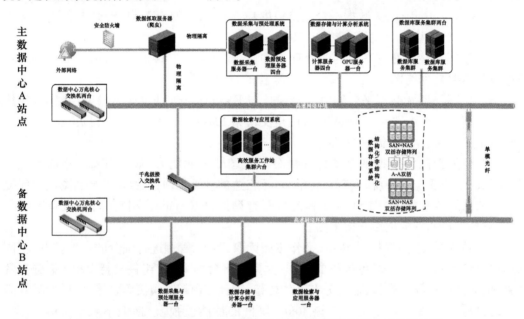

图 3-17　武器装备毁伤效能数据服务系统支撑硬件平台系统拓扑图

设计两个数据中心，用于容灾部署，如图 3-18 所示。其中 A 数据中心包含一套双活存储阵列资源池，以及数据采集与预处理系统、数据存储与计算分析系统、数据检索与应用系统三大系统，作为主业务站点；B 数据中心包含双活存储阵列资源池，以及数据采集与预处理系统、数据存储与计算分析系统、数据检索与应用系统中的功能系统，作为备用恢复业务站点；A、B 数据中心之间通过裸纤连接。

存储设计为一套存储 SAN 和 NAS 一体化双活系统，实现 A、B 两地存储秒级同步，在灾难场景下可以确保数据不丢失，可以在 B 数据中心正常访问数据库中的数据。建设布局合理、舒适实用，具有可扩展性的模块化数据中心机房。除上述子系统硬件配置之外，还包括光纤交换机、KVM、IT 机柜等相关设备。

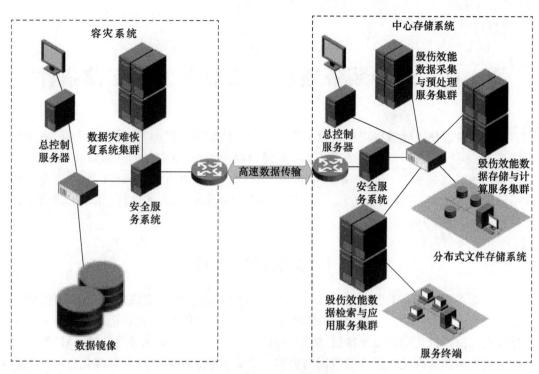

图 3-18 数据中心容灾部署方案

第4章 武器装备毁伤效能数据工程支撑条件

武器装备毁伤效能数据工程支撑条件主要包括体制标准机制、建设评估方法、安全保密体系、人才队伍、工程管理方法等。多年的建设经验表明,没有好的支撑条件,即使有丰富的毁伤效能数据资源,也会面临难以采集、难以管理、难以有效利用的问题。本章主要介绍体制标准机制、建设评估方法、六性评价、安全保密体系、人才队伍、工程管理方法的建设目的、建设内容及相关要求。

4.1 体制标准机制

武器装备毁伤效能数据标准化是按照预定规程对共享数据实施规范化管理的过程,涵盖业务建模、数据规范化到文档规范化三个阶段的完整毁伤效能数据标准化方法。业务建模是数据标准化的基础和前提,数据规范化及其管理是数据标准化的核心和重点,文档规范化是数据标准化成果有效应用的关键。武器装备毁伤效能数据标准化重点研究数据元素和元数据管理,有效实现用户跨系统和跨环境的数据共享,同时整理出一套科学规范的数据标准化规则,为今后全军毁伤效能数据管理打下基础。

4.1.1 毁伤评估标准规范体系构建

与已有的通用规范体系相结合,平台建立毁伤评估标准规范体系可应用于相应的武器系统毁伤评估中。规范设计样例如下:

1. 弹药/战斗部数据规范

弹药/战斗部数据规范如表4-1所示。

表4-1 弹药/战斗部数据规范

数据类型	数据结构及格式	要求	备注
	图形标注规范、数据精确度、单位……	获取方法(采用的方法、标准名称)、数据	需要说明的问题
结构数据(形状、尺寸、质量……)	战斗部、药型罩、主药柱、隔板、副药柱等的形状、尺寸和质量	通过游标卡尺等获取尺寸数据,精度为0.02mm;通过电子天平等获取质量数据,精度为0.01g	
材料数据	壳体、药型罩、主药柱、副药柱等的材料类别、密度、硬度	生产厂家提供	
威力性能数据	战斗部:形状、速度、质量、密度、攻角;靶后破片:质量、尺寸、数量、速度、飞散角	战斗部形状、质量、密度获取方法:回收装置;战斗部速度获取方法:测速靶;战斗部攻角获取方法:激光高速相机、纱网靶;靶后破片质量、尺寸、数量获取方法:靶后碎片测速回收装置;靶后破片速度获取方法:靶后碎片测速回收装置、激光高速摄影系统,质量>0.5g;靶后破片飞散角获取方法:鉴证靶、激光高速摄影系统	

2. 弹目交汇数据规范

弹目交汇数据规范如表4-2所示。

表4-2 弹目交汇数据规范

数据类型	数据结构及格式	要求	备注
	图形标注规范、数据精确度、单位……	获取方法(采用的方法、标准名称)、数据	需要说明的问题
弹目位置	目标上的命中位置(x,y,z),以目标地面中心点为$(0,0,0)$	实际测量	
交会速度	战斗部速度(m/s)	激光高速摄影系统/测速靶	
炸点	弹目距离	实际测量	
姿态	战斗部攻角、着角	激光高速摄影系统	
环境(约束条件、海拔、地形地貌……)	季节(春夏秋冬) 海拔(0~5000) 天气(晴天、阴天、雨天、雪天、雾霾) 地形(沙漠、平原、高原、丘陵、海边)	实际测量	

4.1.2 异构毁伤效能数据标准化规范方法

数据标准化是一种按照预定规程对共享数据实施规范化管理的过程。异构毁伤效能数据的标准化是一个庞大的、长期的、基础的系统工程,需要各方面的专业人员按照系统化的规范流程开展实施,包括对所有与弹药效能相关的数据标准进行梳理,同时整理出一套科学规范的数据标准化规则,为今后数据管理打下基础。异构毁伤效能数据标准化的对象主要是数据元素和元数据。

1. 业务建模阶段数据标准化

数据标准化是建立在对现实业务过程全面分析和了解的基础上,并以业务模型为基础的。业务建模阶段是业务领域专家和业务建模专家按照《业务流程设计指南》,利用业务建模技术对现实业务需求、业务流程及业务信息进行抽象分析的过程,从而形成覆盖整个业务过程的业务模型。该阶段着重对现实业务流程的分析和研究,尤其需要业务领域专家的直接参与和指导。业务模型是某个业务过程的图形表示或一个设计图。从某种角度说,它又是收集和存取业务数据要求的一种框架,以确定这些要求在实现中是否完整、准确和合适。

数据不是臆造的,业务建模可用于确定数据需求。业务模型通过图示的方式标示出需要数据共享和数据交换的环境和范围。业务模型有利于数据标准化,保证需要共享的数据是结构化和可用的,以便所有用户能使用和理解这些数据。业务模型也能标识参与同一业务过程的其他组织和数据。

2. 数据规范化阶段数据标准化

数据规范化阶段是数据标准化的关键和核心,该阶段是针对数据元素进行提取、规范化及管理的过程。数据元素是信息管理和信息交换的基本单元,而信息的管理与交换更离不开业务流程。因此,数据元素的提取离不开对业务建模阶段成果的分析,业务模型能够获得业务的各参与方、确定业务的实施细则、明确数据元素对应的信息实体。该阶段是业务领域专家和数据规范化专家按照《数据元素设计与管理规范》,利用数据元素注册系统(或数据字典)对业务模型内的各种业务信息实体进行抽象、规范化和管理的过程,从而形成一套完整的标准数据元素目录。

3. 文档规范化阶段

文档规范化阶段是数据规范化成果实际应用的关键,是实现离散数据有效合成的重要途径。标准数据元素是构造完整信息的基本单元,各类电子文档则是传递各类业务信息的有效载体,也是黏合标准数据元素的黏合剂。该阶段是业务领域专家和电子文档设计专家按照《电子文档设计指南》对各类电子文档格式进行规范化设计和管理的过程,并形成一批电子文档格式规范。各类电子文档规范化必须依赖于数据规范化阶段成果,各类电子文档处理系统也要依赖于数据规范化阶段成果才能实现对各类规范电子文档的有效处理。数据标准化所涉及的三个主要阶段缺一不可且密不可分。业务建模是数据标准化的基础和前提,数据规范化及其管理是数据标准化的核心和重点,文档规范化是数据标准化成果有效应用的关键。

4.1.3 武器装备毁伤效能数据工程管理机制

管理机制是指发挥管理功能作用的方式方法和制度措施,其实质是充分调动管理主体的积极能动作用,实现管理效益最大化。武器装备毁伤效能数据工程管理机制是指围绕装备数据管理而建立的系统结构及发挥其管理功能作用的规则和方式,由保障武器装备毁伤效能数据工程正常运行的一系列制度和措施组成。武器装备毁伤效能数据工程需要的主要机制包括:科学决策机制、竞争激励机制、考核评价机制、探索创新机制等。

1. 科学决策机制

科学决策机制,是建立在健全的决策组织系统、严密的决策程序和先进的决策方法与手段基础上的决策制度和措施体系。建立和完善决策机制,是对装备数据管理机构和管理者有效行使职能活动的制度保障。

建立和完善决策机制,主要包括三方面。

1)建立健全武器装备毁伤效能数据工程决策的组织机构

它包括武器装备毁伤效能数据工程的领导管理机构;武器装备毁伤效能数据工程管理机构,如各级主管武器装备毁伤效能数据工程工作的部、局(处、办)等;武器装备毁伤效能数据工程辅助决策机构,如各级专家咨询机构及有关科研院所的专家群体管理部门等。

2)建立健全明确而严密的决策程序

明确而严密的决策程序对决策活动的全过程进行有效规范,是实现科学决策的重要保证。武器装备毁伤效能数据工程的重大项目和重要法规政策、武器装备毁伤效能数据工程和数据资源开发利用的重要举措,都属于重要的决策内容。如何进行科学论证,如何进行有效的风险评估,需要经过哪一级的审查,最后由哪一级批准,都应当有完备而严密的程序进行规范和约束。否则,决策就可能出现随意性和盲目性。实践一再表明,不按照规范、正确的程序进行决策,是出现重大决策失误的一个重要原因。

3)建立健全科学的决策方法和先进的辅助手段

信息科学、管理理论和相关技术的发展,为构建科学决策的方法和辅助手段奠定了重要基础。由于武器装备毁伤效能数据工程技术含量高,要素繁多,系统性强,需要采用先进的决策手段和科学的决策方法实施决策。①要运用信息化的精确管理手段,使用统计学原理和数理分析方法,在计划的制定、方案的论证和项目的管理中,以精确量化的统计数据,实现定性与定量分析相结合、相验证,提高决策的正确性和可靠性。②要建立数学模型,将实践经验和人的认识进行系统分析研究和归纳提炼,使决策的内容指标化,并开展模拟实验和演示验证,对数学模型进行检验和优化,在实践中不断运用、不断完善、不断提高。③要建立辅助决策系统,在数学模型基础上,运用信息技术将其转化为人机交互系统,把数学模型固化为软件智能工具,为实现决策的快捷化、智能化、科学化提供支撑。

2. 竞争激励机制

竞争激励机制,是指在武器装备毁伤效能数据工程管理过程中,正确处理个人与集体、职责与义务、使命与利益的关系,把建设成果与参与者的荣辱、升迁、得失挂钩,激发大家的积极性、主动性和创造性,提高武器装备毁伤效能数据工程效率和效益。

在建立竞争激励机制时,应把握好以下三个环节。

1) 建立完善竞争和激励的配套制度和措施

结合武器装备毁伤效能数据工程实际,制定和完善一系列的奖惩制度和措施,以及武器装备毁伤效能数据工程人员选调、培养、任用、考核、进退等用人制度,构成完整体系,为建立完善武器装备毁伤效能数据工程竞争激励机制奠定基础。

2) 搞好贯彻落实

制度措施关键在于贯彻落实。要搞好竞争激励制度措施的宣贯,提高认识和理解水平,使制度措施进入思想、进入工作、进入程序。要具体切入到武器装备毁伤效能数据工程、管理、保障的各个方面和各个阶段,体现到项目申报、任务分配、经费保障和用人理事等各个环节,防止形式主义和走过场,使之真正发挥综合效益。

3) 坚持以人为本

人是武器装备毁伤效能数据工程的主体,是事关其建设成效的决定性因素。竞争激励机制应立足于最大限度地发挥人在武器装备毁伤效能数据工程中的积极性、主动性和创新性。要始终坚持以人为本,创造公平竞争环境,制定公平竞争规则,提供公平竞争机会,将人在武器装备毁伤效能数据工程中的表现和业绩,与人的成长进步和价值实现紧密结合起来,奖勤罚懒,奖优罚劣,选拔和晋升优秀人才,激发各级机构和人员,积极投身于武器装备毁伤效能数据工程实践,为武器装备毁伤效能数据工程做出应有贡献。

3. 考核评价机制

考核评价机制是指在武器装备毁伤效能数据工程管理过程中,对建设事项及其责任人,按照预定的目标和指标体系,通过一定程序组织考核,并进行评议、评定的一整套制度和措施。考核评价机制是对竞争激励机制的深化和补充,考核与评价的结果可以为武器装备毁伤效能数据工程的竞争激励机制提供参考依据。考核与评价只是一种手段,而不是目的,主要是发挥其促进工作和鼓励创新的作用。

1) 考核机制

考核是指武器装备毁伤效能数据工程领导管理机构和管理人员,对武器装备毁伤效能数据工程项目情况和相关责任人的表现和业绩,按照其所担负的职能分工和任务要求,进行考查和核准活动的一套制度和办法。考核通常是上级对下级、领导对部属的考查活动,可分为定期考核和根据项目情况组织的临时考核。应该精心设计考核的指标体系和数据来源,做到合理、客观。

2) 评价机制

评价也称评估,是指通过一定程序进行评议、评定和估量,判断某一事物或活动价值的高低、作用的大小。评价机制是指明确评价主体、制定评价标准和办法、组织实施评价活动的一系列制度和措施。武器装备毁伤效能数据工程主管部门应根据有关法规和标准,按照一定的程序和方法,坚持德、能、勤、绩相结合,组织与群众相结合,坚持定性与定量相结合的原则,制定评价指标体系,建立评价辅助手段,采取定期和不定期考查与评价的方式,对武器装备毁伤效能数据工程项目,对各级各类数据管理机构和人员,按照效费比与"德、能、勤、绩",分别给出相应的量化测评结果,提出改进措施和意见,提高建设实效。

需要注意的是,考核和评价对于管理至关重要,合理的考核和评价可以极大地激发大家的工作热情,而不合理的考核比没有考核还糟糕,会严重打击大家的工作积极性。所以在考核和评价问题上,一定要宁缺毋滥、慎之又慎,要经常分析考核评价机制对大家工作积极性的影响效果,并及时进行改进。

4. 探索创新机制

武器装备毁伤效能数据工程是一项前所未有的工作,没有人有足够的经验在一开始就筹划好所有的任务,在建设过程中会遇到各种各样的特殊情况和问题,虽然有一些外军和其他行业的经验可以作为参考,但没有可以拿来用的现成成果。武器装备毁伤效能数据工程是一次信息化的万里长征,每一米、每一步都需要自己跨过。

探索创新必须具有明确的目标,必须调研和掌握实际工作中的问题和难题,针对这些问题和难题,进行理论、技术和应用的创新,最终解决问题。

理论创新就是从思想上创新,从方法上创新,从数学工具上创新,探索解决问题的新思路;技术创新是从实现上创新,从工艺上创新,从软硬件工具上创新,为解决问题提供可实现、可操作的工具;应用创新是从做法上创新,在原有领域应用新理论、新技术,把理论与技术应用到新领域,借他山之石以攻玉,提高工作的质量和效益。

从人员来说,必须要有探索创新的精神,不怕困难,努力钻研,解决所遇到的一个个问题。对组织来说,必须建立探索创新机制,鼓励探索,鼓励创新,鼓励研究解决以前没有解决过的问题。一是在思想上鼓励,倡导探索创新的思想;二是在经费上支持,安排专门的创新研究经费,针对武器装备毁伤效能数据工程中的一些问题特别是长久难以解决的难题,鼓励相关人员提出研究项目,解决这些问题;三是在组织上帮助,鼓励相关技术力量建立有关武器装备毁伤效能数据工程的创新团队和实验室,专门从事武器装备毁伤效能数据工程方面的探索研究,以组织的形式保证研究工作的连续性和成果的积累性。

4.1.4 法规标准体系建设

装备数据法规标准是关于武器装备毁伤效能数据工程的有关法规、规章和技术标准的统称。装备数据法规标准是在军队信息化法规标准总体框架下,针对武器装备毁伤效能数据工程实际需要和发展要求,对其中的建设、管理、保障等工作和技术活动进行规范的配套性法规标准体系。装备数据法规居于顶层,具有指导和约束性;装备数据标准则是侧重技术方面的准则,具有显著的针对性。装备数据法规标准体系既是武器装备毁伤效能数据工程的重要内容,又是武器装备毁伤效能数据工程的基本依据和重要保障,贯穿于武器装备毁伤效能数据工程全过程。

装备数据法规标准可以按照多种方式来分类,可以把装备数据法规标准分成两大类:管理法规和技术标准。管理法规可以按照管理内容分成工程管理法规、运行管理法规、安全保密管理法规等类别。技术标准可以按照适用对象分成基础设施标准、网络标准、硬件平台标准、系统开发标准、数据分类与编码标准等。也可以按照法规标准的适用性分成四大类:基础标准、程序标准、技术标准、评价标准。基础标准是定义基本概念和规定基本事项的标准,通常是其他标准的基础,如术语标准。程序标准主要规定各项工作的流程。技术标准主要规定各项技术工作或技术产品所要达到的要求。评价标准主要规定对各种产品、工作的质量、价值、效益等进行评价的方法和所应遵循的要求与过程。

对法规标准进行分类的目的是理清它的构成,并进行有效管理,只要达到这个目的,采用何种分类方式都可以。装备数据法规标准体系对武器装备毁伤效能数据工程具有重要的规范和引导作用,其构成如图4-1所示,更具体的法规标准不再列出。

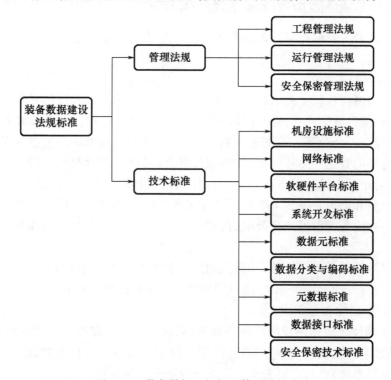

图4-1 装备数据法规标准体系的构成

4.2 武器装备毁伤效能数据资源建设评估方法

装备数据资源建设评估就是对装备数据资源建设工作的投入/产出进行分析评估,简单地说,就是投入了多少财力、物力、人力,产生了多少效益。效益包括军事效益和经济效益,军事效益就是在装备保障力上所起的作用和改进的程度,经济效益就是在装备保障力的单位成本上降低的程度。效益评估,在多个方面对若干指标进行评估。武器装备毁伤效能数据工程中较受关注的是装备数据服务能力、装备数据保障能力和装备数据应用效益,因此这三方面的评估是装备数据资源建设评估的主要内容。

常用的评估方法包括层次分析法、模糊评价法、专家评估预测法、多目标决策法等。层次分析法是一种简便、灵活而又实用的多准则决策方法,能将定性分析与定量分析相结合,是分析多目标、多准则复杂大系统的有力工具。模糊评价法适合因素众多且难以确切表达的情况,常用于对方案、人才、成果的评价,可对人、事、物进行比较全面而又定量化的评价,是提高领导决策能力和管理水平的一种有效方法。专家评估预测法是以专家为信息的索取对象,由专家直观地对预测对象进行分析评估,再对结果进行统计处理以获得预测结果的预测方法,适用于重大的战略性问题、缺乏足够的历史数据及没有足够的历史数据可以借鉴的问题。多目标决策法是基于一定的形势对不同决策方案进行价值判断从而选取价值最大方案的决策方法,适用于对方案进行选择决策的情况。对装备数据资源建设的效果可以根据具体需要选用合适的方法进行评估。

4.2.1 武器装备毁伤效能数据服务能力评估

数据服务能力主要通过满足数据需求的多样性、服务的正确性和可靠性、提供数据的及时性等来体现。

1. 数据需求的多样性

数据需求的多样性就是提供数据产品的多样性。多样性本身比较难衡量,可以考虑下面两个问题:提供数据产品为100种,多样性好吗?提供数据产品为200种,多样性好吗?显然,并没有一个合适的范围来判断。另外,多样性不是单纯的数据产品种类多,而应该理解为有用的数据产品种类多。相应地,所谓数据产品的多样性,实际上是一个相对的概念,是相对于用户的数据产品需求的。由于用户的需求多种多样,服务时用户需求的数据产品种类数和提出服务要求的数据产品种类数的比例作为提供服务产品的多样性,如果用户提出超出现有数据产品范围的服务要求比较少,说明提供服务多样性好,用如下公式表示:

满足数据需求的多样性=(满足用户需求的数据产品种类数/
用户服务要求数据产品种类数)×100%

2. 服务的正确性和可靠性

服务的正确性是根据用户提出服务要求,系统给出服务结果正确的次数和用户提出服务要求次数的比值,其中,二者均不包括用户申请系统中不存在的数据产品的次数,在用户提出服务要求次数中,还要去掉由于系统故障等原因导致的无法服务的次数。

服务正确性=服务结果正确的次数/(用户提出服务要求次数−
数据产品不存在的次数−系统故障次数)×100%

服务的可靠性,就是用户提出服务要求,并且在指定的时间内得到正确答复的程度,用系统给出服务结果正确的次数和用户提出服务要求次数的比值表示,其中,二者均不包括用户申请系统中不存在的数据产品的次数。

服务的可靠性=服务结果正确的次数/(用户提出服务要求次数−
数据产品不存在的次数)×100%

3. 提供数据的及时性

数据的及时性比较容易衡量,可以设定一个阈值,由于申请的服务种类很多,不同种类的服务阈值可能不同,这时候可以设置多个阈值,每次提出服务时,在指定时间阈值内提供数据的为及时,否则为不及时。及时性就可以用两个参数来衡量:

数量及时性 = 及时响应的服务要求数量/全部服务要求数量×100%

平均时间及时性 = 响应时间和/服务时间阈值和×100%

另外,还可以表示出时间延误的值:

最大延误时间 = $\max($第i次响应时间 − 第i次服务时间阈值$)$,$i = 1 \sim n$

平均延误时间 = $\sum($第i次响应时间 − 第i次服务时间阈值$)/n$

它们分别反映及时性的一个侧面,需要一起才能比较好地表达及时性。

装备数据的服务能力评估,应当以客观记录为依据。例如,及时性比较容易衡量,可以通过客户端应用系统程序自动记录数据。但对于需要用户参与的数据,由于会增加用户工作量,一般不易收集或者收集不全面,需要采取一定的措施。

4.2.2 武器装备毁伤效能数据保障能力评估

装备数据保障能力就是为各种军事行动中的相关部门、部队及时、可靠地提供所需装备数据和维持相关信息系统运行的能力。装备数据保障能力主要取决于相关的设施、设备和人员的数量和质量。

装备数据保障能力可以从业务、技术两个层次来分析和衡量。

在业务层面,装备数据保障能力可以从保障作战样式、作战类型、作战规模、作战地域等方面来衡量。例如,可以保障在三个不同的地方发生的各5个集团军级的军事行动,或者可以同时保障5个集团军级的军事行动和2个集团军级的军事行动,可以保障3个集团军级的海岛进攻作战行动等。这种衡量方法对指挥员非常有效,必要时指挥员不必考虑装备数据保障的细节,只要从作战的样式、类型、规模和地域,就可以判断装备数据保障能力是否够用。当然,这种能力并不是严格不变的,在必要情况下,通过动员可以采取一些措施显著提高保障能力,但这种方式有时候会出现一些偏差,可靠性低一些。

从技术层面,装备数据保障能力可以用多个指标来衡量,例如支持用户数量、数据带宽、数据处理能力、装备数据可用性、装备数据服务可靠性等。这种方式适合技术人员使用,特别是在组成数据保障队伍、制定数据保障方案时。支持用户数量是一个很重要的指标,决定了装备数据保障系统允许多少个用户同时工作,这就决定了支持战争规模的大小。数据带宽可以分成骨干网带宽、接入带宽、应用带宽等多个指标来表示。数据处理能力可以用服务器和数据库能够支持的计算速度和数据吞吐量来表示。装备数据可用性和装备数据服务可靠性可以通过提供服务的实际记录来评价和衡量。通过多个这样的指标,可以比较准确地刻画装备数据保障能力,但这种方式显然不适于指挥员使用。技术层面的衡量,对于特殊情况下临时扩大数据保障能力、提供一些特有的能力等方面比较有效。

装备数据保障力量的构成主要取决于其资源,包括设施、设备、人员、系统等。但这些资源的数量只是从一定程度上代表了装备数据保障力量的大小,通过这些资源的不同组合,可能会产生不同的效果,某些形式的组合可能会产生更高的数据保障力。装备数据保障力量的合理组合通过预案和演习演练实现,主要由技术人员解决。在实际应用中需要把技术层面的数据保障力转换成业务层面的数据保障力,以便提供给指挥员使用。这种转换很难通过技术方法完成,一般来说,应当通过反复演习演练,来评判和确定能够提供的业务层面的数据保障力。

4.2.3　武器装备毁伤效能数据应用效益评估

装备数据应用效益有两个特点:一是数据应用效益分成军事效益和经济效益,两者有时候是矛盾的,但一般以军事效益为先,经济效益为次,这和企业信息化中的以经济效益为先的评估标准不同;二是数据应用效益不是直接效益,而主要体现为间接效益,这给评估增加了难度,如何使评估更客观,就成为需要深入研究的问题。

要做好装备数据应用效益评估,一般需要从两个大的方面来考虑:一是指标体系和计算模型;二是评估模型和评估步骤。

1. 指标体系和计算模型

1)军事效益和经济效益的关系

装备数据应用效益主要体现为军事效益和经济效益两方面。

所谓军事效益,就是装备数据在提高装备业务和装备保障的工作效果方面所起的作用或所产生的效益。例如,提出装备申请到收到装备的平均时间由5天缩短为3天,从而保证了军事行动中装备的供应。

所谓经济效益,就是装备数据在提高装备业务和装备保障等工作的经济性方面所起的作用或所产生的效益。例如,本来准备使用飞机运送某种装备,经系统计算,发现装备需求时间不是非常紧迫,使用某列火车运送也可以满足要求,于是使用火车运输,节省了大量经费。

军事效益和经济效益有时候是同步的。例如,由于通过网络搜集数据并进行统计处理,节省了大量时间和人力,获得的结果可以很快应用到军事行动中,因此,既有经济效益,又有军事效益。有时候它们不同步,例如,为了把某装备迅速运输到指定位置,根据信息系统处理,找到一个最近的飞机架次运输,显然成本并不低,经济效益并不好,但是产生了军事效益。一般来说,在军事行动中,以军事效益为先,以经济效益为次,首先要保证军事效益,在保证军事效益的基础上,尽可能提高经济效益。

2)装备数据的效益评估

装备数据所产生的效益,无论军事效益还是经济效益,一般来说,都不是直接效益,而是间接效益,需要通过它对装备保障活动的支持体现出来。换句话说,装备数据所产生的效益是通过对装备保障能力的提高而体现的。所以,装备数据的效益评估需要分两个步骤进行:一是能力评估,二是效益评估。

(1)能力评估。装备数据应用的效益最终体现为提高产品作战使用效能,为达到目标,需要提高综合保障能力和提高武器装备配套水平,称为一级能力。一级能力是综合性能力,还不具有操作性,因此分解出更具体的二级能力。对于装备综合保障能力,其二级能力主要包括立项论证能力、科研生产能力、采购水平、库存管理水平、使用管理水平、维修水平、应变能力等;对于装备配套能力,其二级能力主要包括使用配套能力、技术配套能力等。表4-3所示为装备数据应用效益分析。

表 4-3 装备数据应用效益分析

最终目标	一级能力	二级能力	具体表现	基于装备数据的措施
提高装备作战使用效能	提高综合保障能力	提高立项论证能力	立项准确 投资合理	准确把握现状,准确预测未来
		提高科研生产能力	设计科学 成本合理	准确的装备科研数据 准确把握质量和成本数据
		提高采购水平	需求准确 到货及时 价格合理	准确的现有情况和未来需求预测 准确的计划、规划 准确的成本估算
		提高库存管理水平	库存数量合理 库存分布合理 库存管理良好	准确预测需求 准确分析确定供应方案 准确把握装备环境要求
		提高使用管理水平	使用熟练 装备状态良好	良好的训练、演习、演练 良好的保养
		提高维修水平	技术熟练 资料齐全 配件供应及时准确	良好的训练、演习、演练 丰富的数据、方便的系统 准确预测需求、准确的库存、及时供应
		提高应变能力	任务变更提前期 计划变更提前期	合理模块化,灵活的组织方式 缩短供应链时间,缩短通知时间,提高通知准确性
	提高配套水平	使用配套 技术配套	配套准确,效用高 配套准确,性能高	准确的配套数据,合理的配套方案 准确的配套数据,合理的配套方案

对于每种二级能力,可以定义出能力的具体表现,例如,提高维修水平的具体表现包括:技术熟练、资料齐全、配件供应及时准确等。其中的每一项具体表现已经可以使用一些指标来衡量,例如,技术熟练可以使用平均维修时间来衡量,平均维修时间越短,技术熟练度越高。然后可以定义出对相关能力的度量和评估方法,采集相关的数据,对相关能力进行度量和评估。

(2)效益评估。由于装备数据所产生的效益是间接效益,需要通过它对装备保障活动的支持体现出来,所以在对其效益进行评估时,首先要设定一个比较基准,如手工操作的相关指标,或者旧系统的相关指标。例如,数据采集和统计功能若使用手工处理时,某业务的数据采集和统计需要时间为 5 天,使用系统和装备数据以后,所需时间为 1 天,那么时间的改进就是 $(5-1)/1 \times 100\% = 400\%$,处理速度提升了 400%。

效益指标是根据能力来选取和定义的,也就是说,根据表 4-3 中的能力定义,针对每种能力,选取与之相关的各种指标,从而得到装备数据的军事、经济效益指标体系,如表 4-4 所示。

表 4-4 效益指标

一级指标	二级指标
时间效益	生产时间,采购时间,供应时间,维修时间
质量效益	物资质量(优、良、中、差)
资金效益	库存资金
人力效益	所需人数,所需人力资源质量

时间效益主要涉及生产时间、采购时间、供应时间和维修时间。

时间效益 =((原生产时间 - 现生产时间)+(原采购时间 - 现采购时间)+
(原供应时间 - 现供应时间)+(原维修时间 - 现维修时间))/
(原生产时间 + 原采购时间 + 原供应时间 + 原维修时间)×100%

质量效益主要涉及物资质量,可以用打分法计算,先评价为优、良、中、差,然后给每一种合适的分值,使用分值计算,以优分值最高。

质量效益 =(现物资质量分值 - 原物资质量分值)/原物资质量分值×100%

资金效益使用库存资金的减少情况来衡量,比较容易计算,从库存账和财务账可以很容易算出。

资金效益 =(原库存资金 - 现库存资金)/原库存资金×100%

人力效益涉及人数和质量的变化,由于在任何情况下,人力资源的质量总是倾向于升高,因此这里简化不计质量,只使用减少的人数来表示。

人力效益 =(原所需人数 - 现所需人数)/原所需人数×100%

这里介绍了主要的一些指标,在具体进行评估时,很难把所有的指标都计算出来,很多情况下也不必要计算所有的指标,一般是根据评估的目的,选择一些重要的指标来计算和评估。另外,在计算各项指标时,也要采取一些灵活的措施。在上面给出的指标中,除库存资金外,在实际中一一计算都比较困难,可以采取重点调查加随机抽样的方法获得,即选出少数几种主要的有代表性的装备,计算其各指标,再随机抽取几种装备,计算其指标,通过一定的权重,把这些指标综合起来,就得到装备数据的应用效益。

2. 评估模型和评估步骤

所谓评估模型,就是按照一定的评估方法,把若干指标数据转换成一个或多个最终评价的计算模型。比较常用的评估模型是层次模型,它是一个递阶层次结构,最高层一般是评估目标,中间为准则和子准则,子准则可以有多层,准则是由评估目标决定的,子准则又受上一层子准则的支配,最底层通常是备选方案。层次之间的依存关系可以是完全的,也可以是不完全的。备选方案通过准则和子准则与评估目标建立联系:前面提到各指标可以作为评估目标和高层准则,根据需求分析结果确定各准则在评估目标中所占的权重,采集各方案的相关指标后,就可以对方案的优劣进行比较,得到评估结果。

对装备应用效益进行评估的过程主要包括以下步骤。

(1)选取指标体系。根据评估目标,选取能够体现评估目的又便于获取的评估指标,构成评估指标体系。同时要确定每种指标的获取方法,有的指标可以通过软件工具自动获取,有的可能需要进行调研和征求意见;有的指标可以获取全部相关数据,有的指标可能要选择一些重点对象作为代表。

(2)确定评估模型。根据评估目标,选取合适的评估模型,并确定评估模型的相关参数。通常可选用层次模型,根据需要确定各层次准则的权重。

(3)对指标体系和评估模型进行评估。设计出指标体系和评估模型以后,应当请相关专家对其进行评估分析,以保证该指标体系的可操作性和评估模型的客观合理性,防止根据该模型得到的评估结果不公平、不合理,使最终的评价结果失去价值,甚至造成损失。根据专家意见,对指标体系和评估模型做必要的修正。

(4)计算指标值。按照指标体系各指标的定义及其计算方法,提取各指标数据,计算各指标值。

(5) 计算评估结果。得到各指标的值以后,按照评估模型计算评估结果。

(6) 评估结果评审。召开评估结果评审会,对评估结果进行分析和评价,对一些重要、特殊的结果进行解释,必要时对表现奇异的结果进行修正,防止出现不公平、不合理的评估结果。

(7) 评估结果应用。把评估结果应用于奖惩、改进等工作中。

4.3 六性评价

本工程对产品、服务或系统的功能性能进行评估和衡量,这些指标帮助用户了解产品是否能够按照预期的方式执行其所设计的功能,以及产品在不同方面的表现如何。以下是对该工程的评价指标。

4.3.1 可靠性

可靠性是指产品或服务是否能够稳定运行,不会出现频繁的故障或错误。单元可靠性采用《BELLCORE 电子设备可靠性预计手册》中的计数法进行可靠性预计,该方法计算得到的是工作温度 40℃、50% 电应力下的故障率。

各模块可靠性预计如表 4-5 所示:

表 4-5 各模块的失效率

设备名称	数量	失效率	总失效率	平均无故障工作时间(MTBF)年
主板	1	1886.01	1886.01	60.53
RAID 卡	1	559.24	559.24	204.13
CPU	2	40.00	80.00	1426.94
DDR4	24	50.00	1200.00	95.13
SAS 硬盘背板	1	230	230	496.30
挂耳 BC61LCIC	1	35.47	35.47	3218.36
挂耳 BC11RCIC	1	26.73	26.73	4270.68
Riser 卡 BC11PERO	1	111.99	111.99	1019.33
Riser 卡 BC11PRCG	1	89.97	89.97	1268.81
Riser 卡 BC11PERT	1	80.57	80.57	1414.85
硬盘	12	500	5	22831.05
风扇	4	1000	10	11415.53
电源	2	2000	20	5707.76

4.3.2 安全性

产品或服务是否具备必要的安全措施,能够保护用户数据和系统免受恶意攻击或未经授权的访问,包括以下 3 点:

(1)数据中心内部配置为双万兆网络,冗余备份,保证性能要求,系统服务工作站群通过千兆网络接入数据中心。配置数据库及日志审计系统保证系统安全。配置防火墙作为接入路由,防病毒、IPS常用安全策略。

(2)机房建设为基础设施一体化设计,系统配置包括数据中心新风排烟系统、数据中心防雷接地系统,消防及火灾报警系统。具有烟感、红外传感器,系统有防触电装置,具有明显的安全警示标志。

(3)设备无向外部输出电源,内部无非安全电源、无玻璃等易碎器材,设备失效不会对整体设备造成其他损坏,也不会对设备操作、维护人员造成人身伤害。如果没有安全性危害,按GJB 2824—97《军用数据安全要求》和GB 50174—2017《数据中心设计规范》进行安全性设计,满足安全性要求。

4.3.3 维修性

维修性也称为可维护性,指的是产品或服务是否易于维护和修复,包括代码可读性、模块化设计和清晰的文档。示例工程维修性具有以下4个特性:

(1)单元配置设计:将功能较独立电路组成模块,便于维修;

(2)拆装快捷设计:采用模块插件结构以方便拆装,在兼顾维修性和可靠性的基础上选用合适的射频插座;

(3)模块性设计:各功能模块按完成的功能进行插件单元设计,增强维修性和测试性;

(4)系统维修性:大数据平台支持自动健康检查方案。能够定位故障所在位置,隔离故障,根据故障原因采取相应的措施修复故障。服务器系统平均故障修复时间MTTR≤1h。

4.3.4 保障性

通过对产品功能性能的评估,可以发现和纠正功能缺陷,确保产品符合预期的功能要求,提高产品的质量和可靠性。保障性手段包括系统保障性设计、设备维修保障、保障资源和备件。

1. 系统保障性设计

(1)毁伤效能数据采集与预处理子系统。配置一台两路服务器,配不少于6块的12TB SAS盘,可满足首次大量原始数据接入。在灾备场景下,可作为外部数据和实验数据采集器,保证数据源端采集不间断,同时可兼顾数据预分析处理业务,二者合并部署。

(2)毁伤效能数据存储与计算分析子系统。配置一台四路服务器,作为数据运算及处理服务器,用于在灾备场景下,部署数据分析、数据挖掘和数据可视化治理等业务应用,可用于紧急业务临时恢复。

(3)毁伤效能数据检索与应用子系统。部署一台四路计算服务器,鉴于可靠性考虑,在数据中心B站点单节点部署,其业务模式为当A站点主用数据库集群宕机时,可通过此服务器访问B站点双活阵列上的业务数据,即主站点完全瘫痪情况下,数据的完整流程走向可在B站点复制执行,保证业务的连续性。

(4)在数据中心B站点部署一套大容量存储阵列,对外可提供百T规模的结构化数据存储(采用SAS性能盘)空间,同时与数据中心A站点相同规模的存储阵列组成双活系统,保证数据存储容灾及业务的可持续化访问。

同时,配置1台服务器,作为存储双活系统的仲裁管理服务器。

2. 设备维修保障

设备的维修保障主要包括以下方面:

(1)建议每半年对设备进行一次外场全面检测,确定设备的功能完整;

(2)建议每一年进行一次内场检测,全面测试设备的功能指标;

(3)对于未装机设备,每半年加电检测一次。

3. 保障资源

设备的操作维护人员应具备以下条件:

(1)完成了系统设备的使用培训和训练;

(2)了解设备的主要功能和技术指标;

(3)了解设备的基本工作原理;

(4)了解设备的基本组成。

4. 备件

根据整机系统的需要配置适当的内部模块备件,用于设备的紧急维护和维修。为保障产品在有效寿命期间内的正常维护、维修,防止关键器材停产后影响设备的正常使用,公司会对设备内部各个模块的关键进口器材进行备货,与国内器材生产厂商签订长期供货协议。

4.3.5 测试性

测试性是评估一个系统、软件或功能是否可以进行有效的测试。这包括确定测试资源的可用性、测试环境的准备情况以及测试过程中可能遇到的挑战或限制。在系统或软件的设计阶段考虑到测试的需求,以便测试人员可以更轻松地开展测试活动,可测试性设计可能包括模块化设计、良好的接口定义、易于测试的代码结构和硬件设备等。

(1)产品设计故障测试方便有效,能快速有效定位到每个整部件。整机具有各个整部件主要工作状态指示,工作状态可通过指示灯或数据串口进行故障检测。整机有数据接口,根据软件中设计的测试协议,可通过数据接口上报具体测试结果。

(2)大数据平台支持自动健康检查,可实现一键式系统运行健康检查,能够及时地确定系统状态(可工作、不可工作或性能下降),并隔离其内部故障。

4.3.6 环境适应性

环境适应性指的是产品、系统或服务在不同环境条件下的适应能力,评估了一个产品或系统在不同的环境条件下是否能够正常运行,并且在面对各种环境变化时是否能够维持其功能和性能,包含各种温度、湿度、抗震、抗腐蚀度。为此,本工程采用如下的措施来增加环境适应性:

1. 设备所采用元件器件严格按照相关规定执行

(1)全部元器件选用工业级及以上器件,并优选公司合格供应单位产品,定点供货。

(2)元器件按照军用条件进行严格筛选,规定筛选而未筛选元器件不准用于正式整机。使用中更换元器件不准乱用未经筛选的器件。筛选中出现批次性问题的器件必须停用。

(3)电子元器件必须降额使用。降额准则执行 GJB/Z 35—93《元器件降额准则》中的Ⅱ级降额等级。

2. 高低温环境适应性

设备处于室内环境,温度变化区间不大。保持器件与机箱良好的导热性以降低器件工作温度,避免元件老化、受损。机房空调系统配置一定数量的风冷列间空调和风冷房间空调,提供系统适宜温湿度(温度:5~35℃(41~95°F),湿度:8% RH~90% RH(无冷凝))。

4.4 安全保密体系建设

装备数据安全就是在装备数据获取、加工、传输、存储、应用的全寿命过程中确保数据的保密性、完整性、可用性和可控性,以及相关人员和系统行为的不可否认性。保密性是指只允许获授权的人员可以获得数据,未获授权的人员不能获得数据;完整性是指保证数据不会被破坏或修改,既不能缺少,也不能增加,也不能被部分置换;可用性是指保证获授权的人员可以按照需要正常使用数据;可控性是指对数据的内容和传播具有控制能力;人员和系统行为的不可否认性是指人员或系统所做各种数据操作是可核查的,对数据的恶意操作一定会留下证据或痕迹。

装备数据安全保密体系是为保证装备数据的安全性而建立的管理手段和所采用的技术手段的总称。管理手段是对装备数据工作中各种行为的设计和约束,技术手段是根据装备数据面临的各种威胁而采用的安全设备和技术方案。装备数据面临多种威胁,安全保密体系要综合考虑各种威胁,以尽可能小的经济成本和性能代价,保障数据的安全性。

4.4.1 安全保密体系构成

装备数据安全保密体系由技术体系和管理体系构成,如图4-2所示。由于安全漏洞和攻击手段的多样性,安全技术也非常多,安全技术的分类方式也很多,这里根据保护对象和所防御威胁的不同,把技术体系分成物理环境安全技术、链路和网络安全技术、计算

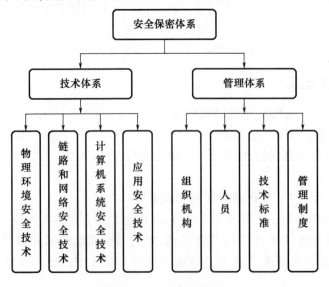

图4-2 安全保密体系

机系统安全技术和应用安全技术四部分。这四部分构成相互配合的一个整体,任何一部分出现漏洞,就会导致整个系统不安全。要保证装备数据的安全性,仅有技术体系是不够的,还必须有相应的管理体系,包括组织机构、人员、技术标准和管理制度等要素。

1. 建立健全装备数据安全保密管理体系

随着武器装备毁伤效能数据工程工作的进展,正式的安全保密组织机构十分重要。机构管理范围应当覆盖所有装备数据工作的涉及范围,务必不留缺口,没有遗漏。应当明确安全保密组织机构和现有业务部门的关系,授予其有效进行安全保密管理所需的管理和考核权限,以便有效展开工作。由于武器装备毁伤效能数据工程是逐渐展开的,所以机构中的岗位设置可以根据工作量的大小,然后随着武器装备毁伤效能数据工程的进展,逐步增加和完善。

由于安全保密相关攻击与防御技术的快速发展和安全保密管理形势的不断变化,对人员的能力和知识结构提出了很高的多元要求,现有的人才选拔形式很难适应安全保密管理人员的选拔需求。应当打破论资排辈,突破常规,从机关、部队、研究院所、军事院校、地方大学等来源不拘一格选拔政治合格、具有良好管理能力和扎实技术基础的优秀人才来担当工作。

最后,技术标准体系和管理制度体系需要完备,按照轻重缓急、逐年立项研究编制所需的技术标准和管理制度,按照相关的要求,颁发、试用、完善、推行、宣贯,并对使用情况和执行情况进行有效跟踪管理。

2. 建立健全技术防护体系

针对装备数据所面临的威胁,系统建立应对威胁的有效技术体系。

一方面是确保物理安全,主要是建立完善的灾难备份和恢复方案,有效抵抗各种物理力量的破坏;采用高可用性的系统和网络建设方案,保持系统运行的可靠性;采用良好的电磁屏蔽措施,防止电磁干扰、电磁攻击和电磁信息泄露;采用应用加密、通信线路加密、建立虚拟专用网等方法,保护数据传输的安全性。

另一方面是建立完善的系统与网络安全策略,应注意以下几点。

(1)网络分区分级管理。根据信息的密级,结合工作的需要,把信息网络分成密级不同的几部分,分别采用不同的安全措施。从长远看,网络应该分为高密网、专用网、外网、办公内网四个安全区,如图4-3所示。对于安全区内的系统根据重要性进行分级管理。

(2)建立网络安全准入系统,实现网络准入控制、应用程序控制和基于用户/组的访问控制策略。

(3)实施Web应用分级授权控制,建立装备数据管理部门内部Web应用统一的授权服务平台,为单位门户在应用层面提供信息浏览的安全保障,满足单位在业务需求不断发展过程中产生的信息安全需求。

(4)建立电子文件保护平台,通过对文件进行加密、控制文件流转、控制文件操作等,防止各种越权使用电子文件的情况。

(5)加强移动存储设备的使用管理,移动存储设备应分密级使用,并必须保证密级文件的安全。移动存储设备应根据所保存的涉密内容,分级别进行登记和管理。采取技术手段,禁止未经许可的U盘在涉密计算机上使用,保证经过许可的U盘在涉密计算机上能正常使用,保证存储涉密文件的U盘丢失后不造成内容泄密。

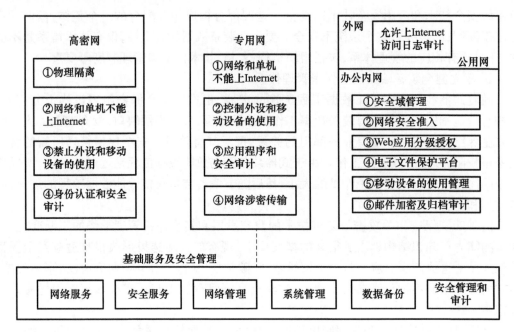

图4-3 安全区内系统分级管理

(6)管好网络涉密传输,采用内置硬件加密卡的网络加密机进行数据传输通道的加密,即采用密码技术在公用网络中开辟出专用的隧道,形成专用网络,主要用于解决公共网络中数据传输的安全问题,保证内部网中的重要数据能够安全地借助公共网络进行交换。

总而言之,在安全保密体系建设中,必须对所面临的威胁进行全面分析,建立完善的技术体系和管理体系,实现立体防护,体系联动,有效保证装备数据的安全性。

4.4.2 技术体系

1. 物理环境安全技术

武器装备毁伤效能数据工程离不开良好的信息基础设施,物理环境指的是机房、设备、电路等物理设施,既包括最重要的数据中心,也包括各应用终端所在的环境。物理环境安全技术既包括机械和电气方面的安全技术,例如,防火、防洪、防静电、防雷、灾难备份等;也包括对信息被盗或信息泄漏的防护技术。这里主要指的是防止装备数据在所处物理环境中被盗、被泄漏或被损毁的技术,主要包括灾难备份、电磁防护、防电磁泄漏等。

(1)灾难备份。灾难备份主要用于数据中心等关键设施抵抗不可抗力造成的损坏。根据所要防御的灾难种类,采取合适的方案。一般来说,灾难备份通过在相距较远、同时发生灾难的概率极小的异地建立备份环境,通过相关设备和技术,实现两地或多地数据同步,当一地发生损毁时,其他地方的设备可以接替被损毁设备的功能,不间断地为用户提供服务。

(2)电磁防护。抗电磁干扰是一种本地的电磁防护技术。由于装备数据工作需要使用大量的电子设备,如计算机等,很容易受到较强电磁信号的干扰,战时还可能会受到敌方的电磁干扰攻击,通过加固设备、使用电磁干扰屏蔽装置等,可以大大降低电磁干扰信号对计算机等电子设备的影响。

(3) 防电磁泄漏。防电磁泄漏是一种防御间谍通过设备泄漏的电磁信号获取秘密的重要手段。很多电子设备在不断向外发射电子信号,这些信号虽然看似杂乱无章,但如果经过特殊处理,可以从中得到很多有用的信息。例如,有些精密高级的间谍设备可以根据显示器泄漏的电磁信号恢复显示器上显示的信息,从而获取重要秘密。虽然现在的显示器辐射强度大大降低,这种盗取信号的方式已经更加困难,但其他电磁设备如无线网卡等却日益广泛,这些设备的电磁信号成为新的被窃听目标。

为了防止上述情况发生,通常采取屏蔽、降低辐射强度、同步干扰等措施。屏蔽就是对重要的电子设备设置屏蔽罩,把它发射的电磁信号反射回来或吸收掉,避免泄漏。降低辐射强度就是从设计上或元器件选择上,使用辐射强度低的器件和设计方式,降低对外辐射的电磁信号强度。同步干扰就是在使用电子设备时,根据电子设备对外辐射信号的类型和强度,在电子设备附近合适的位置设置一个干扰信号发生器,和电子设备同步发射同频率的干扰信号,在不影响电子设备正常使用的情况下,使盗听者无法获得清晰的电子信号,从而保护涉密信息。

2. 链路和网络安全技术

网络安全技术指的是来自外部网络和内部网络的针对各层网络协议弱点的各种攻击的防护技术,数据链路层的通信连接的安全性较为薄弱,受到较多关注。

来自网络的攻击很多,主要的攻击可以分为两类:一类是拒绝服务攻击,主要是通过控制大量计算机集中向被攻击的服务器发出大量请求,使正常的服务请求得不到响应,破坏系统的可用性;一类是侵入攻击,即通过网络协议、计算机系统等各方面的漏洞,采用技术手段非法获得设备和系统的控制权,从而进入被攻击的系统,获取秘密信息或者操控权限。

具体的攻击形式多种多样,且不断出现新的方法和手段,相应地,人们不断研究出新的网络安全技术。总的来说,网络安全技术包括防火墙和入侵防护、数据加密、数据完整性保护、安全区域、漏洞扫描、桌面安全防护、边界安全防护、内网安全审计、网络设备安全设计等。

1) 防火墙和入侵防护

防火墙是网络安全的第一道防线,是设置在可信内网和不可信任外网之间的一道屏障,可以用硬件或软件来实现。它分为三种:包过滤防火墙、代理服务器(或应用级网关)和复合型防火墙。包过滤防火墙在一般的路由器上即可实现,它根据预先设置好的规则检查数据流中的数据包;代理服务器适用于控制内部人员访问外部网络;应用网关建立在代理服务器技术基础之上,针对特定的服务按照指定的过滤规则进行过滤和转发,并对数据包进行必要的分析,安全性比包过滤防火墙更高。以上防火墙技术适用于对安全要求不是很高的网络。对于安全要求级别高的单位,复合型防火墙具有较高的性能优势,通常有两种方案,即屏蔽主机防火墙和屏蔽子网防火墙。屏蔽主机防火墙是在双宿主主机结构的基础上添加一台包过滤路由器,堡垒主机通过路由器与外网相连;屏蔽子网防火墙是在外网与内网之间构成一个隔离网,以将风险分担到多个安全单元。只有两个安全单元都被攻破,内网才会暴露,它是目前最安全的防火墙结构,但是成本也更高。

入侵检测系统是继防火墙之后的第二道屏障,该系统是在基本不影响网络性能的情况下，提供对内、外部攻击和误操作的保护及积极防御，是纵深防御系统的重要组成部分。尽管入侵检测技术还处在研究和发展阶段，但是相关产品已经能够实现入侵检测部分功能，可以作为防火墙很好的补充。

2）数据加密

数据加密可以分为"通信加密"和"存储加密"。常用的通信加密方式有链路加密、节点加密和端到端加密。链路加密和节点加密侧重于传输链路的安全，数据在传输过程中每到一个中间节点就要解密，并按照下一条链路的密钥重新加密再传输，加解密过程由一个专门的硬件模块完成，使数据在节点处更安全。端到端加密在发送用户处加密，直到接收用户处才进行解密。它实现起来更为简单，但由于不对目的地址进行加密，所以不能避免通信攻击。

3）数据完整性保护

为了保证数据传输安全，数据进行通信加密的同时，还应注意数据的完整性保护。篡改和伪造信息是攻击者常用的手段，对付这些攻击的方法通常是对数据进行数字签名。

数字签名算法是一种非对称密钥加密算法，数据发送者持有私钥，合法的数据接收者可以获取公钥，而根据公钥无法计算出私钥。用私钥加密的数据，只能用公钥解密。由于攻击者不持有私钥，所以无法伪造数据发送者发送数据。换而言之，发送者用自己的私钥加密数据的过程就是签名，而数据接收者使用发送者的公钥解密数据的过程就是验证签名。

由于签名算法通常计算量很大，所以一般不直接对数据签名，而是使用散列算法根据数据计算出一个简短的散列值，然后对散列值签名。数据接收者收到数据以后，通过验证数字签名是否正确，就可以保证数据来源可靠且未经过任何修改。

4）安全区域

安全区域指的是同一系统内有相同的安全保护需求、相互信任并具有相同安全访问控制和边界控制策略的子网或网络。通过把网络划分成若干个安全区域，把授予每个用户的资源访问权限控制在所需要的水平，避免不必要地扩大授权。需要注意两点：一是安全区域的划分不是一成不变的，由于业务和人员的调整和变化，需要经常对安全区域进行适当调整；二是安全区域的划分不可能百分之百精确，要根据实际情况确定划分安全区域的数量和其中的成员，兼顾效率和安全性。

5）漏洞扫描

漏洞扫描指的是利用漏洞扫描工具对计算机系统进行清单式检查，发现其中可能被攻击者利用的弱点或漏洞。它最初是一种攻击手段，攻击者在发起攻击前，常先对目标系统进行漏洞扫描，根据发现的漏洞设计攻击方式。防护者利用漏洞扫描，可以及时发现和弥补系统的漏洞，从而防止漏洞被攻击者利用。

6）桌面安全防护

桌面安全防护指的是通过对终端设置一定的安全策略进行统一管理，对网络行为进行统一监管，从而保证桌面系统的安全。主要包括统一定制强制执行的安全策略管理、补丁管理及软件分发、终端行为监管、终端系统监控、IP管理、杀毒软件检测、安全分析、外设监控、文件监控及网络共享监控等。

7）边界安全防护

这里的边界指的是安全区域的边界，或者说安全区域之间的接口。常用的边界保护技术主要包括防火墙、接口服务器、病毒过滤、入侵防护、单向物理隔离、拒绝服务防护等。安全区域总是需要互联的,它们之间的接口数量越多,安全性控制越困难。因此,在设计安全区域时,还要设计好它们之间的接口,对接口进行整合,接口越少越好。

8)内网安全审计

内网安全审计指的是通过对网络中各种行为记录的监控和分析,检查和发现存在的违法操作和安全问题苗头,及时报警和采取措施,防御可能的攻击。内网安全审计主要包括三方面:主机审计、网络审计和数据库审计,分别用于监控和分析主机访问、网络访问和数据库访问行为。

9)网络设备安全设计

常用的网络设备主要包括交换机、路由器和防火墙,由于网络设备最初并没有很好地考虑安全问题,因此多多少少都残留了一些不安全的隐患,如不安全的服务、不安全的协议等。防火墙的安全措施相对较好,但交换机和路由器的安全性相对较差,因此需要根据安全的需要,对网络设备进行适当的配置,关闭不需要的端口和服务,采用安全的协议,以消除可能被攻击的漏洞。

3. 计算机系统安全技术

计算机系统包括硬件、操作系统、网络部件、数据库管理系统软件及应用软件等部分。计算机系统安全主要是从系统构成的角度考虑,确保其每一部分的安全性。同样,也要从其系统构成的角度,对每一部分可能影响安全的问题进行分析,对薄弱部位进行加强,从而保证系统的安全性。计算机系统主要的威胁来自盗用账号和口令,其手段包括口令攻击、病毒与木马等。

计算机系统的安全技术可以分成操作系统安全技术、数据库安全技术、病毒防治技术等。

(1)操作系统安全技术。根据操作系统可能遭遇的攻击,要保证操作系统安全,应当注意:①周期性加固,通过打补丁、修改安全配置、增加安全机制等方法,增强安全性;②做好账号和口令管理,关闭不必要的账户,使用强度符合要求的口令,遵守最小授权规则,通过良好的账号和口令使用习惯,降低被攻破的可能性。

(2)数据库安全技术。对数据库攻击的最终目的,就是为了获取其中的数据,因此,数据库安全主要还是其中信息的安全。要保证数据库安全,应当注意:①做好账号和口令管理,使用强度符合要求的口令,遵守最小授权规则,养成良好的账号和口令使用习惯;②进行数据库加密,通过身份认证、通信加密、存储加密、完整性保护、多级密钥、安全备份等技术,提高数据库系统安全性;③做好数据库审计,及时发现异常的用户操作和行为,及时采取措施规避风险。

(3)病毒防治技术。操作系统和数据库系统一般都采用了很多提高安全性的措施,直接对操作系统和数据库系统的账户进行攻击通常比较困难,攻击者更多采用病毒和木马的形式侵入被攻击的系统,因此,病毒和木马的防治,是计算机系统安全的重要环节。比较有效的防治方法是使用功能全面的网络化病毒防治系统,应当注意:①具有强大的杀毒能力,能够查杀各种类型的病毒和木马;②具有实时升级能力,能够通过网络简便快速升级;③具有强大的实时监控能力,能够实时监控文件、网络、邮件、网页等各种病毒和各种危险操作;④具有自我防护能力,能够保护杀毒软件自身不被病毒感染。

4. 应用安全技术

应用安全技术在应用层保护系统和数据安全,主要包括数据传输安全、安全审计、业务日志和应用安全保密。

(1)数据传输安全。数据传输安全主要解决传输数据的真实性、完整性、机密性。主要方法:①使用具有足够强度的加密技术,对传输中的数据流进行加密和数字签名,以防止通信线路上的窃听、泄露、篡改和破坏;②利用 VPN 等技术在公开或低密级的网络上构建满足高密级安全强度要求的数据传输通道,实现数据的安全传输。

(2)安全审计。安全审计是通过安全审计系统对网络系统中防火墙、入侵检测系统、防病毒系统、交换机、路由器等发出的警报信息进行关联分析。具体手段是自动监控、识别并应对违反安全策略的事件,从大量的操作中把可能是攻击或误操作的情况区分出来,分析系统遭受攻击的风险,发现安全事故苗头,帮助管理人员及时采取合适的应对措施,阻止外来的攻击,或对系统进行加固。

(3)业务日志。日志是系统操作的详细记录,根据日志产生的来源,系统中的日志主要分成四种:网络设备日志、主机日志、应用系统日志和安全产品日志。管理系统可以对各类日志进行统一的管理和分析,并迅速定位故障点或发现攻击行为,在追查责任、系统恢复、预防事故等方面可以起到重要作用。

(4)应用安全保密。应用安全保密是建立在应用层的安全保密体系,一般包括三部分:身份认证和实体鉴别、基于角色的访问控制与授权、业务应用系统安全保密。身份认证和实体鉴别是指通过对操作者、收发双方实体的身份认证和鉴别,保证合法实体的真实性,防止非授权或冒充身份的操作访问。基于角色的访问控制与授权策略是一种常用而且效果很好的用户与管理模式,通过为角色授权而不是为用户授权,可以有效管理用户经常变化岗位的情况。业务应用系统安全保密是在应用系统运行特点的基础上,也就是针对 C/S、B/S、共享业务、个人业务、存储转发等应用模式,分别采用认证、加密、数字签名等手段,保证各种操作的合法性和系统与数据的安全性。

4.4.3 管理体系

安全保密体系的管理体系包括组织机构、人员、技术标准和管理制度四部分。

1. 组织机构

组织机构是安全管理的实施者、安全制度的制定者,为整个安全体系提供组织基础,必须设有专门负责安全保密的组织机构,配备相应的管理人员,实行领导责任制,明确主管领导,落实部门责任,各司其职,各尽其责。组织机构的建立主要包括部门和岗位的建立、职能和权限划分等。

安全组织机构是武器装备毁伤效能数据工程工作组织机构的一部分,与武器装备毁伤效能数据工程工作组织运行体系一起建立,其规模根据工作需要来确定。由于管理工作量大,一般应设立专门的部门,在各级部队可以设立负责安全保密的岗位。安全组织机构在安全工作上,下级部门受上级部门的指导,部队下级安全岗位受上级安全岗位的指导;在行政上,隶属于相应的数据组织机构,其工作应当在纵向和横向两方面做好协调。

2. 人员

在安全组织机构中的人员主要包括领导、专家、技术人员等,是组织机构安全职能的履行者,是安全保密工作的主体。

领导对安全工作负总体责任,其主要工作包括:负责本部门人员和工作的管理,以及对下级部门工作的指导;负责组织本单位及下级组织的安全管理制度的制定,参加上级组织的安全管理制度的制定及宣贯;负责组织本单位及下级组织的技术标准的制定和管理,参加上级组织的技术标准的制定;负责本部门工作计划的制定;负责组织本单位安全保密方案、策略的制定,对本单位安全工作进行考核;负责检查本单位的安全保密情况,发现问题及时采取措施;负责本单位安全保密教育和相关培训等。领导应当具有大局意识,有良好的沟通协调能力,对安全工作及相关技术有深入了解,善于发现问题,处事果断稳健。

专家对安全技术工作负总体责任,其主要工作包括:负责本单位安全现状和安全需求分析,组织制定本单位的安全保密方案、安全保密策略及其他安全技术方案;主持本单位安全技术标准的制定,主持上级单位安全技术标准的管理;提出本单位安全装备的采购、管理方案,提出本单位安全研究的方案;对本单位的安全技术人员进行技术培训等。专家在安全保密方面应当具有系统宽广的理论与技术基础,有丰富的安全工程经验,熟悉各种安全保密产品特别是其配置管理,有良好的沟通表达能力。

技术人员是本单位各种安全保密工作的具体执行者,其主要工作包括:执行本单位的各种安全制度;负责本单位安全设备的管理与配置,监视其运行情况,及时处置发生的问题;参加本单位工作制度和技术标准的制定、修订,根据工作需要积极提出自己的意见和建议;完成本单位、本部门领导安排的其他工作。技术人员应当具有较深的专业知识、较强的专业能力,精通指定的安全保密产品的功能、性能、管理和配置方法,能够独立承担安全保密各项具体工作,工作热情,有良好的沟通表达能力。

3. 技术标准

安全保密的技术标准是制定安全技术方案和采购安全设备的重要依据。现有的相关标准包括:《信息安全技术 网络安全管理支撑系统技术要求》(GB/T 38561—2020)、《中华人民共和国国家军用标准》(GJB 1294—91)、《军用计算机安全评估准则》(GJB 2646—96)、《指挥自动化计算机网络安全要求》(GJB 1281—91)等。另外还需要根据武器装备毁伤效能数据工程工作的实际需要,补充完善相关的技术标准,如业务应用系统开发安全标准、用户计算机安全标准等。

安全技术标准应由专门的部门和人员来管理,经常进行技术标准的宣传和培训,按规定及时分发标准,并对标准做好配置管理。

4. 管理制度

安全保密管理制度是所有涉密工作人员的行为准则,它规定了不同人员在安全保密方面所担负的不同职责,以及所有人员在工作中所应遵守的规定和要求,由于安全保密是全局性的,在日常生活中也有可能出现问题,因此安全保密管理制度的内容甚至应当包括在生活中所应遵守的规定和要求。

安全保密管理制度的上位法规是军队的条令条例和各种规章制度,特别是有关安全的规章制度。安全保密管理制度是上位法规的思想在武器装备毁伤效能数据工程工作中的具体体现和基于具体问题的补充完善,一方面必须和上位法规相符合;另一方面应当根据具体工作内容和安全保密的性质,提出具有可操作性的具体要求。

武器装备毁伤效能数据工程工作内容和环节很多,安全保密管理制度涉及面很广,一方面应当对相关工作中的安全保密问题做出总体规定；另一方面，应当根据武器装备毁伤效能数据工程的工作内容和环节，分别制定有针对性的管理制度。总体规定从全体范围和整个武器装备毁伤效能数据工程工作的范围着眼，是所有人员应当遵守的基本规定，是从事武器装备毁伤效能数据工程工作的基本原则。针对具体工作内容和环节的管理制度则根据工作性质、涉密级别、设备特点、工作流程等，对人员的行为做出具体的规定。例如，可以根据物理安全、系统与数据库安全、网络安全、应用安全、运行安全、信息安全等，分别制定机房设施设备管理规定、系统与数据库安装使用管理规定、网络使用管理规定、应用系统管理规定、保密机和加密软件使用规定、认证系统使用规定、涉密人员行为准则，等等。在制定安全保密管理制度时，以下几点需要注意：①管理制度一定要全面，安全保密问题是全局性问题，任何一个疏漏都有可能导致泄密，所以，管理制度一定要全面周密，能够覆盖相关的工作；②管理制度并非越多越好，管理制度越多，越容易被遗忘，因此，管理制度一般更注重原则规定，一条规定可以指导很多种行为，在实践中更容易被记住和遵守；③管理制度一定要具有可操作性，能够和实际工作中的各种行为相结合，从而可以很容易判断每种行为是否符合制度要求；④管理制度表达一定要简洁明了，容易理解，容易记住，过于烦琐的表达很容易被遗忘，反而起不到应有的作用；⑤管理制度一定要自我协调，管理制度多了以后，要保证相互之间没有矛盾，以免规定相互冲突，使工作人员无所适从，确保一致性。

4.4.4　建设要求

装备数据面临着自然灾害、人为失误、敌方攻击等各种各样的安全威胁。装备数据安全保密体系建设应当根据所面临的安全威胁，从技术和管理两方面建立全面的防护体系，体系各要素之间协调联动，对装备数据处理流程的全周期进行立体防护。

制定明确的安全保密策略和政策，确保组织的安全要求得到明确的定义和规范，并为所有相关方提供指导；对组织的信息进行分类，根据其敏感性和重要性进行适当的标记和分类，以确保信息得到适当的保护和处理；确保只有经过授权的用户可以访问和处理敏感信息和系统。这包括身份验证、授权和权限管理等措施；采用适当的加密措施，对敏感信息在传输和存储过程中进行加密，以保护数据的保密性和完整性；为员工提供必要的安全培训和意识活动，确保他们了解安全政策和最佳实践，并具备安全意识和行为；建立适当的安全事件管理和响应机制，包括监测、检测、报告和应对安全事件的能力，以及恢复和调查程序；确保组织的物理环境和设施受到适当的保护，包括访问控制、视频监控、入侵检测系统等；根据适用的法律法规和行业标准，确保组织的安全保密体系符合相关的合规要求；建立适当的审计和监控机制，对安全控制和事件进行持续的监测和审计，及时发现和应对潜在的安全问题。

4.5　人才队伍建设

武器装备毁伤效能数据工程能否获得良好的质量和效益，取决于是否有一支高素质、高水平的专业人才队伍。数据工程对人才的素质能力要求很高，需要大量复合型的高级人才，同时随着武器装备毁伤效能数据工程的深入和扩展，人才需求数量也在不断增加。

应该根据人才的需求和更新规律,建立长期的人才培养方案,按照数据工程所需的能力知识体系结构,科学规划课程,通过多种途径,进行系统地培养,以满足武器装备毁伤效能数据工程不断增加的人才需求。

4.5.1 人才队伍的构成

武器装备毁伤效能数据工程需要复合型人才,但根据武器装备毁伤效能数据工程工作性质的不同,对人才的能力和知识结构要求也有所不同。人才队伍可以划分成两大类:管理人才和技术人才。

1. 管理人才

武器装备毁伤效能数据工程管理人才,主要是指武器装备毁伤效能数据工程各级主管部门的管理人才,其职责是对整体或本单位本部门的武器装备毁伤效能数据工程各项活动进行组织协调和统一管理。主要包括:负责武器装备毁伤效能数据工程规划计划、组织协调和实施管控;负责装备数据开发利用的顶层设计和协调管理等。

武器装备毁伤效能数据工程管理是把装备数据分析处理、应用系统开发与装备业务应用、业务管理有机连接起来的中心环节。高水平的组织管理是武器装备毁伤效能数据工程高效发展的前提和保证。由于武器装备毁伤效能数据工程投入大、难度高、风险大,且技术复杂,因此需要一支政治素质高、业务能力强、具有数据工程知识和卓越管理能力的高素质装备数据管理人才队伍。

2. 技术人才

武器装备毁伤效能数据工程技术人才是指担负数据工程各项技术工作的人才,可以分成两部分:研发人才和运维人才。

研发人才,是指担负数据工程技术研究开发、指导应用及承担武器装备毁伤效能数据工程研究设计的专门人才,主要包括:数据工程项目攻关领军人才,可以作为各项建设研究项目的负责人;装备数据理论研究人才,负责解决装备数据建设中的各种理论方法问题;数据工程技术保障人才,负责解决技术保障中有关的复杂难题;数据工程教学人才,负责传授数据工程及其在装备建设领域运用的知识。

运维人才,是指直接从事数据资源和相关设备技术管理的人才,主要包括:装备数据分析、设计、采集、维护的人才;从事装备数据综合分析和服务的人才;从事装备数据处理、应用工具开发以及信息网络、信息中心(节点)日常维护管理的人才等。

4.5.2 对人才的要求

武器装备毁伤效能数据工程人才的良好素质和知识能力体系,是保证武器装备毁伤效能数据工程工作有效推进的重要条件,也是有效实施武器装备毁伤效能数据工程人才培养的基本依据,是评估人才培养效果的重要标准。如果把素质分成基本素质和专业素质,那么武器装备毁伤效能数据工程对人才的要求主要包括三方面:基本素质、专业素质和知识能力体系。

1. 基本素质

基本素质是装备数据各类人才必备的基本的、通行的基础素质,主要包括政治素质、信息素质、创新素质和身心素质。

(1)政治素质。装备数据中包含有多种高密级的信息,保密工作非常重要。其中有很多工作细微而琐碎,但又不能发生一点错误,不能有一点马虎。所以装备数据工作岗位中有很多是非常关键的岗位。装备数据人才在这些岗位上工作,必须具有高度的爱国主义情操,热爱军队,热爱国防事业,勇于奉献。

(2)信息素质。信息素质包括信息意识、信息知识和信息能力。装备数据人才,应具有强烈的信息主导意识,能够充分认识信息的重要作用,对信息具有积极利用的内在需求。其次,应具有合理的知识结构,基础知识厚实、专业知识精通、相关知识面宽阔。应了解微电子、光电子、新材料、新能源、军事装备学等广泛的知识,并能够在实际工作中充分运用这些知识。另外,应具有较强的信息分析能力,能够迅速有效地理解判断信息,发现并掌握有价值的信息,并运用于工作中,应具备计算机及网络、通信技术等基本专业技能,有良好信息技术工具使用技能。

(3)创新素质。创新素质包括创新品质、创新思维和创新能力。装备数据人才应当具有与时俱进、开拓进取的精神品质,敢于提出新思路,找到新举措,敢于独辟蹊径解决新问题,创造性地开展工作;应当具有终身学习观念,思想敏锐,视野开阔,善于接受新生事物;应当掌握科学学习方法和科学思维方式,善于总结经验,善于从实践中学习,能够学以致用。

(4)身心素质。装备数据人才必须具有与职业特点相匹配的良好身体心理素质。意志坚定,始终保持健康积极、乐观向上的精神状态;在突发情况面前,能够镇定自若,处变不惊,临危不乱;在困难面前不屈不挠,勇于克服一切艰难险阻;敢于承担风险,敢于担当责任;具有强健的体质、充沛的精力,经得起艰苦环境的考验。

2. 专业素质

专业素质是指装备数据人才必须具有的、与履行本职岗位要求相匹配的业务素质,是对装备数据各类人才能力素质的特殊要求。

1)装备数据管理人才的专业素质

武器装备毁伤效能数据工程是一个复杂大系统,不仅覆盖军队内部各级各类装备部门和单位,而且涉及国家和地方力量;不仅涉及硬件,而且包含软件;不仅需要自然科学技术,而且需要社会科学方法。这对装备数据管理人才的能力素质提出了新的更高要求。装备数据管理人才应当具有精确管理、精确保障等现代管理理念。在工作中,树立用信息说话、用数据做决策的意识,善于按照建设目标、保障任务和管理要求,对工作进行有效的计划、组织、控制和改进。应当具有武器装备毁伤效能数据工程管理的基本知识和基本技能。了解装备业务和装备保障的各项工作,了解当代军事信息技术和信息化武器装备的发展趋势,精通装备数据的基本理论和方法,掌握信息化管理工具的操作使用。应当具有管理装备数据资源和装备业务信息系统的素质能力。了解装备数据资源的特征,能够有效计划、组织和控制装备数据资源的开发利用,善于发挥装备数据资源对装备工作增效和保障力增值的功能;能够对装备数据基础设施、业务信息系统实施有效控制和管理。

2)装备数据技术人才的专业素质

装备数据技术人才,既是信息技术的行家里手,又是信息技术的开发、使用和传播者,具体承担数据资源、信息系统、信息基础设施的研究开发和运行维护工作。装备数据技术人才应当及时掌握相关技术发展动态,能够及时跟踪了解相关技术前沿信息和发展动态,具有灵敏的新知识、新技术、新产品反应和捕捉能力;应当具有较强的数据分析、设计、管理、维护能力;应当具有开发信息系统软硬件的素质能力,能够根据装备业务使用需求,研制开发信息网络、安全保密、业务管理、信息处理和辅助决策等功能的软、硬件设施设备;应当具有信息技术支持能力,精通信息系统的操作、维护和管理,熟悉数据资源分析、挖掘和服务技术,掌握网络、安全保密、计算机等设备的参数配置、性能调优、故障诊断和修复技术等。

3. 知识能力体系

武器装备毁伤效能数据工程需要多种层次人才,不同层次的人员需要不同的知识能力体系。无论是管理人才还是技术人才,都要求具有管理和技术两方面的知识体系和能力,最好具有两方面的经验。

武器装备毁伤效能数据工程和其他装备工作有一个比较大的差异,武器装备毁伤效能数据工程是一种逻辑产品,不是可见的实体,其工作的过程特点、质量的控制方法等都和可见产品的研发与管理有较大的不同,对各项工作的规划计划和组织协调的工作规律和方法也有较大不同,管理人员如果不具备数据工程和信息技术方面的丰富知识,很难有效开展工作。同时,装备业务和装备保障工作虽然划分成很多领域,但这些领域是相互关联的,而武器装备毁伤效能数据工程工作不仅要为各个领域服务,更是要把各个领域连接成一个整体,所以优秀的武器装备毁伤效能数据工程管理人才应当全面熟悉装备业务和装备保障工作。

同样,武器装备毁伤效能数据工程是为装备业务和装备保障服务的,其所有工作的最终有效性取决于其对装备业务和装备保障的支持程度,技术人员如果不深入了解装备业务和装备保障工作,其有关装备数据、信息系统、数据统计分析与挖掘、决策支持等方面的工作就无法贴切地为装备业务和装备保障提供有效支持,会严重影响其工作成果的有效性。例如,论证测算部队装备的需求量和保障能力,必须了解装备损消耗规律;制定装备建设发展规划计划,必须了解世界武器装备的发展趋势;制定装备保障方案,拟制装备保障计划,需要了解装备保障的工作方法和工作程序。

对管理人才的知识和能力要求主要体现在:具有复合的知识结构,除精通本职岗位装备业务工作知识外,还掌握了解多个岗位的相关知识,掌握数据工程有关的知识;具有综合的素质能力,除具备一般装备业务人员的通用能力素质外,还具备组织联合装备指挥、保障、训练的核心素质能力;最好具有丰富的任职经历,具有部队、机关、院校任职经历,曾接受多岗位锻炼。

对技术人才中的研发人才的要求主要体现在:数据工程项目攻关领军人才,应当具有丰富的数据工程专业知识和重大项目研发的工程实践经验;装备数据理论研究人才,应当具有深厚的装备建设和数据工程理论功底,熟悉数据工程技术及其军事运用;数据工程技术保障人才,应当掌握数据工程、信息网络、计算机软硬件、数据库等专业知识;数据工程教学人才,应当具有厚实的军事理论知识,熟悉数据工程技术,掌握先进的教学方法。

对技术人才中的运维人才的要求主要体现在:掌握数据工程知识,具有数据工程专业素养,精通装备数据相关知识,精通所负责设备、系统相关的专业知识,例如,服务器维护、数据库维护、网络管理、安全管理中的一种或几种。

武器装备毁伤效能数据工程中的各类人才,只有具有复合的知识能力体系,才能在工作中有效精准地相互配合,并与装备业务人员和装备保障人员相互配合,构成一支政治素质高、业务能力强的武器装备毁伤效能数据工程人才队伍,形成武器装备毁伤效能数据工程建设、管理、运用、保障的强劲合力,充分发挥数据资源的服务支撑作用,提升整体的信息保障能力,为提高装备保障力服务。

4.5.3 人才培养

人才培养是人才队伍建设的基本工作,武器装备毁伤效能数据工程人才是新型人才,其能力要求和知识结构要求都远远高于传统专业人才,在人才培养上要突出其能力知识复合性的要求,尽快建立确定的培养渠道,培养选拔最优秀的人才加入武器装备毁伤效能数据工程队伍。

4.5.3.1 基本原则

武器装备毁伤效能数据工程人才的培养,除遵循人才培养的一般规律之外,还必须遵从自身特殊规律。借鉴国内外经验和军内人才培训实践,装备数据人才培养总体上应坚持"四个统一"。

(1)培养方向与使用需求相统一。要以装备全系统、全寿命管理需求为牵引,以武器装备毁伤效能数据工程需要为核心标准,坚持人才培养方向与使用需求保持一致,保证数量足够、结构合理、能力适配。

(2)理论学习与实践锻炼相统一。武器装备毁伤效能数据工程是在创新理论指导下的重大实践活动,厚实的数据工程理论和丰富的数据工程实践经验是武器装备毁伤效能数据工程人才活力的源泉。要坚持理论学习与实践锻炼相结合,确保装备数据人才培养始终与装备建设、管理、保障具体实践活动相结合,始终与军事需求相统一。

(3)分级培养与分类培训相统一。装备数据人才群体具有领域多、专业多、层次多的特点,所以人才培养既要注重打牢基础,又要注重通专结合、一专多能、复合发展。

(4)阶段性和连续性相统一。人才成长是内在素质不断优化的过程,既要围绕某方面素质优化和提高进行阶段性学习、培训或锻炼,也要围绕综合素质优化进行持续不断的知识更新、经验积累及实践总结。

4.5.3.2 主要措施

武器装备毁伤效能数据工程人才是管理能力与技术能力并重的复合型高级人才,要从培养一支装备数据工作人才队伍的角度出发,全面与专业相结合,管理与技术相结合,理论与实践相结合,建立完整的人才培养体系和良好的成长环境。

(1)建立科学的考评机制。对装备数据人员的考评,应以创新能力、工作能力和为装备数据工作贡献的多少为标准,按照客观公正、民主公开的原则,建立领导意见与群众意见相结合、定性评估与定量评估相结合、工作数量和工作难度相结合、可见成果和不可见成果相结合、短期效益和长期效益相结合的人员考评制度,紧紧围绕提高装备数据保障能力这个核心,重点关注解决装备数据工作中遇到的问题的能力。

(2)建立合理的用人机制。创建新型用人制度,形成尊重知识、尊重创新的良好氛围;要用人之长,积极为数据人才施展才干、成就事业创造条件;要补人之短,通过不同长处人才构成协作团队,相互配合,产生一加一大于二的效果;要有容人之心,给予人才充分的成长时间;要有成人之策,给予人才必要的成长环境和条件。

(3)拓宽人才培养方式。树立终身学习、全员学习的理念,利用各种资源,采取多种方式,对装备数据人才进行培养。充分发挥地方高校的人才和资源优势,开办各种不同层次的培训班,完善人才的知识能力体系;选送优秀人员到地方院校接受系统教育,全面提高知识层次;选派优秀人员到地方信息产业部门调研、见习,了解其运行模式和发展动态,快速增长实践经验;充分利用各种高科技公司的技术优势,举办与装备数据工作有关的各种新技术培训,拓展眼界,提高技能;举办多种形式的工作经验交流活动,总结并充分利用广大装备数据工作者的实践经验,促进人员共同提高。总之,通过多种培养方式,使装备数据人才始终跟上理论和技术发展的脚步。

(4)建立基础人才培养输送渠道。根据武器装备毁伤效能数据工程人才知识能力复合性要求高的特点,根据人才新陈代谢的规律,依托军事科研院校,进行武器装备毁伤效能数据工程人才的培养,通过设置武器装备毁伤效能数据工程专业,或者在相近信息类专业增加数据工程、装备数据、装备业务等课程,或者选拔优秀的大学生,系统地学习数据工程、装备数据、装备业务,以及计算机、数据库等武器装备毁伤效能数据工程所需的信息理论与技术知识,为武器装备毁伤效能数据工程人才队伍源源不断地输送新鲜血液。

(5)优化人才成长环境。人才是在做事的环境中,通过实践锻炼一步步成长起来的,所以要营造利于人才成长的良好环境。从领导到群众,都要认识到数据工程的重要性,要有运用数据工程知识做好工作的氛围,积极支持并投身于数据工作,积极支持数据人才的工作,积极为数据工作提供所需的条件,积极应用数据成果,正确看待数据工作中存在的问题,通过努力解决问题推动工作,努力为数据人才营造"想做事、能做事、做成事"的良好氛围。

4.6 武器装备毁伤效能数据工程管理方法

武器装备毁伤效能数据工程管理包括规划管理、工程管理和日常管理,在所有这些管理工作中,可以划分为两大管理模式:项目管理和职能管理。这两种管理方式具有不同的特点,适合不同的管理对象和管理目标。

项目管理适用于对有明确目标的一次性任务的管理,其主要特点是根据任务的需要,临时组织物资、经费、人力等各种资源,建立临时性的项目组,其最高领导为项目负责人或项目组长。这个项目组在项目负责人的领导下,按照项目管理理论与方法组织工作,直到完成项目目标。项目管理的优点是灵活性和高效率,可以根据任务的需要,灵活组织所需要的人力、物资、经费等资源,高效率地展开工作;其缺点是不稳定性,由于没有固定的场所和人员,组织机构在完成任务后解散,如果掌控不当,容易损失很多知识财产,而且项目管理对人员素质要求高,要求项目负责人具有很强的能力和各种优秀品德,包括领导力、分析能力、组织协调能力、沟通能力、风险处理能力、指导能力、敬业精神等,同时也要求项目组成员具有熟练的技能和全面或深入的知识,具有出色的工作能力和合作精神。

职能管理适合于按照一定周期重复进行的工作的管理,主要特点是建立呈金字塔形的多层组织机构,为之分配相应的职能,设计出各种业务的处理流程,并按照职能和业务流程实施管理。职能管理的优点是具有很高的稳定性,因此,是在政府、企业等各种组织中普遍采用的管理方式,其缺点是缺乏灵活性,由于物资、经费、人力等各种资源都分配在各层组织机构中,当出现一个部门无法承担的任务需要跨部门调整资源时,由于部门利益的纠葛,往往导致效率低下,甚至无法承担任务。

在武器装备毁伤效能数据工程的各项工作中,根据工作的性质和特点,可以分别采用项目管理或职能管理的方式,划分的主要原则:是否是一次性的工作,是否具有明确的可评价的工作目标,是否需要跨部门的资源等。

理论与技术体系的研究工作、信息基础设施的工程建设、装备数据工作体系的研究建立、相关法规标准的制定、安全理论与技术研究、安全体系建设、安全系统建设、装备数据需求分析、装备数据规划设计、装备数据目录建设、装备数据目录管理系统建设、装备数据库和管理系统建设、装备数据的初始采集、装备数据服务系统研发、一次装备保障任务等,适合采用项目管理方式。

理论与技术研究成果的应用管理、信息基础设施的管理维护、法规标准的使用维护与废止、安全服务管理、安全制度的执行与监督、数据目录管理与维护、数据目录使用服务、装备数据的使用维护、装备保障设备的维护、归档数据的管理与分析、装备数据服务、装备数据应用权限管理、授权管理、安全性管理、数据访问管理等,适合采用职能管理的方式,按照部门职能和业务流程进行管理。

4.6.1 工程项目管理

对适合采用项目管理方式的工作,应当按照项目管理的方法,对其进行有效管理和控制,确保能够在给定经费范围内按照要求的时间进度和工作质量完成工作目标。

由于目标和内容不同,项目的具体实施步骤通常差别很大,但其工作规律非常相似,主要工作包括项目论证、项目组织、计划与控制、成本管理、质量管理等。每项工作内容的管理都有很多行之有效的办法和经验,遵循这些经验,可以大大降低项目失败的风险。

1. 项目论证

项目论证根据武器装备毁伤效能数据工程的总体目标,通过总体规划和科学论证,把适合以项目形式管理的工作变成一系列的项目,然后分步骤实现。

项目论证主要任务:确定项目目标,划定项目范围,明确项目指标(质量、进度、经费),分析项目的必要性和可行性,评估项目风险等。项目论证的成果编写为《项目论证报告》。

1)确定项目目标

项目目标指的是该项目所要达到的目的和水平。制定项目目标时,应综合考虑宏观与微观、外军与我军、现在与未来等多方面的因素。例如,我国的国防、作战、装备发展、作战信息化、装备信息化等方面的政策和战略,外军信息化现状及其发展趋势,我军装备信息化建设的现状、不足及未来发展规划,等等。综合分析各项因素,确定合理的近期可实现的项目目标。项目目标应当符合我国我军的政策、战略,符合装备和信息技术发展趋势,可以有效弥补我军当前信息化建设的不足,可以满足当前急需,同时也为下一步的发展奠定基础。

2)划定项目范围

项目范围是指为成功达到项目目标所必须完成的所有工作。简单地说,确定项目范围就是明确哪些事必须做,哪些事可以不做。项目范围可以分成产品范围和工作范围:产品范围是指项目的最终产品或服务所包含的特征和功能的总和;工作范围是指为了交付具有所要求特征和功能的产品所必须完成的全部工作。

划定项目范围时,一方面要考虑项目目标的要求,另一方面要考虑各种制约因素的影响。通常来说,应当先做成果分析,即尽可能全面地列出将产生的成果,然后分析每项成果的军事、经济价值及其作用。一般把成果分成四类:第一类是最重要的高价值成果,必须完成;第二类是比较重要的中等价值成果,应当完成;第三类是不太重要的较低价值成果;第四类是具有潜在价值的成果。主要的制约因素是时间、人力、经费等资源的数量和质量。当资源不足时,首先可去掉第三类成果;如果资源仍不足,可去掉部分价值不太高的第二类成果;如果资源仍不足,则需要考虑如何获得更多资源。对于第四类成果,在资源不富裕时一般不列入项目范围,但应留出扩充的空间。经过对各种因素的综合衡量,使划定的项目范围能够保证项目在指定的时间、人力、经费资源下高质量顺利完成。

3) 明确项目指标

确定项目范围后,项目指标也需要明确。指标分成定量指标和定性指标,也可以分成客观指标和主观指标。定量指标就是可以表达成一个数量或者可以通过数量来衡量的指标,定性指标则是难以定量,一般通过很好、较好、一般、差等定性说明的指标。客观指标指的是可以通过观察和测量来衡量、不同的人观察和测量的结果不会有明显偏差的指标;主观指标则是和人的感受有直接关系的指标,不同的人可能给出不同的答案。在确定项目指标时,应尽可能使用定量指标和客观指标,少使用定性指标和主观指标,如果必须使用定性指标和主观指标,应当考虑采取一定的措施保证对其判断和评估结果的准确性。

项目指标主要包括三方面:质量指标、进度指标和经费指标。质量指标是指项目的最终产品或服务,使其具有相应特征和功能的性能程度,例如,"装备分类与代码标准必须覆盖所有现役装备和在研装备,并且为未来的装备留下扩展空间""装备分类应当符合装备条例、武器装备管理条例等相关法律法规和上位标准的要求,和现行专业具有合理的对应关系""装备分类与代码容易理解、掌握和使用""装备分类与代码管理系统应具有在线帮助功能"等。进度指标是指时间进度要求,简单的项目可以指定一个最终完成时间,规模较大的项目可以根据需要制定多个阶段的完成时间。经费指标指的是各项经费数量,应按我军的财务制度制定。

项目指标对项目各种资源的消耗有较大影响,确定项目指标时,一方面要保持先进性和高性能,保持成果的价值,一般还需要考虑外军相关项目的情况,考虑到和外军发展速度的竞争;另一方面要充分考虑技术、时间、人力等各种资源的可行性,避免定出无法完成的指标。

4) 分析必要性与可行性

(1) 分析项目的必要性。在进行项目论证时,必须分析项目的必要性。项目的必要性可以分成建设的必要性和时间的必要性。建设的必要性主要体现在项目成果在提高装备保障力方面所起的作用;时间的必要性也就是紧迫性,主要体现在对其他工作的影响,如果延迟,会对整体工作产生不利后果。必要性论证不仅和我军情况相关,还和外军的发展有关,应从和外军竞争的角度来考虑,更客观准确地反映项目的必要性。

项目必要性的论证依据主要包括:国防战略,作战方略,装备发展战略,外军信息化现状及其发展趋势,信息化现状与不足,作战信息化建设政策,装备信息化建设政策,装备领域信息化现状及未来发展规划等。

（2）分析项目的可行性。项目论证的另一个重要内容是可行性。可行性包括很多方面的内容，主要的有法律可行性、技术可行性、时间可行性、资金可行性、人力可行性、设备可行性等。

法律可行性就是项目的目标是否会违背相关条令条例、法律法规的要求，例如，数据工程项目是否违反安全性要求。在论证可行性时，法律可行性具有一票否决的地位，需要首先考虑，如果不具备法律可行性，其他问题就无须考虑了。

技术可行性是指项目建设所需的关键技术是否全部具备，或者在建设过程中可以及时解决。在论证过程中，必须对技术可行性进行深入分析和研究，通过充分的论据和有力的论证，确保技术实现没有问题，特别是对于需要在建设过程中研究的技术，一定要对解决方案进行深入分析和研究，如果问题不能按时解决，将给项目实施带来很大的风险。

时间可行性是在现有可获得资源的情况下，是否能按照给定的时间要求完成各个节点的任务，或者具有很高的概率按时完成任务。由于项目都是一次性的，尽管会有很多类似的经验可以参考，但在软件工程和数据工程项目中，对工作时间的估计永远是最容易出现误差的，所以这类项目最容易延期。对时间可行性的分析一般采用分解累计、类比分析、任务网络等方法进行估算，要充分考虑其他任务、突发事件等各种因素的影响，既要紧凑，又要保留一定的弹性。

资金可行性是指资金来源渠道是否已经解决，资金是否充足，资金是否能够及时拨付到位等。

人力可行性是指项目各项工作需要的具备特定知识和才能的人员是否能够获得，例如，能否及时调配到需要的人员，相关人员是否能够保证工作时间，是否和其他项目的人力需求有冲突，等等。

设备可行性是指项目需要的高价值设备、专有设备或者稀缺设备是否能够按时获得使用权，是否能够保证使用时间。如果项目需要的设备全部是可以临时采购的通用设备，则只要经费充足，设备可行性就不存在问题。

项目的可行性主要包括上述内容，但不限于上述内容，在论证时，应尽可能周全地考虑各种限制因素，保证可行性论证结果的可靠性。

5）评估项目风险

项目实施总是存在一定的不确定性，总会存在一定的风险，在项目论证阶段，应当对项目进行风险评估。首先识别可能存在的风险，然后运用概率和数理统计的方法，对项目风险的发生概率、影响范围、后果严重程度和可能发生时间进行估计和评价。

风险评估的目的：充分、系统地考虑项目所有的不确定性，明确其影响范围和大小，提前考虑应对，以避免风险或尽量减少损失；通过评估和比较，选择威胁最少、机会最多的方案或行动路线。

一般来说项目风险包括进度风险、质量风险和成本风险。进度风险最容易发生，原因大多是工作协调存在问题，对于研究性项目来说，进度风险通常是可以接受的。质量风险也比较容易发生，特别是在对进度和成本要求较严格时，一些不明显的质量问题往往就成为加快进度和降低成本的代价。成本风险发生较少，一般研究性质的小项目的成本风险较容易控制，大规模项目特别是采购和外包较多的大项目的成本风险则需要引起重视。

(1)进度风险。其主要原因包括:工作量估计不足、人员工作时间难以保证、所需资源的采购发生延误、与其他重要任务的资源需求发生冲突、突发事件的影响及所研究问题有较大难度等。

工作量估计不足。其客观原因是数据工程类建设项目工作量的准确估计比较困难,估计的时间经常比实际需要时间短许多,主观原因通常是项目策划者出于某种考虑(如为了赶上某个时间节点)压缩了进度,想在实施的时候通过各种措施赶上进度,但在实施时,往往力不从心。

人员工作时间难以保证。通常各种工作之间争抢人力资源是主因,特别是在一些不科学的考核体制下,每个人都会参与两个以上项目或者承担多项工作,这些工作的进度一般很难有效沟通和协调,造成工作安排重叠,当加班也不能解决问题时,只能把部分工作延迟,与日常工作相比,项目工作被延迟的可能性更大。

所需资源的采购发生延误。设备、服务等资源的采购发生延误的现象比较常见。设备采购延误的原因较多,例如,付款出现延迟、生产出现延迟、运输出现问题、交接出现问题等,特别对于复杂设备,很容易由于安装、测试、交接、培训等原因超过预期时间造成延迟;服务资源造成延迟,例如,实验室、试验场的使用发生冲突,服务设备、服务人员的问题等。资源采购的延误超过一定程度,就会导致项目发生延误。

与其他重要任务的资源需求发生冲突。一个单位的资源通常也是共享的,当由于计划冲突无法避开资源竞争或者由于制定计划考虑不周没有避开资源竞争的时候,如果另一个任务更加重要或者更加紧急,就会影响本项目使用资源,造成时间延误。这种情况相对比较容易把握和协调,但也应当尽可能提前考虑并避免。

突发事件的影响。突发事件通常无法完全避免,例如,地震、火灾、洪灾、雷击等自然灾害造成设备或工作环境较长时间损坏,或造成重要人员受伤害,重要项目成员的家庭成员或本人发生重大疾病,关于人员管理、项目管理、经费管理、设备管理、安全管理等方面的政策发生重要变化,出现战争等,各种原因都可能造成进度拖延,在制定项目计划时,一定要综合考虑各种因素出现风险的可能性,通过合理安排项目团队人员的工作、进度计划且保留一定的裕度等方式,尽量降低突发事件对项目造成的冲击,并采取必要的加班等措施,保证项目进度按计划执行。

(2)质量风险。质量风险和人的因素密切相关,主要原因包括:质量控制体系不健全或控制措施不力,人员素质、知识、能力不够或结构不合理,人员敬业精神差,赶进度,成本不足等。

完备的项目质量控制体系是保证质量的重要方法和手段,它采用各种管理手段,预防质量问题的发生。如果质量控制体系不健全,缺乏有效的质量监督机制,就很容易造成某些环节的质量问题。例如,采购验收把关不严、数据质量检查粗略、软件开发测试不够等,都会造成很大的质量风险。

人员素质不够、知识结构不合理、能力结构不合理,即使非常努力,其完成任务的质量也难以保证,进而影响整个项目产品的质量,由于错误的扩散性,在项目阶段中越靠前的质量问题对项目造成的损失越大。例如,软件需求的错误比软件编码的错误造成损失高出数十倍。

人员敬业精神差,不能主动地对质量精益求精,是造成项目质量风险的重要原因之一,特别是对于研究性的课题,人员的责任心和工作热情对质量的影响几乎是决定性的,因此,项目组一定要尽可能选用敬业、协作、工作热情高的人员。

赶进度是造成质量风险的另一个重要原因,由于进度考核非常直观,容易衡量,而质量则相对不太容易衡量,因此在考核的压力下,为了保证进度考核通过,暂时降低质量就成为常用手段,但这一方面造成成本上升,另一方面也给后续的进度造成了新的压力,如果在后续工作中进度情况没有明显改善,预先的进度考核通过后再提高质量的计划很可能无法实施,使得质量风险成为现实。

成本不足也是质量风险的重要原因,如果一个项目的成本被压缩过多,最终被牺牲的往往是质量。

(3)成本风险。在武器装备毁伤效能数据工程项目中,成本风险与进度风险密切相关。其原因在于武器装备毁伤效能数据工程项目服务性质更突出,特别是对于外包较多的项目,在总成本中,人力成本占比例很大,而人力成本和进度又是密切相关的,进度上的延迟,往往造成人力成本上升,从而造成总成本上升。因此,在成本风险控制中,最重要的因素就是进度控制,只要控制住了进度,成本风险的压力也就小了很多。造成成本风险的另一个主要因素就是物价上涨,造成采购成本上升。

成本风险对项目的影响往往是致命的,因此,必须采取措施进行严格控制。控制成本风险的主要方法是对工作和成本做出准确而详细的预测和计划,并在项目进行过程中,时刻监控其情况。一般来说,总要保持"已开支经费占总经费比例小于已完成工作量占总工作量比例",有可能的话,保留一定的裕度,可有效降低成本风险。

总之,在项目进行过程中,各种风险总是存在的,只要尽可能全面地考虑可能造成风险的因素以及造成风险的方式,尽早采取措施,大多数风险是可以避开的。在确实无法避开风险,风险变成现实的时候,只能接受风险,并采取措施,使其造成的影响最小。

项目风险评估不仅在项目论证阶段要进行,在项目进行过程中,项目负责人应当经常组织进行项目风险的识别和评估,以便提前做出应对准备,采取措施,尽量规避风险。

2. 项目组织

根据项目各项工作的不同特点,安排适当类型的、足够的人力资源,为其分配合适的工作以及所需的物力和财力资源,并明确他们之间的协作关系,使之能够高效完成工作,以实现项目的目标,称之为项目组织。

项目的组织管理内容,包括通过组织分解结构,确定项目的组织形式;组建各层次的项目组织;为组织中每位成员确定责任;在项目组织成员中开展交流;对每个成员进行考核和业绩评估;项目组织中其他资源(时间、费用、质量)的管理。

1)项目组织的特点

(1)实行个人负责制,项目负责人享有最大限度的自主权;

(2)项目组织是临时性的,项目开始时从各部门抽调人员成立,项目结束时即解散,项目组成员各自归建;

(3)项目组成员具有所要求的知识体系和能力结构,其成员以专家为主。

根据项目的大小、人员的多少,项目组织的形式也有繁有简。项目比较小,成员也不太多的项目组,可简单分成项目负责人和组员两个层次。如果项目比较大,涉及的成员很多的话,项目组内部还要分成若干个组织,为每个小组织指定负责人,确定目标、权限和资源,以有利于项目的计划、控制和内部沟通。

2)项目负责人

项目组织中最重要的人员是项目负责人。项目负责人的素质、知识和能力要求非常高,特别是对于比较大的项目和项目组织,用古语"千军易得,一将难求"来说明项目负责人的重要性一点不为过,因此,一定要精心挑选项目负责人。

(1)素质要求。

良好的道德品质。项目负责人应当公平公正,富有爱心,这种道德品质不仅可以保证项目负责人在独揽大权时不会迷失方向,而且也是团结组员、树立权威的重要基础。

健康的身体素质。项目组织工作接触面广,繁忙冗杂,没有好的身体素质,就无法承担如此高强度的体力和脑力劳动。

良好的心理素质。有坚强的意志,能经受挫折和失败,能承担来自多方面的压力。既有主见,又能够虚心听从他人的意见;具有良好的判断能力,关键时刻能够果断决策,遇事沉着冷静,不冲动;既有灵活的应变能力,又能保证不失基本原则。

高超的沟通能力。具有良好的人际关系,在工作中能够和用户、领导、下属、友邻单位、各任务承担单位保持简洁而有效的沟通,维持良好的合作关系,协同各有关方面为项目成功共同做出努力。

宽广、系统的技术背景和丰富的经验。由于涉及和项目组中专家的沟通,并对技术问题做出决策,项目负责人应在技术方面具有丰富的经验和背景知识,使其能够客观准确地判断技术人员和技术工作的状态。

(2)授予权限。项目负责人责任重大,为了完成工作,必须赋予足够的权力。项目负责人通常需要以下权限:

直接管辖权。项目负责人有权选择项目组成员。

经费支配权。项目负责人对经费全权负责。

工作鉴定评定权,即有权对项目组成员的工作鉴定发表意见。

3)项目团队

通常项目组的人员由项目负责人选定,上级领导可以给予帮助和建议,但不宜代替项目负责人确定人选。由于多个项目之间的交叉关系,在人选上,项目负责人通常需要和上级领导及其他项目组进行协调。

在挑选项目组成员时,通常遵照以下标准。

(1)具有良好的技术能力。良好的技术能力是完成任务的基础,对项目组来说,特别是对于武器装备毁伤效能数据工程方面的项目组,人越少,效率越高,因此,应尽可能选择能力强的人员,使用较少的人员。

(2)对本项目有较高热情。工作热情是完成工作的动力,没有热情的成员不仅效率低下,而且会影响其他成员的情绪。

(3)良好的职业精神。所谓职业精神,就是遵守职业规则的精神,具有良好职业精神的人能够始终摆正自己的位置,不会关心与工作职责无关的事情,能够按照职业规则认真完成任务,遇到挫折时不会精神萎靡,获得成功时也不至于趾高气扬。

(4)具有良好的沟通能力。沟通对于项目组来说至关重要,不善于沟通的人很容易由于掌握信息不完整导致工作出现偏差或疏漏,并由此影响他人的工作。善于沟通的人能够及时和他人沟通,获得所需信息,并把自己掌握的信息及时通知他人,从而在项目组中保持良好的人际关系,并保持项目组的良好协作。如果成员沟通能力强,项目负责人就可以腾出更多的精力从事重要的决策活动。

4)工作制度

项目负责人组建项目团队以后,要制定明确的工作制度,提出明确的工作原则,以便于项目团队能够按照统一的行为规则行动。项目团队的工作制度主要包括:个人职责和权限,工作计划制度,工作汇报制度,沟通与会议制度,绩效考核制度,行为原则等。

项目团队中每个人都必须明白自己的职责和权限。对于职责,每个人要明确自己的工作内容和工作要求。工作要求主要包括时间要求和质量要求,涉及经费的还有经费要求。权限就是个人在不需要请示上级领导的情况下能够做出的决定。这里的权限有两个含义:一个是行政权限,就是人权、物权、财权,根据工作需要,赋予某个项目组成员管理其他成员的权限、使用和处置设备等物品的权限、使用经费的权限等;另一个是技术权限,在不同的情况下有不同的含义,例如,在软件开发中,对某个模块修改的权限,在数据采集中更新数据的权限等。有经验的项目成员在很多情况下明白自己该怎么做,这时候规定可以简略一些;对于一些新手,则需要说明得详细一些。项目负责人要尽可能考虑周到,把职责和权限中的重要问题给出明确说明。

为了保证项目进度,工作计划制度是必要的。没有合理的工作计划,就无法保证团队中的每个人都满负荷工作,也无法保证工作相关的成员之间可以进行良好的配合和协调,很容易出现工作次序不合理,造成成员之间互相等待的问题,造成时间和成本浪费。项目团队的每个人都要根据所承担的工作内容和工作要求制定自己的工作计划,项目负责人组织各成员讨论认可工作计划后,按照计划进行工作。项目负责人要明确在什么时间、什么情况下、按照什么原则、使用什么文件模板制定工作计划,以及工作计划的讨论方式、确认方式等。

工作汇报制度是项目负责人掌握每个成员工作情况和整个项目进展情况的重要措施,也是分析项目存在问题的重要信息来源,特别是对于人员众多、任务繁巨的大型项目,准确了解项目工作的整体情况至关重要。工作汇报最重要的原则就是实事求是,不得有虚假信息。项目负责人要对工作汇报的时机、内容、真实性给出明确要求。

沟通与会议制度用来保证项目组成员间的信息交流,沟通还包含有情感交流的含义。项目组成员每个人都要明白和自己相关的人员和因素,以便及时了解相关人员和因素的信息,并把自己的信息传递给相关的人员。有些信息通过提交给项目负责人或其指定的代理人员,由其再转交给需要这些信息的人员。在这之中情感交流也很重要,每个成员都要争取相关成员对自己的理解和支持,保持良好的人际关系,以利于完成工作。正式的会议必不可少,对会议的种类、每种会议召开的时机、会议内容、每个人需要做的准备等应做出规定。

绩效考核制度用于对每一个成员的工作做出评价,这是最重要的制度之一,但也是最容易被忽略的制度。由于绩效和每个人的利益密切相关,因此绩效考核就是指挥棒,它决定了项目团队成员努力的方向。绩效考核制度要让每一个成员明白:什么行为会让自己受益,什么行为会让自己受损。绩效考核指标分成两类:定量指标和定性指标。定量指标应当制定出明确的量化规则和数据依据,定性指标应明确所依据的原则。绩效考核制度在组建项目团队时就要明确,这样可以避免在项目进展过程中引起争议或者不快,避免由此产生的风险。

制度不管如何详细,也不可能覆盖所有的情况,虽然制度很重要,但宜简不宜繁,越繁的制度越不容易执行。为了对制度未说明的情况也能得到合理的处理,还应当制定一些原则,主要包括:公平公正原则,自利原则,利于项目原则,不危害公共利益原则,不危害他人利益原则等。这些原则很简单,但可以有效指导项目团队成员的行为,保持项目团队的团结和融洽,保持较高的工作效率。

5)沟通与协调

沟通和协调是项目中的重要工作,是管理工作的主要内容。有人对项目负责人的工作做过统计分析,发现项目负责人90%的时间用于沟通和协调,可见沟通和协调的重要性。对于项目组其他成员,沟通也非常重要。

(1)沟通。

良好的沟通包括两方面:一是信息传递的准确性,即完美的沟通是接收者收到的信息和发信者发出的信息完全一致;二是意图传递的准确性,即完美的沟通是一个成员的意图被另一个成员准确地理解。

沟通的常用方式可分为口头和书面两种。口头信息沟通的优点是快速传递、及时反馈,缺点是无法保存,时间长了容易忘记和失真;书面信息沟通的优点是可长期保存,可有形展示,可作为法律依据,而且书写时可促使人们对自己要表达的东西更加认真地思考,表达更准确,缺点是耗时较长、反馈不及时。

在项目管理中,常用的沟通方式包括:会议、文件、交谈等。

① 会议。项目团队要有正式的会议制度,规定需要召开的会议,规定会议的召开时机、内容、参加人员、要达到的目的、会议成果等。项目会议通常包括定期会议和不定期会议。定期会议即明确召开时机,可以指定日期或大致时间,例如,5月份召开项目启动会;也可以指定规律,如每月末召开月度会议。不定期会议则根据项目进展情况和出现的问题,需要时就召开,可以由项目负责人或项目团队成员提出,需要明确会议目的、内容、参加人员、期望的地点和时间等。不定期会议召开前,应和所有拟参加人员进行充分意见交流,以确保会议效果。

② 文件。文件是项目管理的重要工具,也是项目沟通的重要工具,包括正式文件和非正式文件。正式文件对文件的格式、内容、提交时机有明确要求,通常在筹建项目团队时,项目负责人就要根据有关规章制度和标准的要求,确定项目所需要的正式文件,并作为工作制度发布,以确保重要的项目信息可以及时传递给每一个需要该信息的利益相关者。正式文件不仅起到在成员之间传递信息的作用,同时也是进行工作业绩考核的重要依据,这也是正式文件得到所有成员重视的重要条件。非正式文件不属于制度规定的文件,是临时需要传递的重要信息,或者需要留下证据和依据的信息,或者是出于方便沟通的目的,或者是为了表达更清晰准确,这些根据需要由相互传递信息的双方确定。非正式文件格式自由,由信息发出者根据表达的需要确定。项目团队可以规定一个原则,对非正式文件的使用提出一些指导性的要求或者建议。

③ 交谈。交谈是沟通中最常用、最方便的途径,对于需要交互和协商的沟通,则几乎是必然的途径。交谈内容局限性小,比较灵活,双方可以看到对方的反应,便于进行补充

说明,所以沟通比较充分,比较容易表达真实想法。交谈可以分成有目标的交谈和无目标的交谈。前者有一个明确的目标,在交谈过程中,不仅相互交流,还要考虑如何达成自己的目标,如说服一个成员承担某项任务;无目标的交谈只有一个大概的目标,对交谈内容和结果并没有具体要求。

总之,沟通的方式很多,沟通是项目负责人最主要的工作,同时也是项目团队其他成员的重要工作,良好的沟通对项目的成败具有举足轻重的作用。

(2)协调。

协调是为达到项目团队人员之间在质量和时间上保持良好的配合而进行的活动,特指项目负责人的活动。

协调包括质量的协调和时间的协调。质量的协调,就是要求工作上存在相互联系的成员各自的工作质量要达到一个标准,否则就可能影响他人的工作。例如,系统需求分析员和软件设计员之间,如果系统需求分析员的工作达不到需要的质量要求,那么软件设计员就无法按要求完成自己的工作,继而又影响程序员和测试员的工作。

时间的协调,就是进度的协调,要求工作上存在联系的成员要按照进度计划完成各自的工作。仍看前边的例子,系统需求分析员的工作需要在软件设计员开始工作之前完成,如果系统需求分析员没有按时完成工作,那么软件设计员按时完成前一项任务后,由于得不到需求,只好等待,这样就浪费了软件设计员的时间,增加了成本。而软件设计员受影响后,其工作完成时间相应推迟,又影响了程序员和测试员的工作,这样就会导致较大的成本浪费。根据经验,协调不力是武器装备毁伤效能数据工程项目延期和超成本的主要原因之一。

由于项目负责人在项目组中的权威地位,所以项目组内部人员之间的协调相对比较容易解决,需要付出更多精力的是涉及外部人员的协调,包括对用户的协调、对友邻单位的协调、合同乙方的协调等。通常来说,项目团队应当适应用户的要求,在出现问题时,要尽早沟通,争取用户的理解。和友邻单位的协调难度也比较大,主要的办法就是尽早沟通,尽早确定计划,使工作计划具有一定的弹性,以适应外部的变化。和乙方的协调相对比较容易,但由于乙方也要考虑自己的成本和其他用户的需求,所以也不可掉以轻心,既要有明确的要求,也要有应变的准备。

3. 计划与控制

计划是组织为实现一定目标而科学地预测并确定未来的行动方案。计划一般包括三项内容:组织目标、行动顺序和所需资源。计划必须有良好的控制,发现问题及时处理,以保证项目在合理的工期内,以较低的成本、较高的质量完成任务。最重要、最全面的计划是项目计划,计划中的各种要素一般以进度计划为主线进行控制。

1)项目计划的内容

项目计划是一个综合性的计划,其主要内容包括以下几方面。

(1)人力资源计划。明确项目所需要人员的类型、技能等级、需求数量和需求时间,有合适人选的可确定人选。

(2)进度计划。主要表明项目中各项工作的开展顺序、开始及完成时间、工作之间的逻辑关系等,应明确项目的工作分解结构、估计工期、绘制网络计划图、明确项目进度控制标准和调整措施。

(3)成本计划。确定项目所需要的成本和费用,结合进度计划,明确各时间段的经费需求。

(4)沟通计划。确定项目的利益相关者、信息及信息的发送者和接收者、信息发送规则等,保持顺畅沟通。

(5)质量计划。用以保证项目产品或者结果符合项目范围内的规范和需求,质量计划通常包括质量标准、测试和验证活动、质量保证工作所需资源等。

(6)采购计划。确定需要采购的产品、服务、供应商和采购时间等。

(7)风险管理计划。确定风险判断的依据,选择合适的风险管理办法和原则。

(8)文件控制计划。对项目文件进行管理和维护,以保证项目成员能够及时准确地获得项目执行所需要的文件。

(9)变更控制计划。规定了当项目发生偏差时,处理项目变更的步骤和程序,确定实施变更的具体准则。

(10)验收计划。确定项目成果验收的标准、组织者、验收时间、组织方式等。

不同的项目工作内容不同,工作计划的内容也不同,除了上述主要计划内容外,还应当根据需要制定项目所需的其他计划。一般以进度计划为主线监控所有计划的执行情况。

2)进度计划的制定

项目一开始要制定进度计划,用来与实际进展情况进行比较,便于对产生变化的项目进行管理与控制,这个计划称为基准进度计划,在不易混淆的情况下,就把它称为基准计划。基准计划制定以后就不再改变。由于不确定因素的存在,项目进度计划在执行过程中很难得到完全一致的执行,在情况发生变化时,需要根据实际情况对项目进度计划进行调整,这时一般是根据实际情况按照工作任务的依赖顺序滚动地制定进度计划,称为滚动计划。

比较常用的滚动计划包括年计划、月计划等,有些管理比较细致的也可以制定到周计划。年计划通常划分出每个月需要完成的任务,并把任务分派给相应的人员;月计划划分出每周需要完成的任务,并把任务分派给人员,确定人员可提供的工作时间,确定任务所需要的其他资源。年计划前一两个月一般制定得非常详细,后续的月份制定得相对较粗,以后每月向后滚动,逐渐细化后续各月的计划。滚动计划应当经常和基准计划进行对比,以把握当前项目的进展情况,如果项目进度落后于基准计划,就要考虑采取一定的改进措施。

制定进度计划时要遵循可实现性、动态性、系统性、目的性的原则。可实现性,就是根据现有的人力、物力、财力状况,要保证计划能够执行和实现;动态性,就是为可能发生的变化留出一定的灵活调整余地,避免由于某个因素的变化导致整个工作计划的混乱;系统性,就是在制定计划尤其是不同层次的子计划时,要考虑整体计划的优化;目的性,就是综合考虑项目目标和项目团队成员个人价值的实现,调动项目组成员的积极性,更好地完成项目。

制定进度计划的主要步骤如下:

工作分解。工作分解是将项目按照其内在结构或实施过程的顺序进行逐层分解,成为很多相对独立、内容单一、易于分派、易于核算成本、易于检查进度和质量的工作单元。

这些工作单元通常构成一个树状结构,称为工作分解结构。根据管理需求确定工作分解的详细程度。不同的人制定的计划详细程度不同,项目负责人要分解到需要分派给其他各组的子任务,对于领导几个人的小组组长来说,可以分解到周任务甚至几小时的任务,以便于把这些任务分派给相应的人员。在很多情况下,周任务计划可以由项目组成员自己制定,但要交给组长或负责人审核或存档。

分配责任。工作分解以后,就需要把这些任务分配给不同的小组或人员,构成以矩阵形式表示的线性责任分配表,又称为责任分配矩阵,如表4-6所示。

表4-6 责任分配矩阵

工作负责人 项目工作	项目 负责人	开发组	测试组	数据预 处理组	存储与 分析组	检索与 应用组	推荐与 评价组	系统管 理组……
总体工作								
分类规则制定	f	e	e	e	e	e	e	e
文档标准制定	f	e	e	e	e	e	e	e
项目计划制定	f	e	e	e	e	e	e	e
标准管理软件研发								
需求分析		a	e					
软件设计		a	e					
编码		a	e					
测试		e	a					
验收与发布	f	a	a					
标准编制								
数据预处理代码编制	e			a				
存储与分析代码编制	e				a			
检索与应用代码编制	e					a		
推荐与评价代码编制	e						a	
系统管理代码编制	e							a

注:a 实际责任;b 综合监督;c 必须咨询;d 可以咨询;e 必须通知;f 最终批准。

制定计划并绘制计划图。把工作分解成若干项独立的任务后,还要分析它们的先后关系,合理安排人力和进度。任务之间的关系主要有两种:顺序关系和并行关系。所谓顺序关系,就是一个任务完成以后,另一个任务才能开始。例如,需求分析完成以后,才能开始进行软件设计。所谓并行关系,就是两个任务可以同时进行,互不影响。如果两个任务之间,既不是顺序关系,也不是并行关系,说明任务分解不完全,任务独立性比较差,应当继续分解。

任务之间的关系可以用图形来表示,常用的图形包括 PERT 图、甘特图、日历图和时间线。这里只介绍甘特图,其他图形可参考相关资料。

甘特图是常用的工作进度计划图,在图中列出所有的任务,并确定每个任务的开始时间和结束时间,确定任务之间的关系,可以定义里程碑。通过甘特图,可以容易排出比较合理的工作进度计划。

把任务安排绘成图以后,会构成一个以各任务为节点的网络,每个节点都包含了任务、负责人、起始日期、终止日期、持续时间等属性,有的还包含最早开始时间、最晚结束时间等约束条件。从开始的任务到最后的任务,中间会有多条路径,把一条路径上的所有任务的持续时间加起来,就代表了完成这条路径上的任务所需要的最短时间。在所有路径里,时间最长的路径就代表了完成项目所需要的最短时间,按照已经制定的计划,项目完成时间不可能少于这个时间。很显然,如果这条路径上任何任务的延期,都会造成整个项目的延期,那么这条路径对完成项目进度是最关键的,所以把这条路径称为关键路径。在安排各种资源特别是人力资源的时候,一定要优先安排关键路径上的任务,然后再安排其他任务。

每条路径上所有任务的最终完成时间,不仅取决于每个任务的持续时间,还取决于任务的起始时间。由于人力或其他资源安排的原因,顺序的两个任务之间不一定是紧密衔接的,中间有可能空余了一段时间,这段时间称为松弛时间,把一条路径上节点之间的松弛时间相加,就是这条路径的松弛时间。路径上所有任务的完成时间就是其所有任务持续时间和松弛时间的总和。项目的完成时间就是所有路径中最大的完成时间。如果这条路径不是关键路径,说明任务安排可能还可以优化,如果这条路径已经是关键路径,并且松弛时间为零,说明单从进度上看,计划已经是最优了。

在优化调整计划的时候,还要考虑成本和其他资源,一般来说,投入的资源越多,成本越高,进度越快。成本和其他资源都会受到一定限制,在制定计划的时候,需要做合理平衡。

3)进度计划的控制

在计划执行过程中,由于种种原因,可能会造成计划无法完全执行,必须监控这种情况,并及时采取措施或者对计划进行调整,这就是进度计划的控制。项目进度计划的控制主要包含两方面的内容:一是确定项目的进度是否发生变化,找出变化的原因,若有必要纠正,则采取一定的纠正措施;二是对影响进度的因素进行控制,预防不利因素的影响,确保项目顺利实施。

(1)引起进度计划变更的主要原因。

不符合实际的进度计划。例如,在进度计划的制定中,遗漏了重要的活动,或者添加了不必要的活动;对于活动的历时估计不准确,对工作的难度和工作量估计不合理;项目活动之间安排不合理,在编制网络计划图时,犯了严重的逻辑错误等。

人为因素的影响。例如,领导对项目不重视,各级管理者的控制力度不够,造成资源分配问题,或者项目团队的关系不稳定,项目组中的人员流动过于频繁。

设计变更因素的影响。例如,用户单方面对设计的变更、原先设计工作的失误等。

资金、材料、设备的影响。例如,资金不到位,材料供货不及时,设备被占用,无法及时使用等。

不可预见的因素。例如,政治、经济、法律环境的变化、自然灾害等。

(2)有效控制项目进度应当做的工作。

加强人员培训和计划评审,保证制定的计划科学合理。对项目组成员不仅要加强技术培训,也要加强工作自我管理的培训,提高每个人的工作筹划能力,从而准确分析和预测影响项目进度的各种因素,制定出合理的工作计划,同时加强重要计划的评审,保证工作计划的科学性,减少计划的变更。

要有严格的工作情况报告制度。项目团队的成员必须严格、按时、准确地向项目负责人汇报所负责工作的进展情况,哪些任务完成了,哪些任务正在做、做了多少,哪些任务还没有做,要实事求是地汇报,同时提交工作成果,项目负责人要根据每个成员的汇报和工作成果,分析工作进展的真实情况。特别对于汇报工作已经完成的情况,要分析其工作成果的质量是否符合要求,如果工作成果的质量不符合要求,就不能算完成任务。

从财务获取成本情况。在分析工作进展情况时,同时要能够从财务获取成本进度情况,以便和工作进度一起进行分析,避免出现成本进度快于工作进度的情况。

通过图表监控项目的进度和成本情况。把项目团队成员汇报的工作进度情况经过整理、分析、核实以后,把进度情况表示为图表,如甘特图、S 曲线图、香蕉曲线图、前锋线图等,把项目的进度情况和基准计划进行比较,掌握是否按时完成任务。同时可结合成本情况,分析项目工作进度是否保持高于成本的进度。当出现进度拖延或工作进度晚于成本进度的情况时,要及时分析原因,对计划、资源进行调整。

加强项目团队的管理工作。从授权、激励、团队精神和纪律四方面加强项目团队的管理。项目负责人把任务交给项目成员时,根据责权相符的原则,要给予所需的授权,调动成员的积极性;运用一定的措施督促项目成员积极、认真地执行项目计划,提前完成工作要给予奖励,拖延进度应给予惩罚;培养成员团队精神,加强内部协调,减少矛盾,增加互相支持的力度,共同做好工作;通过一套纪律来控制项目进度的延迟。

4. 成本管理

项目成本管理是项目管理的三个主要方面之一,它是在整个项目的实施过程中,为了确保在核准的成本预算内完成既定目标而开展的管理活动。项目成本管理首先要明确成本管理的基本原则,分析成本构成要素,做好资源计划,并通过成本估算、成本预算、成本核算、成本控制、成本决算与项目审计等五个环节做好成本管理。

1) 成本管理的基本原则

(1) 全生命周期成本最低原则。项目通常分成若干个阶段,各阶段的成本不是独立的,它们之间存在一定的相互关系。例如,在软件工程中,需求分析中的错误会在后续的设计、编码、测试等各阶段逐渐扩散到更大的范围,改正错误需要付出的成本也不断扩大,所以应当尽可能提高需求分析的质量;但当需求分析质量提高到一定程度时,再提高质量,其付出的成本将急剧上升,从而超过因需求质量错误影响后续工作而造成的损失。项目负责人应当深入分析项目成本构成及其之间的相互影响关系,设计合理的成本分配方案,追求全生命周期成本最低。

(2) 降低资源消耗的原则。随着社会经济的发展,自然资源损耗越来越大,已经难以为继,未来对资源的消耗将付出越来越大的成本,同时也隐藏着重大的政策风险。因此,在其他各方面相当的情况下,应当优选自然资源消耗少的方案。

(3) 提高效益的原则。项目管理的目的是在规定的时间内,使用尽量少的成本达到既定目标,但成本管理并不是一味降低成本,提高效益才是根本目的。武器装备毁伤效能数据工程不仅要考虑经济效益,还要考虑军事效益,要对经济效益和军事效益进行合理平衡,要对提高装备保障力有益。

(4) 资源优化配置的原则。降低资源消耗和降低成本,一方面应当靠节约,另一方面要靠资源优化配置和有效利用。应当尽量利用现有资源,对资源进行均衡配置,尽量提高每种资源的利用率。

2) 成本构成要素

(1) 项目成员的工资、补贴或奖金。在武器装备毁伤效能数据工程项目中,这部分成本非常重要,有时候是最重要的一块。不同种类人员的工资、补贴和奖金不同,这部分成本的计算依赖于对所需人员种类和需要时间的准确估算。

(2) 各种设备、工具和原材料的购买费用。项目所需各种设施、设备的建设、采购、安装、调试、服务等的费用;工作所需硬件设备的使用费用,如计算机、投影机、打印机等各种资产折旧,各种配件和耗材的费用等。

(3) 购买或开发软件的费用。应区分采购或开发,如果是开发,应当区分自行开发还是委托开发,根据不同的形式,分析其所需资源和成本。

(4) 设施、设备租金。有些设施、设备可以临时租借,支付租金,如广域网络、卫星通信、实验(试验)设备、测试设备等。

(5) 咨询费。项目中的研讨、咨询、评审、鉴定,以及各种技术培训等工作内容,需要为相关专家支付咨询费。

(6) 差旅费。需要根据工作计划,对需要出差的人员、地点、时间等进行估计,然后估算费用。

(7) 管理费。不同的单位虽然管理费额度不同,但对于每一个项目,都是一笔可观的费用。

(8) 会议接待费。每个项目还会涉及很多会议,会议代表的吃、住通常都由项目方支付,因此还需要考虑会议地点和是否需要支付会议代表的差旅费。

(9) 质量成本。维持项目质量管理活动需要付出的成本。

(10) 意外开支准备金。无论计划如何周详,考虑如何缜密,总会有预料不到的情况,意外开支准备金用来应付未能预见的事件或变化、遗漏的工作等产生的费用。例如,自然灾害造成项目设施受损或项目延期引起的成本增加、物价上涨等。

项目成本的估算依赖于对项目资源的估算,主要依据是项目资源计划。项目资源计划是否准确,决定了项目成本的估算是否准确。

3) 项目资源计划

项目资源计划是指通过分析和识别项目的资源需求,确定各种项目活动需要的资源种类、数量、质量和资源投入时间,从而确定项目的成本估算。

(1) 编制项目资源计划的依据。

工作分解结构。工作分解结构定义了项目的所有活动,据此可以确定每个活动对资源的需求,通过汇总,就可以得到项目总体资源的需求。

组织分解结构。组织分解结构定义了承担项目任务的团体。组织分解结构和工作分解结构交叉构成成本账目,这是资源计划编制的基础。

历史信息。历史信息记录了先前类似工作使用资源的情况,项目负责人不仅需要自己的经验,同时也应当分析利用这些历史信息,使获得的资源需求更加准确。

现有资源的各种信息。要了解现有各种资源的情况,掌握各种资源的特征,是否满足需求,如何利用效益最好。

各类资源的使用规定。军队对资源使用的限制性规定,例如,对文字材料打印、人员雇佣、开会等的特殊规定。在制定资源计划时,要考虑这些规定,确保计划不会违反规定。

(2)编制项目资源计划的步骤。

资源需求分析。资源需求分析的目的主要是确定资源的种类和时间,首先根据对工作的结构分析确定每一项工作所需的资源种类,然后根据工作进度计划,分析确定使用资源的时间。例如,装备分类与代码标准编制及支持软件的研发工作;在需求分析阶段需要的人力资源,包括需求分析员、标准编制专家、装备管理专家等;在软件设计阶段所需的人力资源,包括软件设计员、软件设计说明书评审专家等。

资源供给分析。要分析资源的可获得性,包括是否可获得、从什么渠道获得、获得的难易程度。同时还要考虑是否和其他项目存在资源竞争。

资源成本比较与资源配置。在确定需要哪些资源和如何获得这些资源之后,就要比较这些资源的使用成本,从而确定资源配置,即各种资源所占比例与组合方法。不同的资源配置,其成本和质量会有所不同,要综合考虑成本、进度、质量、数量等要求,确定合适的方案。

资源分配与计划编制。资源分配就是使所有人、事都分配到所需要的资源,而所有资源也得到充分有效的利用。资源计划应该清楚地反映所需各种资源,以及工作分解结构中每一项工作需要的资源数量,将各种资源的数量、获得方式、使用时间等汇总起来,就得到资源计划。

在项目资源计划编制,特别是资源分配过程中,需要对资源进行均衡配置,在对各种方案进行分析的过程中,可以使用甘特图、资源负载图等工具对资源配置情况进行分析。在项目进展过程中,应根据情况的变化及时对资源计划进行调整。

4) 成本管理五环节

项目成本管理包括五个环节:成本估算、成本预算、成本核算、成本控制和成本决算与项目审计。

(1)项目成本估算:根据项目的资源计划和各种资源的价格信息,估算和确定项目各种活动的成本和整个项目总成本的工作。

成本估算的主要依据是工作分解结构和资源需求计划。工作分解结构把整个项目工作分解成很多独立的活动,针对每个活动,可以比较准确地分析其人力、设备、服务等各种资源需求,结合工作计划,确定各种资源的需求时间、数量和单价,估算每个活动的成本,然后汇总,就估算出整个项目的成本。

在进行成本估算时,应注意以下几点:

要区分主要成本和次要成本。主要成本占比最大,估计要尽量准确,次要成本占比较小,估计可以略微粗一点。

要注意到发展变化。各种情况在不断发生变化,特别是各种资源的价格在不断变化,要注意这种变化,并在估算成本时适当予以考虑。例如,对于为期三年的项目,按价格每年上涨4%计算,到第三年末,价格将上涨12.5%,如果第三年末还要支付大量费用,那对于项目成本来说,其影响就很严重。

要注意到不确定性。无论采取了多少办法,成本估算都不会完全准确。在数据工程、软件开发类项目中,进度估算的困难导致成本估算误差较大,所以要有一定的裕度。经验表明,在正常估算的基础上,成本和周期一般要增加30%,才是比较可靠的估算结果。

要充分利用经验。成本估算是一项难度比较大的工作,需要丰富的相关经验,经验越多,估算越准确。利用经验的方法很多,例如,收集大量类似的项目材料进行类比分析,通过类似的工作实际费用估算本项目的工作费用,通过类似项目成本出现的问题对本项目的估算工作给予警示和指导等。

(2)项目成本预算:制定项目成本控制标准的项目管理工作。在估算的项目总成本被批准以后,将总成本分配到项目的各项具体工作与活动中,作为衡量项目实际执行情况的成本基准。

在项目进展过程中,要经常对项目工作进度和成本进度进行对比,分析实际成本是否超出了预算,如果没有超出,则说明成本控制正常;如果超出了,则说明项目存在超预算的风险,需要对各项经费支出进行更严格的控制;如果成本节省很多,应当分析其原因,是节省了成本,还是遗漏了某些工作,或是其他原因。

需要注意的是,成本预算并不总是能够满足所有人所有任务的要求,它是一种资源约束,即使分配的预算无法满足某些人员或任务的要求,但所涉及的人员只能在这种约束的范围内完成任务。

制定项目预算通常按两个步骤进行:首先分摊总预算成本,即把项目总成本分摊到各成本要素中去,并为每一项工作建立总预算成本;然后制定累计预算成本,即把每项工作的总预算成本分配到该工作的整个工期中去,这样就能计算各时间段需要的经费,同时也能够计算截止到某个时刻的累计预算成本。

(3)项目成本核算:按照一定对象汇集、计算项目工作过程中的各种费用,并确定各对象的总成本和单位成本的方法。成本核算实际上是对项目成本预算的执行情况进行的考核,是项目成员工作情况考核的重要指标之一,同时针对任务的成本核算数据,又是今后进行同类任务成本预算的重要参考数据。通过对成本预算执行情况的分析,可以进一步挖掘降低项目成本的潜力,为未来成本预测、成本计划的制定提供依据。成本核算的主要方法有会计核算、统计核算、业务核算等。

(4)项目成本控制:对项目的资金支出进行核算和监控,保证各项工作在各自的预算范围内进行。进行项目成本控制的目标是把各种成本控制在成本预算之内,并尽可能使耗费达到最小。

成本控制主要包括:监视成本核算与成本预算之间的偏差;保证所有成本支出事项得到准确记录;防止不正确、不适宜或未核准的成本支出;将成本支出的变化情况及时通知有关人员;分析节约的可能性,从总体成本最优的目标出发,进行技术、质量、工期、进度的综合优化;对出现超支的情况分析超支原因,并提出解决方法和应对策略。

进行成本控制的常用方法包括时间－成本累计曲线分析、编制成本报告、偏差分析等。

时间－成本累计曲线分析,即把实际支出的成本进行累计,并以时间为横轴、累计成本为竖轴绘制曲线,同时绘制出预算的时间－成本累计曲线,两者比较,就可以看出成本情况,同时可以用成本累计比例和工作累计比例进行比较,考虑到工作安排的松弛时间,也可以使用香蕉曲线进行成本分析。

编制成本报告,即定期和不定期提供书面形式的成本开支报告,包含各种成本信息的综合处理结果,是及时发现和预测超支、保证成本处于预算范围之内的有效控制工具。成本报告的内容主要包括工作环节、预算、已支出、需支出、预支出、偏差、百分比等内容。

偏差分析,即应用净值法,根据项目的相关信息,计算三个基本数据:计划工作量的预算费用、已完成工作量的实际费用、已完成工作量的预算成本。通常是按月计算上述数据,以年月为横轴,以数据值为纵轴,绘制上述数据的曲线,观察各曲线形态和相互关系,就可以较好地把握成本预算和工作进度的执行情况。如果需要做更详细的定量分析,可以对所关心的时间点计算四个评价指标:费用偏差、进度偏差、费用执行指标、进度执行指标,把握和时间有关的更详细的情况。

(5)成本决算与项目审计:成本决算是在项目的收尾阶段对项目的全部支出进行核算,并确认项目最终超支或节支的情况。项目审计则是在项目结束后,由审计部门依据财务法规和标准,按要求的程序,对项目的全部或部分建设活动进行审核检查,判定其是否合法、合理和有效,以发现错误、防止舞弊和改善管理,保证投资目标顺利实现。应当根据相关财务管理制度执行。

5. 质量管理

项目质量管理指围绕项目质量所进行的指挥、协调和控制等活动,目的是确保项目按规定的要求满意地实现,包括使项目所有的功能活动能够按照原有的质量及目标要求得以实施。项目质量管理过程主要包括项目质量策划和项目质量控制。

项目质量管理体系把项目质量管理变成系统性的活动,为项目质量提供更全面的保障。项目质量不能空谈,必须给予必要的资源,付出一定的质量成本。

1)项目质量策划

项目质量策划是围绕着项目进行的质量目标策划、运行过程策划、确定相关资源的过程。项目质量策划的结果:明确项目质量目标,明确为达到质量目标应采取的措施;明确应提供的必要条件,包括人员、设备、经费等资源条件;明确项目参与各方、部门或岗位的质量职责。质量策划的这些结果可用质量计划、质量技术文件等来表述。

武器装备毁伤效能数据工程项目的质量最终是以数据质量来衡量的,但只有好的数据还不够,还需要好的数据服务。要提供好的数据服务,需要一系列的软硬件系统。所以,武器装备毁伤效能数据工程的质量实际是以数据质量、服务质量、软件质量、硬件质量、通信质量等多方面的质量构成的,需要分别制定相应的质量目标,并分配给相应的人员负责。

在进行项目质量策划时,通常要将质量不断分解,直到达到可以直接控制的程度。例如,装备数据质量可以分解为设计质量和采集质量,采集质量可以分解到每一个采集数据的人员,每个人都要对自己采集的数据负责。同时,项目要有一定的措施,用来检查和评估采集上来的数据质量。在项目策划时,要通过项目质量分解,提出详细的质量要求、质量控制措施和人员责任分配,列入考核项目。

2)项目质量控制

项目质量控制是将项目实施结果与事先确定的质量标准进行比较,找出其存在的偏差,并分析形成偏差的原因。质量控制的依据是项目质量实测结果和项目质量计划,项目质量计划中包括了项目质量的要求与控制标准。

项目质量实测结果包括项目实施过程中的中间结果和项目结束时的最终结果,但主要是中间结果,其目的是及时掌握项目质量状况,持续保证项目的质量,及时发现质量问题,并采取措施进行改进。

项目质量控制通常由正式的质量管理小组来完成,一般由项目负责人担任组长。

3) 项目质量管理体系

项目质量管理体系由质量方针、质量目标和实现质量目标的相互关联的一组要素组成,这些要素包括为实施质量管理所需的组织结构、职责、程序、过程和资源等。在质量方针的指引下,可以将影响质量的技术、管理、人员和资源等因素都综合在一起,为达到质量目标而相互配合工作。

建立质量管理体系通常按照 ISO 9000 标准的要求进行,这样可以比较快而且有效地建立起质量管理体系。通过 ISO 9000 认证,在质量保证能力上具有很强的说服力。一个项目质量管理体系通常是在企业质量管理体系基础上,经过适当裁减建立的 ISO 9000 标准。提出了质量管理的八项原则:

· 以顾客为关注焦点;
· 领导作用;
· 全员参与;
· 过程方法;
· 管理的系统方法;
· 持续改进;
· 基于事实的决策方法;
· 与供方互利的关系。

这可以作为武器装备毁伤效能数据工程项目的参考。

PDCA 循环。ISO 9000 标准中已经融合了全面质量管理的思想,但还是提一下全面质量管理的 PDCA 循环。PDCA 循环又称为戴明环,是计划(Plan)、执行(Do)、检查(Check)、总结或处理(Action)四个词英文首字母的组合。其含义是按照这四个阶段的顺序来进行质量管理工作。

计划阶段:根据项目需求,制定合理的质量目标和质量计划,以及相应的实施措施。

执行阶段:按照所制定的目标、计划和措施去具体实施。

检查阶段:根据质量目标和质量计划,检查质量目标的完成情况和质量计划的执行情况,及时发现存在的问题。

总结或处理阶段:对检查的结果分析总结,成功经验可标准化,推广应用,同时吸取失败教训,防止再次出现同样的问题。没有解决的问题作为遗留问题,转入下次 PCDA 循环去解决。

通过不断进行上述几个阶段的循环,可以不断提高质量保证的水平。

另外,还可以参考 ISO 10006《项目管理中的质量管理指南》。该指南是 ISO 9000 标准的补充,适用于各种规模多种类型的项目。它把项目管理划分为 9 个知识领域,即范围管理、时间管理、成本管理、质量管理、人力资源管理、沟通管理、采购管理、风险管理和综合管理,分别给出规范化的管理方法,对项目质量管理工作提出了比较具体的指导。

4) 项目质量成本

质量成本是为了保证满意的质量而发生的费用,以及没有达到满意质量而造成的损失。项目质量成本主要构成包括以下几方面。

(1) 预防成本:为了防止工作成果不合格而需投入的各项费用,包括:质量培训费、过程质量控制费及涉及质量管理人员的费用。

(2) 鉴定成本:为鉴定项目是否符合质量要求而需投入的费用。如果自己检验,包括:检验费,设备维护费,实验设备、材料及劳务费,办公费和检验人员费用等。如果请第三方检验机构检验,则主要是支付给检验机构的费用和进行鉴定活动所需的费用。

(3) 内部损失成本:项目评审前,因工作成果不满足规定的质量要求(为满足质量要求必须进行适当处置)而产生的有关费用,包括:损失处理、交检费用、返工费用等。

(4) 外部损失成本:项目完成后,因不满足规定的质量要求而支付的有关费用,包括:用户索赔、返工费用、诉讼费等。另外,还应当考虑由于质量不高造成的信誉损失,这一点往往被忽略,而实际上它非常重要,可以决定一个组织的生死存亡,因此,应当对此认真考虑和评估。

(5) 外部质量保证成本:为提供证明工作成果符合质量要求的客观证据所支付的费用,包括:项目验证、实验和评定费用等。与鉴定成本的区别在于外部质量保证成本侧重于过程质量保证,其收集保存的证据是鉴定时的重要证明材料。而鉴定成本则主要是围绕鉴定活动所付出的成本。

当质量低于一定程度时,由于质量不佳造成的各种损失会剧烈增加;当质量高于一定程度时,用于保持高质量所采取的各种措施的成本会急剧增加;当质量在一个适中程度的时候,质量成本相对比较低。因此,质量成本和质量的关系是一个凹形曲线,如图4-4所示。

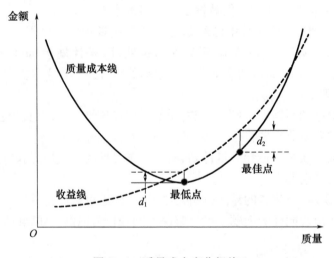

图4-4 质量成本变化规律

图中的实线就是质量成本线。由于所需成本会随质量的提高而剧烈增加,因此,要合理控制质量,一方面满足用户的要求,另一方面也应避免质量成本过高。

通常来说,最佳质量并不是质量成本的最低点。图中给出了收益线,忽略其他因素,则最终的效益是收益减去质量成本,两个典型值即最低点和最佳点,图中所示的最佳点才是应该选择的质量水平,在这个点效益最好。针对每一个项目,都应当通过仔细分析,确定一个合理的质量水平,以保证最好的效益。

4.6.2 工程职能管理

武器装备毁伤效能数据工程的日常工作按一定周期或者一定规律重复进行,例如,装备数据的日常管理、基础数据的日常管理、装备数据服务等,这些工作不适合使用项目的方式来管理,适合使用基于职能的管理方式。

职能管理的含义:职能管理是基于职能域的管理方式。所谓职能域,也称为职能范围或业务范围,是指一个组织中的主要业务活动领域。

根据组织的长远目标,组织中的主要活动划分成若干个职能域,通过设立部门和岗位,安排人员分别承担相应的职能,从而实现对各项工作的有效管理,这种方式称为基于职能的管理。基于职能的管理不仅要保证各种工作的顺利进行,同时还要经常分析职能分配和相关安排是否合理,并进行适当调整,使整个组织机构保持很高的工作效率。

武器装备毁伤效能数据工程中很多工作适合进行职能管理,主要包括:理论与技术研究成果的应用管理、信息基础设施的管理维护、法规标准的使用维护与废止、安全服务管理、安全制度的执行与监督、数据目录管理与维护、数据目录使用服务、装备数据的使用维护、装备保障设备的维护、归档数据的管理与分析、装备数据服务、装备数据应用权限管理、授权管理、安全性管理、数据访问管理,等等。

1. 职能模型的表示方法

武器装备毁伤效能数据工程工作进行职能管理,首先需要建立武器装备毁伤效能数据工程工作的职能模型。职能模型提供了整个武器装备毁伤效能数据工程工作的概貌,主要包括两大项内容:职能域和部门、业务流程和活动,一般通过职能域、业务流程等图表表示。

1)职能域和部门

职能域和部门主要包括:职能域、部门、部门职能、岗位、岗位职责、岗位知识体系要求、岗位技能体系要求、工作制度,如图4-5所示。

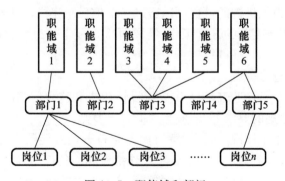

图4-5 职能域和部门

职能域和部门一般是对应的,一个职能域对应一个部门,但由于各职能域中工作内容不同,可以不完全一一对应。如果几个职能域中的工作内容太少,可以两个或多个职能域对应一个部门;如果某个职能域中的工作内容很多,可以分成两个甚至更多部门。

每个部门包含若干个岗位,对每个岗位要明确所负责的工作。每个部门有明确的职能和工作制度,每个岗位有明确的职责、知识体系要求和技能体系要求。

职能域和部门反映的是职能模型的静态性质。

2) 业务流程

各项工作虽然是由各部门、各岗位上的人员来承担的,但一项完整的业务往往不是一个人来完成的,一般需要按照一定的顺序,由多个岗位的人员分别承担一个或几个活动,形成一个流程,又称为过程,一般称之为业务流程。

业务流程的描述一般包括:部门、活动、活动的顺序、活动的成果、活动之间的信息传递等。业务流程一般都会涉及多个部门,要表达清楚每个活动的承担部门。活动之间通常是顺序执行的,但当存在审核、评审等会产生不同结果的活动时,业务流程也存在循环的情况。例如,一个业务如果审核不通过,则可能需要返回前面的活动,然后再次审核。

业务流程中的活动应当是基本活动,可以由一个人独立完成或者由一个人负责、多个人参与完成。如果业务流程中的活动不是基本活动,该活动就会对应多个岗位或人员,简单地说,就是会出现不知道该找谁的情况。

2. 职能模型的分析设计方法

1) 职能和部门的建立过程

部门和职能域的建立过程是一个自下向上、自上向下反复循环的过程。

首先是一个自下向上的过程。在这个过程,需要透彻分析武器装备毁伤效能数据工程工作,根据管理目标,设计基本业务过程,把基本业务过程分解为若干个独立的活动,然后根据活动的性质,把它们划分成若干个职能区域,把职能区域作为设立部门的依据。部门中的岗位可根据相应职能区域所包含活动的工作量来确定,同时还应确定每个岗位对人员的知识能力要求。为了使工作有章可依,还应当制定相关的工作制度。

然后执行一个自上向下的过程。在这个过程中,就已经设立的部门、岗位、业务过程对整个业务进行梳理,对部门的工作量大小和人数多少、权限划分是否平衡合理、责任和权限是否合理对应、各部门所需资源是否平衡、业务过程是否便捷高效、制度是否合理和是否存在重叠或矛盾等情况进行分析,对不理想的情况进行修正。

上述分析和建立组织机构的过程可以通过一个项目来完成。随着武器装备毁伤效能数据工程的进程,会再产生新的日常工作,需要再次重复上述过程,在已建立的组织机构基础上进一步改进、完善。

2) 职能和部门的建立原则

为武器装备毁伤效能数据工程工作分析设计职能和建立部门的工作,除必须符合相关条令、条例、法律、法规的要求外,还应当遵循以下原则。

实效性原则。基于工作现实要求,解决武器装备毁伤效能数据工程工作中的现实问题,使武器装备毁伤效能数据工程中的各项工作都有相应的部门和专门的人员负责。

系统性原则。武器装备毁伤效能数据工程工作非常繁杂,很多工作之间有密切的联系,要把各项工作及其上下左右关系梳理清楚,合并同类工作,去除冗余工作,提高效率,力求使职能领域和部门少而精。

前瞻性原则。武器装备毁伤效能数据工程在不断发展中,因此职能域的分析和部门的建立不仅要考虑现在的需求,还要分析未来发展目标,兼顾未来需求,尽量准确预测未来的变化,在方案中有所应对,以减少未来发生较大变动的可能性。

平衡性原则。各部门的工作量和岗位数量相对平衡,一般不宜差距太大。通常来说,职能域和部门是一一对应的,但实际情况可能要求不能死板对应。如果几个职能域工作量很少,可以两个或多个职能域对应一个部门;如果某个职能域工作量很大,可以对应两个或多个部门。

专业性原则。要通过对各岗位所承担工作进行深入分析,详细定义岗位的知识体系和技能体系要求,为人力的安排提供准确依据,把最合适的人员安排在相应岗位上,实现人员队伍的专业化,提高工作效率和质量。

可靠性原则。使整体工作具有较高可靠性,可以应对一些意外的风险。在岗位和人员的设置和安排上,既要有专业的人员,也要有跨专业或综合能力强的人员,每一个岗位都要有可顶替的人员,特别是一些关键岗位,如系统管理员,以避免在关键人员突然不能正常工作时导致服务中断或者混乱。在岗位设置时,既要考虑提高工作效率,保持饱满的工作量,也要考虑一定的弹性,在工作量突然增大时能够保持服务质量。

3) 业务流程的建立

建立了部门以后,下一步是建立业务流程。建立业务流程就是深入分析各项工作,将其划分成多项业务,每个业务从某个地方开始,经过一系列的活动,在某个地方结束。要定义出业务经过的活动,该活动的承担部门和产生的成果,该活动需要的信息及其来源、送出的信息及其去向,该活动的其他条件等。业务流程通常用业务流程图来表示,如图4-6所示。

建立业务流程的过程主要包括下面七个步骤。

(1) 工作分析,划分业务。首先分析武器装备毁伤效能数据工程工作,将其划分成很多个业务,例如,装备数据查询业务、装备数据共享目录更新业务、装备数据共享目录查询业务等。

(2) 定义业务流程及其要素。初步建立每个业务的流程,定义业务流程各要素。每个业务流程要有一个名字,唯一标识该业务流程;定义该业务流程的各项活动,明确每个活动的负责部门和岗位,确定每个活动的输入和输出;定义该业务流程的起点和终点,指出发起该业务的部门或个人。

(3) 冗余分析。对已定义的业务流程进行冗余分析,消除重复的工作和岗位。由于业务流程很多,需要进行对比分析。在做冗余分析的时候,还会涉及其他一些问题,例如,数据库的部署、部门和人员的部署等,情况不同,业务流程也不一样,应当尽量把各种情况考虑周全。

(4) 完备性分析。对已定义的业务流程进行完备性分析,看是否覆盖全部业务和各种可能的情况。通常是列出工作清单,逐一对着业务流程比较分析,如果有遗漏的工作,即在业务流程中没有体现该项工作,应当补充完善。

(5) 工作量分析。通过业务流程,以及根据对业务发生情况的预测,分析各部门、岗位承担的工作量是否合理、平衡。正常的工作量应当比较饱满,适当留一定余地。对于概率性的工作量,可使用排队论等理论进行分析。

(6) 服务质量分析。分析业务流程能提供的服务质量是否符合要求。不同的工作,服务质量要求不同,应分别根据需要提供合适的服务质量。例如,部队执行作战保障任务时的数据访问和平时的数据访问,对服务质量要求差别很大,前者要求及时响应,拖延时间可能会造成重大损失,而后者即使有些拖延,一般也不会有太大损失。

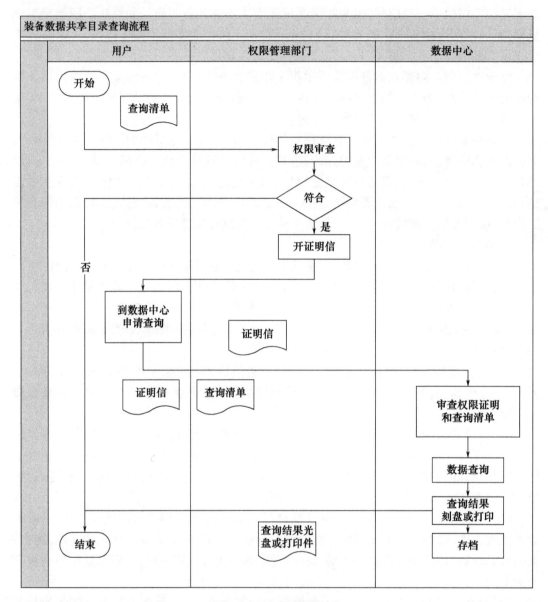

图4-6 业务流程示例

(7)统一完善改进。对流程存在的问题应当进行统一整理和分析,综合考虑各种需求、约束条件、缺陷改进需求,采取周全的措施进行改进。对于准备采取的措施,不仅要分析它能够解决的问题,还要分析它可能会给其他因素带来什么影响,经过综合平衡后,统一修改。

4) 业务流程的建立原则

武器装备毁伤效能数据工程工作复杂,涉及业务流程很多,各业务流程涉及因素一般也比较多,分析工作量很大。为了尽可能减少缺陷,降低维护工作量,设计业务流程时应当遵循一些简单而有效的原则。

简短性原则。系统的复杂性和涉及因素的平方成正比,所以涉及因素增多时,复杂性将急剧上升,给执行、分析和评测等带来困难。所以,业务流程应当尽量简短,涉及尽量少的部门和人员。

高效性原则。通常来说,简短的流程比较高效,但简短并不必然导致高效。在设计业务流程时,应当尽量提高运转效率,最重要的是减少内耗。一般情况下,局部的高效会带来全局的高效,但同样这也不是必然情况,也要注意做全面分析,当局部效率和全局效率发生矛盾时,应优先考虑全局效率。

方便性原则。这一条非常简单,但又非常重要,那就是尽可能给装备数据用户提供更多的方便性,这和系统的生命活力密切相关,即使内部工作复杂一些,困难一些,也要尽可能把方便提供给用户。

便于监控原则。好的业务流程不仅要高效地完成工作,还要能有效监控。包括业务过程是否合法、安全性是否有保证、工作质量是否合格、工作数量是否合理等。应为各项工作做好记录,在合适的地方设立审核和审批,对重要的活动进行把关。

稳定性原则。通常来说,部门设置和人员安排对整个业务的影响较小,可以发生一些变化,甚至是较多调整;职能域和业务流程对业务的影响很大,应当相对稳定,不能频繁变化,否则易给业务带来混乱。

5)职能模型的改进

即使经过了精心设计,职能模型也很难做到完美无瑕,所以在执行业务的过程中,要经常对业务执行的情况进行监控和评估,对质量不够、效率不高的方面进行改进。

对业务流程的监控主要包括五方面。

(1)工作程序监控。对工作程序进行监控,分析是否有不符合程序的情况。主要方法是通过分析工作记录,发现是否存在不符合系统规则的数据。

(2)工作质量监控。对工作质量进行监控,分析工作质量是否满足要求。对工作质量的监控主要通过两种数据:一是系统记录,例如,用户检索数据时的系统响应时间,用户完成一项申请经过的天数等;二是用户反映,即用户满意度,通过事后用户调研或现场满意度评价的方式获取数据。

(3)工作量监控。对工作量进行监控,分析各部门和岗位、业务流程各环节的工作量是否饱满,是否平衡,主要通过对各种工作记录数据的分析实现。注意分析的关注点通常有三个:①是否存在工作量不饱满的情况,如果发现某项业务量很小,要分析原因,区分正常和异常情况,对于有一定概率波动的业务,不能以一两次的情况作为依据,而应分析足够多的数据样本;②是否存在工作量超负荷的情况,这种情况一般来说会有工作量较大的人员直接反映,可通过数据进行验证及进行超负荷的程度分析;③工作量是否平衡,即在各环节工作负荷大致相同,根据分析结果,确定调整哪个环节。

(4)安全监控。由于很多装备数据密级较高,所以要分析业务流程是否存在安全隐患。这一般是通过对安全规则进行逻辑分析来实现,也可以结合系统记录的数据,分析是否存在失控或控制不严的环节。例如,可以分析各种数据,恢复其经过的流程,看是否都执行了要求的审核、审批过程。

(5)异常监控。用于监控业务流程是否存在其他异常情况,这需要根据具体的业务流程来设定分析的目标、内容和方法。

发现业务流程存在缺陷以后,不要单个处理,应该汇总起来,结合系统的各种规则和要求进行全面分析,统一改进并做评估后,再正式实施。

总之,业务流程的监控和改进很重要,设计完业务流程并不代表任务的完成,只是设计任务完成,其具体效果和是否存在问题,还要在使用过程中不断进行监控、分析和改进完善。

第5章 武器装备毁伤效能数据工程知识管理方法

未来的战争胜利与否取决于知识认知速度,而"认知速度"的快慢取决于决策人员对智能技术的掌握程度,知识管理至关重要。在武器装备毁伤效能数据工程体系中,需要在决策过程中引入人工智能技术以建立毁伤评估与火力筹划辅助决策系统,结合传统决策模式与人工智能模式,特别是知识图谱构建与知识推理技术,对智能毁伤评估、态势认知、火力运筹辅助决策形成支撑。本章围绕武器装备毁伤效能数据工程的知识管理需求,对本体规划、元数据管理、知识图谱构建、毁伤效能推荐、知识计算方法、知识推理以及测试与验证等几个主题进行论述。

5.1 武器装备毁伤效能数据工程知识管理的内涵

未来信息化条件下,体系数据将呈现数据多源多模态。信息栅格数据多点分布,数据多地域、多时间、多格式海量异构,以及数据交互活动动态频繁,对数据服务时效性具有严格的要求。武器装备毁伤效能数据工程知识管理主要基于信息抽取、知识融合、知识加工等三个环节研究本体规划、元数据管理、知识图谱构建等任务,特别是在信息抽取阶段,需要从数据库数据等结构化数据、表文件等半结构化数据,以及图片、语音、视频等非结构化作战数据中提取出实体(概念)、属性以及实体间的相互关系,为后续的知识融合和知识加工奠定基础。

5.2 本体规划

5.2.1 本体知识建模

本体指的是知识图谱中对知识数据描述和定义的"元"数据,主要用来研究如何对现实世界中的实体分类以及实体之间的层级架构问题。本体能够以一种统一的三元组格式表示实例型数据和描述型数据,因此在构建知识图谱时会得以广泛应用。本体主要包括两部分重要内容,一个是实体自身的行为,另一个是实体之间的关系。现实世界中零散的数据难以体现其价值信息,但通过本体的构建,数据会被赋予丰富的语义信息和关联信息,从而帮助人们对数据进行充分的认识和了解。除此之外,本体构建的数据可以来自互联网中的各种异构数据,通过实现对不同结构数据之间的关联,从而提高系统对数据了解的广度和深度。

本体(Ontology)是共享概念模型的形式化规范说明,定义包含了四个特性:概念模型、明确、形式化和共享。概念模型是指通过抽象出客观世界中的一些现象的相关概念而得到的模型,概念模型所表现的含义独立于具体的环境状态;明确指所使用的概念及使用这些概念的约束都有明确的定义;形式化指本体是能被计算机处理的;共享指本体中体现的是共同认可的知识,反映的是相关领域中公认的概念集。即本体是对应用领域概念化的解释说明,为某领域提供一个共享通用的理解,从而无论是人还是应用系统之间都能够有效地进行语义上的理解和通信。

军事领域知识复杂多样,因此需要统一的标准知识表示结构。该结构能集成结构化、半结构化或无结构的知识,并能方便各使用者,如知识的获取、共享和使用。如果将作战仿真中普遍使用的一些概念、元素等提取出来组成作战仿真系统的基础本体,作为"本体捕获"时的参考模型,那么弹药毁伤评估仿真系统则可以继承此基础本体。为此,本研究建立可用于作战仿真的军事领域核心本体参考模型,包括类、实体、关系、交互、装备、计划、规则、行为等8大类概念,构建军事领域本体的具体步骤如图5-1所示。

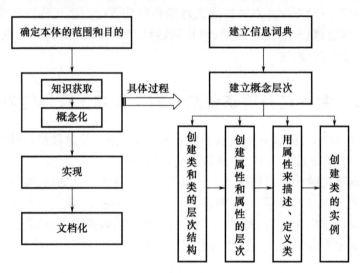

图5-1 构建军事领域本体的具体步骤

1. 本体的构建理论

本体需要一个可以被大众所接受的统一规范或共识来组织领域知识规范,该规范根据领域内专业的知识和数据本身的特征来进行定义。这些专业知识和特征往往是被领域内的科研工作者借鉴和使用的,通过这种方式,领域内的知识概念便有了统一的规范,从而提高了交流的效率;另一方面,统一的规范对于人机交互而言也是极其友好的,因为它规范了人与机器进行数据共享时的规则,便于开发和应用。虽然本体拥有统一的规范,但市面上并没有一个绝对正确的本体来描述某个领域的特征,而是需要时刻依据实际的场景对本体的构建进行不断地迭代和优化拓展。人们在构建本体时往往依据五项基本原则,即准确性、唯一性、最小本体承诺、易扩展性和一致性。

2. 本体表示方法

本体构建方法指导开发人员根据所需的要求和基本步骤来构建本体,即怎样获取知识和对知识进行抽象和提炼,最后以计算机可以理解的方式表达出来。本体构建方法直接决定了本体对知识的表示和逻辑推理能力。出于对各学科领域知识的差异和对工程实践的不同考虑,构建本体的过程也各不相同,目前尚没有一套标准的本体构建方法。一般认为,Gruber提出的5条规则较有影响:

(1)明确性和客观性:本体用自然语言对术语给出明确、客观的语义定义。
(2)完整性:所给出的定义是完整的,能表达特定术语的含义。
(3)一致性:知识推理产生的结论与术语本身的含义不产生矛盾。
(4)可扩展性:向本体中添加通用或专用的术语时,通常不需要修改已有的内容。
(5)最少约束:对待建模对象应该尽可能少地列出限定约束条件。

5.2.2 本体的构建方法

每个本体的定义都是依托于某个特定的研究领域的。依照领域依赖程度,本体可以被分为领域本体和任务本体两大类,而领域本体和任务本体又可抽象为一个顶层本体。其中,领域本体给出了领域实体概念及相互关系、领域活动以及该领域所具有的特性和规律的一种形式化描述。

本体构建方法主要分人工构建和自动构建两种方式。本体具有很高的抽象性及概括性,目前高质量的知识体系只能通过人工构建的方式进行。人工构建本体时需要首先确定领域及任务、体系复用、罗列要素、确定分类体系、定义属性及关系和定义约束,这些流程并非严格的线性执行关系,而是在本体构建任务的进程中,由于人会加深对知识的认知,因此有时需要退回到上一个阶段或者更早的阶段进行修改。第二种构建本体的方式是自动构建,即自动地从数据中学习本体,根据构建本体时所需的数据源结构化程度的不同,可以分为基于结构化数据的本体构建学习、基于半结构化数据的本体构建学习和基于非结构化的本体构建学习,其中研究最多的是基于非结构化数据的本体构建,且大部分仍需要与人工构建的方法相结合。

5.2.3 军事本体构建流程

领域本体是知识图谱进行知识表示的基础,是定义特定领域实体概念及相互关系的抽象模型。本体模型可以形式化地表示为:$O = \{C, H, P, A, I\}$,其中 C 是一组概念,例如重要性概念和事件类;H 是概念的上下文关系,也称为分类知识;P 是一组属性,描述概念的特征;A 是一组规则,描述域规则;I 是实例集合,用于描述实例属性值。构建军事装备领域本体时需要明确知识系统的结构,避免在构建知识图谱的过程中出现过多的冗余和错误。由本体构建的理论和方法可知,高质量的类别体系需要依靠人工构建的方式进行,由于军事领域本体具有很高的抽象性和概括性,本书在总结其他领域的本体构建流程之后,完成了对军事本体的构建,具体流程如图 5-2 所示。

图 5-2 军事本体知识库构建步骤

(1)确定研究领域及任务。知识图谱作为人工智能应用的基础设施,其构建过程不能不结合具体的应用任务,也不能抛开领域特征来构建一个高大全的、无法被广泛使用的产品。本体的构建与选定的具体领域密切相关,不同领域的本体具有不同的概念。因此,在构建本体前,操作人员首先确定知识图谱面向的领域是军事,其次再确定军事本体的等级和层次划分。确定领域只是限定了本体应该包含的知识范围,但是领域内还是可以构建出各种各样的本体,想要构建更为合适的本体就得明确本体的任务,本书的研究任务是通过建立军事领域本体,为用户提供军事实体和关系的查询、军事知识概览、自动问答和图片检索功能。

(2)对现有的军事本体进行调研,考虑复用性。本体具有很高的抽象性和概括性,从零开始构建不仅成本高昂,而且由于专业知识的局限性导致本体的质量得不到根本性保障。因此,在进行本体构建之前应该先广泛调研现有的第三方知识体系或者与该领域相关的资源,并对这些本体进行充分的分析。资源包含领域词典、开源的中文知识图谱、互动百科、百度百科等网络百科知识等,本书借鉴了互动百科的军事分类体系完成了对军事本体的层级划分。

(3)罗列军事本体要素。本书在军事领域相关专家的合作和指导下,定义了军事本体的相关概念、属性以及关系,这一步其实是为了后续步骤而准备的"原材料",该过程不需要对上述要素进行完全清晰且无冲突无错误的分类,只需要尽可能地罗列出期望的元素即可。例如,本书对于武器装备相关的要素列出了飞行器及太空装备、舰船舰艇、枪械与单兵、坦克装甲车辆、炮、导弹武器等多个要素。

(4)确定军事分类体系。确定了军事相关的要素之后,接下来便是选取概念性的要素构成具有层次的军事分类体系结构,这一过程必须保证上层类别所表示的概念完全包含下层类别所表示的概念。例如,"飞行器及太空装备"是武器装备的下层类别,即所有的飞行器和太空装备都是武器装备。

(5)定义属性和关系。此阶段需要对上一步确定的每个类别定义属性及关系。属性用来描述概念的内在特征,例如飞行器的首飞时间、研发单位和气动布局等;关系则用来表示不同概念之间的关系,例如飞行器和国家之间的制造关系,坦克装甲车辆和战争之间的服役关系等。

(6)定义属性值和关系的约束。例如人物的性别等属性只能用于描述人物相关的概念,而非战争相关的概念,这些约束可以保证数据的一致性,避免出现异常值。

5.3 元数据管理

5.3.1 多源异构信息的统一描述

对毁伤效能试验传感器观测数据进行解释和说明的数据本质上是关于"传感器数据的数据",也就是"传感器元数据"。在分布式信息融合系统中,每一个传感器的背后都有一大串传感器元数据,所以分布式信息融合系统中存在大量传感器元数据。

5.3.2 元数据提取研究方法

元数据的"标签"功能可以很好地把多源异构的用户行为数据有效地联系起来,从而实现大数据集成。元数据包含4个层次,用户数据→元数据(模型)→元模型→本体(元-元模型),数据虚拟化平台自带元数据组件可以实现数据源的元数据自动导入、存储和管理等功能,所以元数据研究的一个重要内容是元数据的标准。元数据提取包含三部分:文本元数据提取、图像元数据提取与视频元数据提取,Web元数据提取流程如图5-3所示。

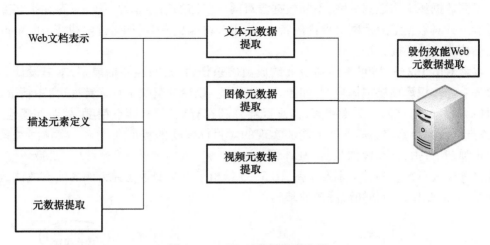

图 5-3 Web 元数据提取流程

1. 文本元数据提取

Web 文档的元数据可以定义为：面向应用且能够被计算机所理解和处理的描述 Web 文档特征的数据。采用元数据来描述 Web 文档，首先需要对 Web 文档进行预处理，并定义基本的描述元素，从而进行元数据提取。

（1）Web 文档重表示：将 Web 文档转化成一种类似关系数据库中的较规整且能反映文档内容特征的结构化记录。

（2）描述元素定义：定义一系列元数据结构和内容，以全面而准确地反映文本数据所表达的潜在和表层信息。

（3）元数据提取：使用重表示的 Web 文档和描述元素，利用自动训练方法进行元数据提取。

2. 图像、视频元数据提取

图像、视频元数据通常是指图像、视频文件本身携带的说明信息，例如摄制时间、大小、分配率、格式、每秒的帧数、摄制人、摄制地点等。本书设计的智能服务推荐算法同时也关注图像、视频类型的用户行为，采用基于内容识别的图像自动标注方法丰富图像、视频元数据。

3. 结构化与非结构化数据关联研究方案

针对毁伤效能数据源表达随意多样的特点，需要充分利用已集成的结构化实体信息为指导，综合运用包括实体词典特征在内的多类特征，进而根据已识别的命名实体来实现目标实体与相关实体信息的关联。

1）命名实体识别

命名实体识别的主要任务是建立 Web 文档中各词项与目标实体各属性之间的对应关系，结合传统基于分词的串匹配方法和新型深度神经网络分析方法，设计毁伤效能领域专用命名实体的识别方法。

2）文本数据关联

同一数据源文本数据关联：对于来自同一数据源的目标实体信息及其相关评论而言，可以通过诸如网页链接或页面同现等显式的线索来判断它们之间的关联关系。

不同数据源文本数据关联：不同数据源对同一实体的描述非常不统一，存在很多变体的可能。针对数据集成及网页评论的特点，使用一种匹配模型（如条件随机场）的 Web 文档与结构化实体匹配方法。

参考 GJB 102A—1998 标准以及北约成员国杀伤力/易损性评估模型，本书设计了一种毁伤效能知识库顶层本体模型，如图 5-4 所示。该模型反映了目标特性、命中精度、作用时机、弹药威力这四个关键要素，体现武器弹药在有效射程、落点精度、战斗部落速、落角、炸点以及弹目标交会等条件下能够实现的对目标毁伤的程度和能力。实体间关系包括打击弹药、打击目标、毁伤目标、战斗部、弹药材料、试验弹药、试验目标、试验环境等。在此概念模式下衍生各种类别及实例，图 5-5 给出了以某型号榴弹为例的毁伤效能数据本体实例，由此作为毁伤知识图谱的基础。

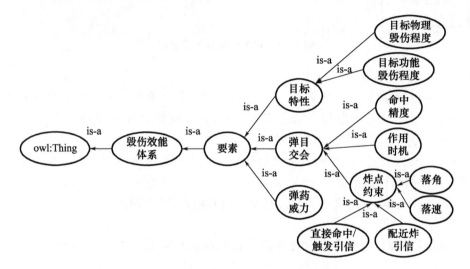

图 5-4 毁伤效能知识库顶层本体模型

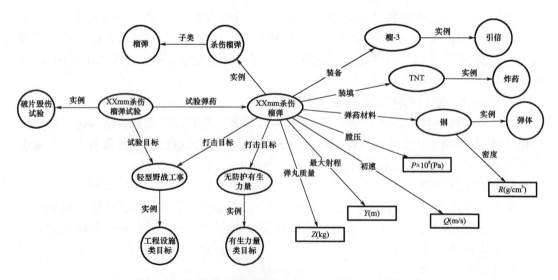

图 5-5 毁伤效能数据本体实例——以某型号榴弹为例

5.4 知识图谱构建

5.4.1 实体抽取方法

军事作战的知识推理过程不能单纯依靠某一类知识完成认知全过程,而应该是一套涉及多方面的知识体系。一般地,战役级态势认知需要建立的知识图谱体系所蕴含的知识种类、来源主要包括以下几个方面:

基于情报资料库的知识获取。该知识为战前搜集的敌人作战编制、人员装备实力、武器战技术性能参数、作战区域地理气象水文环境等相关资料,作为知识推理过程中的检索与匹配使用。比如,前述判断敌军作战体系时,获取态势信息为蓝军 xx 战斗机编队,通过资料库检索,获取知识"蓝军第 xx 航空编队编成 xx 战斗机 xx 架",从而初步确定当面之敌为蓝军航空 xx 编队。

基于作战条令库的知识获取。这是态势知识图谱体系的主体部分,通过将敌我双方的各类作战条令中关于作战部署、作战能力、作战行动等内容知识化后,结合情报资料库中相关资料,可形成对敌我作战体系、作战能力等方面的认知结果。比如,对敌人火力打击能力的判断,需要通过作战条令知识,建立对敌人各型火力打击兵器的基本阵地部署位置认知,并结合情报资料库中敌人火力打击兵器的战技术性能知识,从而绘制出敌人火力范围覆盖图,得出认知结论。

基于作战理论库的知识获取。这是态势知识图谱体系的核心部分,主要包括战役战术理论、战役战术标准、战役任务清单等。只有将作战理论结构化、知识化,才具备完成态势的隐含认知任务知识基础。比如,对作战体系节点的认知,在依托情报资料、条令知识等知识库基础上,能够建立起对敌作战体系的整体静态认知。但是,如何判断敌作战体系的关节点,则需要通过将结构化后的敌人作战理论知识与静态作战体系相结合,才能做出结论。

基于案例数据库的知识获取。这是态势知识图谱体系的难点部分,主要包括潜在敌人的实战案例与红方的演训数据。通过对大量案例的监督学习,能够建立起在相似作战环境下的基本态势认知知识,作为认知结果的基础,并通过前述知识对预认知结果进行修正,从而形成针对当前态势的具体认知。

基于个性知识库的知识获取。这是态势知识图谱体系的补充,主要是针对明确红蓝双方指挥员的情况下,通过对对手的指挥风格、惯用战术等进行分析,建立知识库,以作为态势认知的补充参考。

显然,如果把同一类实体的共同描述信息以模板的形式确定下来,引导军事人员以填表的形式来完成描述,就可以较为全面地完成领域专家隐性知识向显性知识的转化过程,提高知识获取的科学性和完备性。实践证明,格式化的知识描述方法可以较好地满足军事人员和技术人员对军事领域需求知识获取的需要。因此,本书设计一系列格式化知识描述模板中的实体分类、实体属性、行为分类和关系分类,描述信息如表 5-1 ~ 表 5-6 所示,其描述模板由相关领域专家设计完成。

表5-1 作战实体分类描述

军种	应用层次	作战实体类型	作战实体名称	作战实体编码
所属军种类型	作战层次,包括联合战役层、军种战役层、合同战术层以及分队战术层	指挥实体、作战行动实体、战场环境实体等	特定层次选定作战实体名称	作战实体的身份标识,由模型支持系统自动生成,具有唯一性

表5-2 作战实体属性描述

作战实体名称	作战实体编码	属性类型	属性名称	属性编码	属性取值	备注
同表5-1	同表5-1	作战实体属性的分类,可以区分为标识属性、状态属性等	对作战实体属性的称呼,应符合军事领域用语习惯,如单位代字、空间坐标等	自动生成	从军事角度进行界定的属性取值	对属性的意义或取值能够形成统一的理解,而进行的必要说明

表5-3 作战实体行为分类描述

作战实体名称	作战实体编码	使命任务	阶段任务	作战任务	作战实体行为类型	作战实体行为名称
同表5-1	同表5-1	联合火力打击、岛屿封锁、联合登岛及后方防卫等	特定使命背景下选定作战阶段的任务,如渡海登岛作战中的兵力投送、开进展开、航渡、泛水编波等	特定使命背景下某阶段性任务中选定作战实体所承担的作战任务,如渡海登岛作战中兵力投送阶段的水路输送	作战勤务活动、作战行动、静态决策、动态决策等	选定作战实体的行为名称,如兵力投送的机动,指挥所开设、转移,指挥所静态决策中的分析判断情况、定下行动决心等

表5-4 作战实体关系分类描述

作战实体名称	作战实体编码	使命任务	阶段任务	作战任务	作战实体关系类型	作战实体关系名称	作战实体关系编码
同表5-1	同表5-1	同表5-3	同表5-3	同表5-3	对作战实体关系的区分,包括静态关系和动态关系等	选定作战实体关系的名称,如静态关系中的分类关系和动态关系中的支援、配属等关系	关系的身份标识,由模型支持系统自动生成,具有唯一性

上述知识分类总体描述模板可以继承各类需求知识描述,例如对属性、行为和关系进行进一步的特征描述。为此,总体知识描述模板体系框架以指挥控制类需求知识描述为例,可以被设计为指挥实体行为元动作和指挥实体关系的知识描述模板,如表5-5和表5-6所示。

表 5-5　指挥实体行为元动作知识标准化描述模板

指挥实体名称	指挥实体编码	使命任务	阶段任务	指挥任务	指挥勤务活动名称	指挥勤务活动编码	元动作数量	元动作间关系	元动作名称	元动作编码	元动作描述形式	内容描述
参考表5-1相关描述	参考表5-1相关描述	同表5-3	同表5-3	同表5-3	指挥实体行为名称的子集,如指挥所开设、转移等	系统自动生成,具有唯一性	指挥勤务活动的元动作个数	元动作间的时序或逻辑关系	指挥勤务活动元动作的名称	具有唯一性	数学解析式或形式逻辑或自然语言描述	元动作具体实现过程的描述

表 5-6　指挥决策活动间关系知识标准化描述模板

指挥实体名称	指挥实体编码	使命任务	阶段任务	指挥任务	指挥实体行为名称	与上下级指挥实体决策活动间关系	与上下级指挥实体决策活动间关系编码	与友邻指挥实体决策活动间关系	与友邻指挥实体决策活动间关系编码
参考表5-1相关描述	参考表5-1相关描述	同表5-3	同表5-3	同表5-3	指挥活动的子集,如分析情况、拟制计划、定下决心等	选定指挥实体一系列决策活动与其上下级指挥实体决策活动间的时序和逻辑关系	系统自动生成,具有唯一性	选定指挥实体一系列决策活动与其友邻指挥实体决策活动间时序和逻辑关系	系统自动生成,具有唯一性

指挥实体模型总体模板是对知识体系框架中所涵盖的指挥实体进行总体描述的模板。设置该模板的目的是明确不同层次、不同任务的仿真应用中指挥实体数量以及指挥实体行为。作战行动实体模型总体模板,是对知识模型体系框架中所涵盖的作战行动实体进行总体描述的模板。设置该模板的目的是明确不同层次的仿真应用中,不同类型的作战行动实体数量以及在不同任务空间中作战行动实体所进行的作战行动。

5.4.2　命名实体识别算法

1. 基于规则和词典的方法

基于规则的方法多采用语言学专家手工构造规则模板,选用特征包括统计信息、标点符号、关键字、指示词和方向词、位置词(如尾字)、中心词等。该类方法以模式和字符串相匹配为主要手段,大多依赖于知识库和词典的建立。基于规则和词典的方法是命名实体识别中最早使用的方法,一般而言,当提取的规则能比较精确地反映语言现象时,基于规则的方法性能要优于基于统计的方法。

2. 基于统计的方法

基于统计机器学习的方法主要包括隐马尔可夫模型(HMM)、最大熵(ME)、支持向量机(SVM)、条件随机场(CRF)等。在这4种方法中,最大熵模型结构紧凑,具有较好的通用性,主要缺点是训练时间复杂性非常高,由于需要明确的归一化计算,导致开销比较大,有时甚至导致训练代价难以承受。而条件随机场为命名实体识别提供了一个特征灵活、全局最优的标注框架,但同时存在收敛速度慢、训练时间长的问题。一般说来,最大熵和支持向量机在正确率上要比隐马尔可夫模型高一些,但是隐马尔可夫模型在训练和识别时的速度要快一些,主要是由于利用 Viterbi 算法求解命名实体类别序列的效率较高。因此,隐马尔可夫模型更适用于一些对实时性有要求以及像信息检索这样需要处理大量文本的应用,如短文本命名实体识别。

5.4.3 关系抽取方法

关系抽取指的是实体之间是否存在某种语义上的关系,是知识抽取的另一个重要内容。关系抽取对于构建知识图谱来说至关重要,因为对于领域知识图谱来说,关系的类别和数量决定了知识图谱的规模和质量,而关系抽取任务恰恰是确定图谱中两个节点之间语义信息的关键环节。根据学习方法及运用场景的不同,已有的关系抽取方法可以分为全监督关系抽取、远程监督关系抽取、实体关系的联合学习关系抽取以及基于树的关系抽取等。本书研究主要基于以下两种算法:

1. 基于模式匹配的方法

在关系抽取研究领域,普遍使用基于模式匹配的关系抽取方法。这种抽取方法通过运用语言学知识,在执行抽取任务之前,构造出若干基于语词、基于词性或基于语义的模式集合并存储起来。当进行关系抽取时,经过预处理的语句片段与模式集合中的模式进行匹配。一旦匹配成功,则认为该语句片段具有对应模式的关系属性。

2. 基于机器学习的方法

机器学习方法从训练数据集中学习模型,对测试数据的关系类型进行预测,系统的输入空间是自然语句,输出空间是预先定义好的关系种类的集合。因为在关系抽取任务中的载体都是无结构的自然语言,要使得机器能够识别以进行学习和预测,必须要将文本的各级语言单位进行形式化的表达。根据对语句的处理方式不同可以分为基于特征向量方法和基于核函数方法两类。

使用向量空间模型进行关系抽取时,训练集和测试集中语句按照预先设定好的特征项赋予特定的特征值,形成多维的特征向量,之后分类器训练训练集中的特征向量,最后所得到的训练模型对测试集进行预测。该方法将相似度高的语言单位归结为具有同一种语义关系,可以看成是一个分类问题。

核函数将原始空间中的数据点映射到一个新的特征空间,在该特征空间中训练线性分类器,而且潜在地避开了具体的计算特征映射的过程,其本质是将句子背后隐式的特征向量投影到特征空间,通过计算投影的内积来表示输入空间特征向量的相似性,进而判断实体间关系的相似性。核函数的类型很多,比如多项式核函数、向量空间核函数、P-光谱核函数、全序列核函数等,并且核函数对于线性变换是封闭集合,因此利于该性质可以将多个不同信息来源的个体核函数进行复合来设计出适合特定任务的核函数,这也是该方法灵活性的一个重要体现。

5.4.4 知识图谱融合方法

1. 实体对齐方法

实体对齐任务主要是找出那些存在于不同知识图谱中但表示相同含义的实体。实体对齐方法主要分为两类:一类是基于匹配相似度的实体对齐方法,另一类是基于知识图谱嵌入的实体对齐方法。

(1)基于匹配相似度的实体对齐方法:这类方法主要是计算实体的相似度分数,进而对相似实体进行匹配。这些方法依靠用户定义的规则来对需要匹配的实体之间的属性进行选择。这类方法利用了实体的属性信息,但是针对属性类型多的领域需要设计不同的相似度函数,这种方法不仅会耗费大量的人力,还会大大增加工作量。

(2)基于知识图谱嵌入的实体对齐方法:这类方法主要是基于翻译模型的方法,翻译模型简单且有效,这类方法的依据是对齐的实体在空间中的位置比较相近。实体和关系两者之间的语义信息映射嵌入到低维特征空间,以衡量两者的语义相似性。Bordes 等首次提出了 TransE 模型,它是所有基于嵌入方法的理论基础。它的表示形式是将每个三元组表示为从头实体 h 到尾实体 t 的向量,即 $h+r=t$。该模型示意图如图 5-6 所示,它采用向量平移的方式,将关系向量 r 作为头实体向量 h 到尾实体向量 t 的翻译,目的是所有三元组 (h,r,t) 都满足 $h+r$ 到 t 的距离最短。它的评分函数如公式(5.1)所示:

$$f_r(h,t) = \| h+r-t \|_{L_1/L_2} \tag{5.1}$$

式中,$f_r(h,t)$ 采用 L_1 或 L_2 距离计算得分。

此模型采用了基于边际的损失函数作为模型的最终训练目标,这种方式可以加强对三元组的区分能力,如公式(5.2)所示:

$$L = \sum_{(h,r,t) \in S} \sum_{(h',r,t') \in S'} [f_r(h,t) - f_r(h',t') + \gamma]_+ \tag{5.2}$$

式中,γ 表示的是正三元组得分与负三元组得分之间的最大边界值,S 和 S' 分别是正三元组集和负三元组集,S' 是随机替代每个正三元组的头尾实体而得到的负三元组集合。

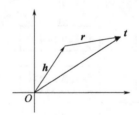

图 5-6 TransE 模型示意图

2. 实体链接方法

实体链接技术将抽取的实体正确地与知识图谱中的候选实体进行链接操作,并将其当作新实体添加到知识图谱中。例如在对于文本"我正在读《哈姆雷特》",可以很容易理解这个"《哈姆雷特》"指的是书籍,而不是电影"《哈姆雷特》系列",通过实体链接任务,可以将抽取出来的知识进行消歧,获得正确的知识。目前实体链接技术大致可以分为以下三类:

(1)基于统计特征的方法:早期的相关方法大多利用了基于相似度的特性,通过计算余弦相似度来排序和选择。后来许多研究者又考虑到候选实体的一些先验知识和实体类别,比如实体的流行度,实体指称项与实体的关系。但是这些启发式算法很难捕获更细粒度的语义信息和结构信息,容易割裂文本的上下文语境。

(2)基于深度学习的方法:该类方法主要是学习样本数据的内在规律和不同层次的

特征。很多学者逐渐采用该类方法来提升实体链接任务的效果。对实体间的语义特征进行了表示,这是该方法的一大优点。该类方法不必采用人工的方式构造特征,对于文本标注序列,利用神经网络算法进行训练。后又有学者引入注意力机制,提出将注意力机制与深度神经网络相结合来共同训练两者的语义特征向量。

(3)基于知识图谱的实体链接方法:这种方法通常多侧重于从图的结构中获取上下文信息,将所有实体指称的候选实体作为图的节点,将指称之间的联系作为边的权重,然后构成图模型,再采用相关的算法选择出一组最可能的候选实体组合。知识图谱虽然是一个较新的概念,但是本质上可以说是一个语义知识库,其实体的邻居节点也可作为上下文信息,实体与实体之间的关系以及实体的属性信息也可对实体链接任务提供帮助。

3. 多模态异构数据图谱融合

多模态数据来源的知识图谱的构建包含三个部分:基于文本内容的知识图谱的构建、基于图片内容的知识图谱的构建、基于音视频的知识图谱的构建,整个知识图谱构建流程如图5-7所示。

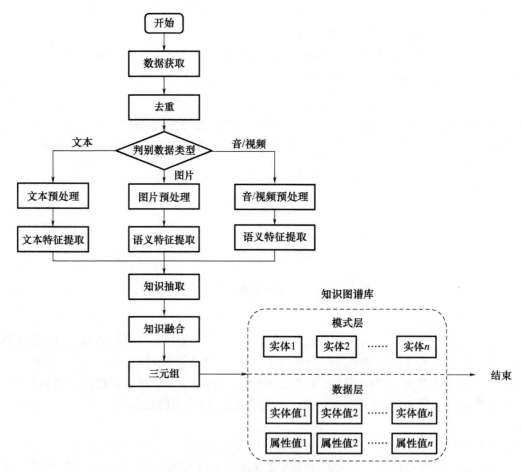

图5-7 多模态信息知识图谱构建流程

知识图谱的构建首先是数据的获取,数据的获取是指对各系统的数据进行实时采集、定时抽取,此外,可以利用爬虫工具获取有关的资源。获取的数据类型有文本、图片、音视频等。由于获得的数据集中包含大量重复的数据，因此需要对爬取的数据进行"去重"处理。

数据预处理是为了更好地提取语义特征，针对不同类型的数据分别进行数据的预处理，然后进行特征的提取。特征提取是针对预处理后的数据进行进一步筛选的过程。筛选中遵循的原则是尽可能地保留蕴含文本信息最丰富的词语，目的是尽量减少噪声项的干扰，同时提高知识图谱构建的精确度。

研究文本特征提取采用 word2vec 中的 Skip – gram 模型，从语义层面将相似词语的语法以及语义联系学习到词向量中，从而实现基于语义分析的相似度计算。Skip – gram 模型对目标词到上下文的后验概率进行建模，Skip – gram 模型的输入是特定的一个词的词向量，而输出是特定词对应的上下文词向量。对图片而言，通过构建图像语义特征的提取网络进行图像中语义特征的提取，包括：输入图像预处理与网络结构的设计；网络训练过程，包括卷积层、池化层、局部响应归一化、激活函数、损失函数、多层级的图像语义特征的提取结构。对于音视频，拟利用现有 AI 平台的语音识别技术，将音频转化为文字后进行 NLP 领域的相关处理，提取出关键词即可导入知识图谱中；并利用 LDA(Latent Dirichlet Allocation) 作为关键词提取技术。拟采用 YOLO v3(You Only Look Once version 3) 作为视频内容提取的机器学习模型。

在实现特征提取之后，通过知识图谱的知识抽取和知识融合计算三元组并保存到知识图谱库中，完成知识图谱的构建。

5.5 毁伤效能推荐

5.5.1 用户行为建模

用户建模，又称用户画像，由阿兰·库珀提出，是一种在营销规划或商业设计上描绘目标用户的方法，经常有多种组合，方便规划者用来分析并设置其针对不同用户类型所开展的策略。简单的用户模型可以使用年纪、职业和一段基本叙述作为描述该用户的标签，复杂的用户模型涉及人口、态度、收入、使用物品、喜好与行为方式等具体描绘的标签。用户行为建模，就是依据用户的行为记录来给目标用户打上若干标签。

5.5.2 用户行为获取

用户在使用 Web 系统时，常见的行为包括在浏览网站时留下一系列浏览记录，在系统弹出的评价窗口做出评分等；用户在前端系统做出的部分操作，包括单击菜单栏，往输入框中输入文本数据，单击各种按钮等，这些操作记录往往被保存到数据库里。

分析用户对系统的评价（包含对系统的功能点或者系统涉及的算法的执行效果的评价），需要设计用户评价模块。用户评价模块中的用户评分同样会被记录到数据库里，这些数据将被用来计算得出用户的一个标签。

为了生成用户画像，首先从数据库里读取用户的行为记录序列，按照时间戳由远及近排序。然后执行若干算法，计算得出用户最近一天的活跃度统计图，用户使用的功能点的统计分布等，最后读取用户的评价记录序列，使用算法计算得出用户对于系统的满意度标签。这些标签共同组合成为用户画像。

5.5.3 用户行为聚类

聚类是把相似的对象通过静态分类的方法分成不同的组别或者更多的子集,这样让在同一个子集中的成员对象都有相似的一些属性,常见的聚类样式包括若干点在空间坐标系中更加短的距离等。用户行为聚类,是指根据用户的行为,将相似的用户放在同一类里,以试图挖掘出这部分用户共有的那一部分特征。

1. 依据用户画像聚类

通过用户行为建模得到的用户画像,每个用户使用若干可以描述该用户的标签来描述该用户。然后依据这些标签,将这些标签数字化,主要是借助自然语言处理相关技术,将文本标签转换为数字标签,然后将标签的值转换到 0 到 1 之间的小数,便于使用 K-means 等常见的聚类算法实现聚类。

2. 文本标签向量化

常见的自然语言处理方面的技术包括词向量模型、人工神经网络模型等,基本思想是将人类语言组成的文本(词语、句子或者文章等)转换成计算机可以识别理解并计算的数学符号。词语转换为词向量依赖词向量模型,基本用法是将词语输入到一个预训练的多层人工神经网络模型中,经过计算得出一个固定维度的向量,这个向量就是词向量。生成句向量的方法类似于词向量。句向量可以进一步输入到一个更加复杂的人工神经网络比如 LSTM、Transformer 等模型中,得出这个句子对应的语义信息。值得注意的是,这个语义信息也是一个高维度的向量,而且具有不可解释性,这个向量的含义只有计算机可以理解。

用户画像可以得到用户的一系列标签,这些标签既包含简单的数字,也包含相对复杂些的中文词语。对于用户标签的处理算法如下:

对于值是数字类型的标签处理相对简单,将数值做一个缩放处理,使其限制在 0 到 1 之间。

对于那些值是中文词语的标签,主要的工作是词语的向量化。可采用近几年流行的 word2vec 模型将中文词语转换为词向量。

最后,对这些数字和向量做一个拼接操作,即组合成一个总的向量,以完整地描述该用户的特征。

3. 聚类算法

聚类算法的意义在于,将相似的向量归成一类,以发掘它们共有的特征。常见的聚类算法有 K-means、均值漂移聚类、基于密度的聚类方法(DBSCAN)、用高斯混合模型(GMM)的最大期望(EM)聚类、凝聚层次聚类等。

以经典的 K-means 聚类算法为例,效果如图 5-8 所示。其算法步骤如下:

(1)首先选择一些类/组,并随机初始化它们各自的中心点。中心点是与每个数据点向量长度相同的位置。这需要提前预知类的数量(即中心点的数量)。

(2)计算每个数据点到中心点的距离,数据点距离哪个中心点最近就划分到哪一类中。

(3)计算每一类的中心点。

(4) 重复以上步骤,直到每一类中心点在每次迭代后变化不大为止。也可以多次随机初始化中心点,然后选择运行结果最好的一个。

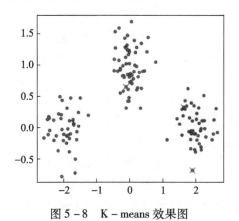

图5-8 K-means 效果图

K-means 算法实现用户行为聚类功能。用户画像的标签在转换为向量后,则可以使用 K-means 对这些向量做处理,以实现聚类。前端使用 Echarts 图展示用户聚类结果。

5.5.4 推测用户倾向

推测用户倾向就是给用户提供服务推荐,旨在基于用户的历史行为数据或者用户在系统输入的信息,给予用户一个推荐列表,以尽可能满足用户的兴趣或者需求。常用的推荐算法有传统的基于协同过滤的推荐、基于物品的推荐和基于人口统计学的推荐等。当前比较流行的有基于知识图谱的推荐算法,如 KGAT、KRAN 等,也有诸如基于深度神经网络的推荐算法,如 Facebook 的 DLRM 模型等。

1. 基于物品的推荐

基于物品的推荐也叫内容过滤,算法的思想是根据信息资源与用户兴趣的相似性来推荐商品,通过计算用户兴趣模型和商品特征向量之间的向量相似性,主动将相似度高的商品发送给该模型的客户。每个客户都独立操作,拥有独立的特征向量,不需要考虑别的用户的兴趣,不存在评价级别多少的问题,能推荐新的项目或者是冷门的项目。这些优点使得基于内容过滤的推荐系统不受冷启动和稀疏问题的影响。

弹药研发推荐可以采用基于物品的推荐算法,需要在系统的后台数据库里存储大量武器弹药数据,弹药研发人员在系统的前端界面输入想要研发的弹药的一些基本参数,如弹药的类型、用途、长度、重量、射程等参数,系统会依据基于物品的推荐算法的原理,从海量数据中寻找与目标武器类似的弹药武器,将这些展示给弹药研发人员。

2. 基于协同过滤的推荐

协同过滤,包括协同和过滤两个操作。所谓协同就是利用群体的行为来做决策(推荐),生物上有协同进化的说法,通过协同的作用,让群体逐步进化到更佳的状态。对于推荐系统来说,通过用户的持续协同作用,最终给用户的推荐会越来越准。而过滤,就是从可行的决策(推荐)方案(标的物)中将用户喜欢的方案(标的物)找(过滤)出来。

具体来说,协同过滤的思路是通过群体的行为来找到某种相似性(用户之间的相似性或者标的物之间的相似性),通过该相似性来为用户做决策和推荐。用户建模模块记录了用户使用系统的行为记录,然后采用基于协同过滤的推荐算法,在前端界面给用户推荐他可能感兴趣的模块。

3. 基于知识图谱的推荐

领域内的知识依据它们之间的关系放到一个网络里,就构成了知识图谱。知识图谱的主体包括大量的实体和实体间的关系。知识图谱的量级越大,越能从知识图谱中挖掘之前没法轻易发现的关系。

基于知识图谱的推荐,就是利用异质信息网络构建网络,利用元路径挖掘用户和物品之间深层次的关系,可以提升推荐效果。这样的异构信息网络图可以帮助挖掘大量源数据集中未出现的用户–物品交互的关系,解决数据稀疏与冷启动的问题。

弹药研发推荐模块可以采用基于知识图谱的推荐算法。知识工程组搜集大量的弹药数据,构建相对完整的弹药知识图谱。弹药研发推荐过程不仅仅依据用户输入的参数寻找相似的弹药,还会根据知识图谱对于各个武器的连通性,找到更多的用户可能感兴趣的武器,并计算它们的得分,将得分高的弹药武器推荐给用户。

4. 综合推荐

综合推荐就是同时使用若干推荐算法,将这些算法的结果按照一定的权重累加起来,取得分最高的若干个结果作为最终的结果推荐给用户,对各个推荐算法得到的推荐结果设置评分模块。用户在选择了某一个推荐算法后,可以给该算法的推荐结果评分。系统会记录用户的评分,从评分中学习并改进综合推荐的效果,即将那些用户满意的推荐算法设置更高的权重,以适应用户的兴趣和习惯。

5.5.5 为网络异常事件识别提供基准

用户在使用系统时可能会出现异常的操作,这有可能会危害系统的正常运行,严重会导致系统崩溃。需要设计双重措施以保障系统的正常运行:一是严格的用户登录系统,防止黑客入侵系统;二是实时监督用户的操作,出现异常行为立即给系统管理员发出警告。

1. 用户异常行为模式构建

由于数据服务系统通常是在内网里运行,这些异常操作主要是对于数据库的异常操作,主要的异常操作如下:

- 突然开始频繁地操作一个之前很少使用的数据表;
- 频繁地修改或者删除某个数据表里的数据,甚至删除所有的数据。

2. 数据库日志分析

通过实时分析系统产生的数据库日志,判断用户是否存在异常操作数据库的行为。数据库日志分析模块的工作原理是:

每隔一段时间,根据用户的历史数据库操作记录,使用自然语言处理相关算法和K-means 聚类算法,训练得到用户的数据库操作模型,该模型反映了用户使用数据库的习惯。即一般情况下,用户会按照特定的程序访问数据库。在一段周期内,该用户访问的数据表和访问的频率基本不会有太大的变化。如果该用户哪一天的操作与之前有很大的不同,就会导致模型的输出值变得很大,系统就会判断用户的操作可能存在异常。

如果系统判定某个用户的行为存在异常,系统管理员会收到提示,可以查看这段时间内该用户的数据库操作记录,裁决该用户是否存在异常行为。系统需要具备用户异常行为感知与推断能力,研究用户行为异常事件模式构建方法,为毁伤效能数据访问的异常事件识别提供基准,支持跨域毁伤评价决策的细粒度知识管理。

5.6 毁伤效能智能分析的知识计算方法

毁伤效能知识图谱构建完成之后,多种类型的知识推理算法拓展现有知识得到新知识,完成本体推理、规则推理、路径计算、社区计算、相似子图计算、链接预测、不一致校验等知识计算。

毁伤效能知识图谱构建指南要求:生成与管理远程压制、攻坚破甲、破障登陆等种类的武器装备毁伤知识图谱,支持亿级实体规模知识图谱存储与管理,包含弹药毁伤基础知识、军事常识、战法规则、关键事件等知识实体;利用非关系型(NoSQL)数据库完成知识图谱实体节点和关系的存储,利用自动化或半自动化技术从原始数据中提取包含实体、属性、关系在内的知识要素,在获得新知识后对其进行整合以消除矛盾和歧义;实现从非结构化和半结构化数据中获取实体、关系以及实体属性信息的目标,通过知识融合将可能冗余、包含错误信息、数据之间关系过于扁平化、缺乏层次性和逻辑性的知识进行加工融合,对于经过融合的新知识进行质量评估之后(部分需要人工参与甄别)添加到知识库中以确保知识库的质量;进行知识推理以拓展现有知识得到新知识,在此基础上完成本体推理、规则推理、路径计算、社区计算、相似子图计算、链接预测、不一致校验等知识计算。

5.6.1 毁伤知识本体推理

本体,是由对象和概念与特定类型的属性和关系这些区域之间的共享词汇提供。本体推理主要是针对本体进行推理,目前针对本体的推理越来越多地集中在了几种标准的本体语言,如 OWL、DAML、RDFS/RDF 等。

典型的本体推理机系统主要有 Jena、Pellet、Racer 等。Jena 是一种产生式规则的前向推理系统,针对本体的推理。Jena 框架包含一个本体子系统(Ontology Subsystem),它提供的 API 支持基于 OWL,DAML + OIL 和 RDFS 的本体数据。此外,Jena 提供了 ARQ 查询引擎,它实现 SPARQL 查询语言和 RDQL,从而支持对模型的查询。

Pellet 是一个基于 Java 的开放源码系统,以描述逻辑作为理论基础,采用 Tableaux 算法。Pellet 是一个较完善的 OWL – DL 推理机,广泛支持个体推理,包括名义(nominal 枚举类)推理和合取查询,用户自定义数据类型和本体的调试支持。Pellet 主要应用在本体开发、发现和构建 WebService 等方面。Pellet 效率较高,但是缺乏对本体规则语言 SWRL 的支持并且支持的本体查询语言不够全面。

Racer 是一种基于描述逻辑系统的知识表达系统,采用 Tableaux 算法,它的核心系统是 SHIQ(描述逻辑的一种,它主要包含交、并、存在、任意、数量约束等构造算子)。Racer 也可以对基于 RDFS/OIL + DAML 和 OWL 知识库进行处理。它提供支持多个 TBox(术语公理)和 ABox(断言事实)的推理功能。给定一个 TBox 后,Racer 可以完成各种查询服务。Racer 具有较强的本体一致性检查功能,在 TBox 方面推理能力较强,能够对大本体文件提供良好的支持。

为了支持弹药毁伤效能的智能分析,统一描述弹药、目标、试验等概念,结合 Jena、Pellet、Racer 几种系统的优点，本书设计一种本体推理机系统，其系统结构由本体解析器、查询解析器、推理引擎、结果输出模块和 API 五大模块组成，系统结构如图 5-9 所示。

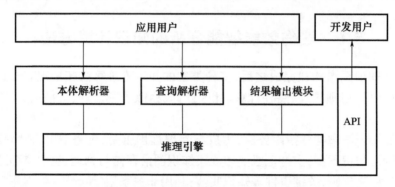

图 5-9 本体推理机的系统结构图

本体解析器：负责读取和解析本体文件，它决定了推理机能够支持的本体文件格式。解析性能的好坏决定了推理机是否支持对大本体文件的解析。

查询解析器：负责解析用户的查询命令。

推理引擎：是本体推理机的核心部件，负责接受解析后的本体文件和查询命令，并执行推理流程，推理引擎决定本体推理机的推理能力。

结果输出模块：对推理引擎所推导出来的结果进行包装，满足用户的需求。它决定了本体推理机能够支持的文件输出格式。目前大部分推理引擎是基于描述逻辑的。

API 模块：主要面向开发用户，一般有三部分：OWL–API，DIG 接口以及编程语言开发接口。

本体推理机主要具有以下功能：

(1) 检查本体的一致性。保证本体一致性就是保证本体中已获得的类和个体逻辑上的一致性，检验实例是否与类、属性和个体的所有公理约束相冲突。

(2) 得到隐含的知识。本体创建一般遵循在尽量简化本体的同时使得本体尽量包含足够多的信息。因为如果要在一个本体中声明出所有的语义关系，那么构建本体将是一件非常复杂而又烦琐的任务，也会导致本体过于庞大而难以处理；若本体设计简单，在实际应用中又需要本体中蕴含的语义信息，这时就需要本体推理机来获取本体中隐含的信息。

5.6.2 毁伤知识的规则推理

规则推理是指把弹药毁伤领域的专家知识形式化地描述出来形成系统规则。这些规则表示着该领域的一些问题与这些问题对应的答案，可以利用它们来模仿专家在求解中的关联推理能力。在知识图谱中可以运用简单规则或统计特征进行推理。

毁伤效能数据存储与计算分析子系统中所开发的基于知识图谱的推理组件，采用一阶关系学习算法进行推理，推理组件学习概率规则，经过人工筛选过滤后，代入具体的弹药、目标、试验、作战实体将规则实例化，从已经学习到的其他关系实例推理新的关系实例。

基于全局结构的规则推理是在整个知识图谱上进行路径挖掘，将一些路径近似地看成规则，将实体间的路径进一步作为判断实体间是否存在指定关系的特征训练学习模型。

推理组件基于随机行走 PRA 算法进行规则挖掘。PRA 算法(Path Ranking Algorithm),将路径作为特征,预测实体间是否存在指定关系。PRA 首先确定要学习的目标关系;然后找出目标关系的正例三元组,替换头/尾实体得到三元组;再构造特征集合,将这些三元组中两个实体之间的一条路径作为一个特征;接着,根据随机行走的思想计算路径的特征值,构成每个三元组的特征向量,每维对应一个特征的特征值;最后,用这些正负例三元组对应的特征向量训练 Logistic 回归分类器。知识图谱基于受限和加权随机行走的推理,与上述基本 PRA 算法的不同之处在于路径的产生过程。PRA 路径通过枚举产生,该方法提出数据导向的路径发现算法,试图只产生潜在的有助于推理的路径,解决枚举对大规模知识图谱的不适用性。具体地,路径途径的实体节点至少出现在一定比例的训练数据中,同时限制路径的长度,认为短路径更有助于推理,进一步减少路径的数量。同样,两个实体之间所有路径的加权概率和作为得分衡量两个实体存在某种关系的可能性。当实体之间没有路径关联时,PRA 失效。

图谱中的节点与边之间的关系可以看作一个有向图,如图 5-10 所示,给每个节点一个 PR(Path Ranking)值,可以看到图中 A、B、C 三个节点都与节点 D 有关,则 D 的 PR 值是 A、B、C 三个节点 PR 值的总和。

$$PR(D) = PR(A) + PR(B) + PR(C)$$

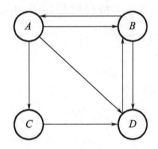

图 5-10　PR 值计算示意

可以得到节点初始 PR 值的计算公式为

$$PR(u) = \sum_{v \in B_u} \frac{PR(v)}{L(v)}$$

通过投票算法不断迭代计算 PR 值 $P_{n+1} = AP_n$,直至达到平稳分布为止。当满足下面的不等式后迭代结束,获取所有节点的 PR 值:

$$|P_{n+1} - P_n| < \varepsilon$$

5.6.3　路径计算

图结构可以描述毁伤知识图谱中节点对象之间的关系和连接模型。基于知识图谱的节点间关联路径推理计算、路径搜索可以支持弹药要素相关性分析、耗用量预测等智能应用,图算法中的最小生成树(The Minimum Weight Spanning Tree algorithm, MST)、最优路径方法(Prim)解决路径计算问题。

MST 算法从一个给定的节点开始,找到它所有可达的节点,以及用最小权值连接节点的关系集。Prim 算法是最简单、最著名的最小生成树算法之一。Prim 算法是一种产生最小生成树的算法,从任意一个顶点开始,每次选择一个与当前顶点最近的顶点,并将两个顶点之间的边加入到树中。从根本上讲,Prim算法就是不断地选择顶点,并计算边的权值,同时判断是否还有更有效的连接方式。该算法类似广度优先搜索算法,因为在往图中更深的顶点探索之前,它首先要遍历与此顶点相关的所有顶点。每个阶段都要决定选择哪个顶点,所以需要维护顶点的颜色和键值。开始,将所有顶点的色值设置为白色,键值设置为∞(它代表一个足够大的数,大于图中所有边的权值)。同时,将起始顶点的键值设置为0。随着算法的不断演进,在最小生成树中为每个顶点(除起始顶点外)指派一个父节点。只有当顶点的色值变为黑色时,此顶点才是最小生成树的一部分。

Prim算法的运行过程如下:

(1)首先,在图中所有的白色顶点中,选择键值最小的顶点u。开始,键值被设置为0的那一顶点将作为起始顶点。当选择此顶点之后,将其标记为黑色。

(2)接下来,对于每个与u相邻的顶点v,设置v的键值为边(u,v)的权值,同时将u设置为v的父节点。

(3)重复这个过程,直到所有的顶点都标记为黑色。

随着最小生成树的增长,该树会包含图中所有的边(连接所有顶点最少数量边),且每条边的两端都有一个黑色的顶点。图5-11展示了最小生成树的产生过程。在图中,键值和父节点都显示在每个顶点的旁边,用斜线分开。键值显示在斜线的左边,父节点显示在斜线的右边。浅灰色的边是最小生成树增长过程中的边。

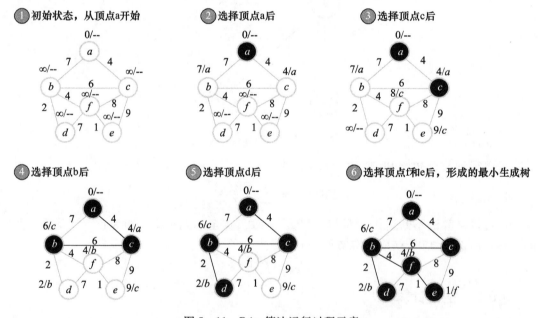

图5-11 Prim算法运行过程示意

利用最小生成树算法可以找到一个连接树结构,在这个结构中,从指定节点访问所有节点的成本最小。

5.6.4 社区计算

毁伤知识图谱是由节点和边构成的一种复杂图网络,普遍存在着"同一社区内节点连接紧密,不同社区间节点连接稀疏"的社区(community)结构特性。社区计算有助于毁伤效能数据服务系统的相似案例推荐、用户画像识别等智能应用。

模块度 Q 是一个用于刻画网络社区结构优劣的量化标准,可用于评价社区发现结果的优劣。模块度 Q 给出了社区结构的清晰定义,最初是为评价社区发现结果的优劣,并在实际应用中获得了很大的成功,同时以模块度 Q 为目标函数的模块度优化方法也成为复杂网络社区发现领域的主流方法之一。最简单的模块度优化方法是找出一个网络所有可能的划分,从中选择拥有最大 Q 值的划分作为最后的社区发现结果,但这是一个 NP 难问题,因为一个网络可以拥有的划分数目是节点数目的指数量级。因此一些基于启发式策略的模块度优化算法被提出,主要有基于贪心策略算法、基于层次聚类的算法,以及融合多种策略(贪心策略、局部优化、层次聚类等)的算法。在这些算法中,融合了贪心策略和层次聚类策略的鲁汶算法(Louvain Method,LM)以其时间复杂度低且具有高质量的社区发现结果,得到了许多学者的认可,被著名社区挖掘专家 Fortunato 评为当前性能最佳的模块度优化算法,另外复杂网络分析软件 Gephi 中的社区发现子模块也采用了该算法。

基于网络社区连接矩阵的模块度 Q 定义如下:

定义 5.1 网络 $G = (V, E, w)$。其中 V 为节点集合,E 为边集合,w 为边权值的映射函数,即 w 为 $V \times V \rightarrow R$ 的映射函数,

$$\forall \{u,v\} \in E, w(<u,v>) \neq 0; \forall \{u,v\} \notin E, w(<u,v>) = 0$$

在无向网络中,每条边被存储两次,即若节点 u 和节点 v 之间存在一条边,则有 $w(<u,v>) = w(<v,u>) = $ 该边的权值。将边 $<u,v>$ 的权值简记为 $w_{u,v}$。令 $2m = \sum w_{u,v}$,表示网络中所有边的权值之和的两倍。

定义 5.2 假设网络 G 被划分为 k 个社区,定义 k 阶对称矩阵 $E(e_{ij})$ 为 G 的社区连接矩阵,其中 e_{ij} 等于所有连接 i 社区中节点和 j 社区中节点的边的权值之和,即

$$e_{ij} = \sum u,v \, w_{uv} \delta(c_u, i) \delta(c_v, j)$$

式中,$u, v \in V$,c_u 为节点 u 的社区,当 $c_u = i$ 时,$\delta(c_u, i) = 1$;否则为 0。由上可知 e_{ii} 等于 i 社区中所有边的权值之和的两倍,并且 $\sum e_{ij} = 2m$。令 $a_i = \sum_j e_{ij}$(a_i 在数值上也等于 i 社区中所有节点的权值求和),则模块度 Q 为

$$Q = \sum_{i=1}^{k} \left(\frac{e_{ii}}{2m} - \left(\frac{a_i}{2m}\right)^2 \right)$$

Q 值越大,意味着在网络的社区连接矩阵中,其对角线上的元素之和占矩阵中所有元素之和的比例越大,对于整个网络而言,表现为社区内部中边的权值之和占网络中所有边的权值之和的比例越大,即"同一社区内节点连接紧密、不同社区间节点连接稀疏",也就是社区结构越明显。模块度 Q 给出了社区结构的清晰定义,并且其取值区间为 $[-0.5, 1]$。

本书采用鲁汶算法(LM)解决毁伤用户社区发现问题,LM 算法是一种基于模块度的图算法模型,与普通的基于模块度和模块度增益不同的是,该算法的速度很快,而且对一些点多边少的图进行聚类效果特别明显。通过每次迭代,在每个节点的邻居区域内局部优化模块度 Q 并获得一个社区划分结果;然后将得到的每个社区作为一个超级节点,社区间的连接作为加权边,构建一个新的网络并作为下次迭代的输入;不断迭代上述两步,直至 Q 值不再增加为止。

5.6.5 弹药目标匹配相似子图计算

相似子图根据历史案例或军事指挥规则构建的弹药与目标对应关系进行计算,在同构或同态的基础上,结合某个具体应用环境找出具有相似弹药目标关系拓扑结构的图。在相似子图弹药目标匹配实际应用中,概念化的应用问题通常转化为合适的图,再用不同的方法进行图的相似度计算,即找到度量对应节点和边的相似度的最优匹配。

1. 基于邻接点的节点相似性计算方法

将弹药目标关系网络图 G 定义为一个六元组,即 $G=(V,E,L,W,l,w)$,其中 V 是战斗部节点及目标节点的集合。$E \subseteq V \times V$ 为边集合,$\langle v,u \rangle$ 表示从 v 到 u 的一条边。L 表示节点标签集合,如用户指挥行为等。W 为边权重集合,这里边权重表示用户之间的亲密度。l 为节点映射函数,即 $l_{V \to L}$。W 为边映射函数,即 $w_{E \to [0,1]}$。$v,u \in$ 查询图 G_p,$v',u' \in$ 数据库中图 G。

所述的相似度传播机制来自如下观察:假设图 G 中的节点 v 与图 G' 中的节点 v' 相匹配,那么意味着节点 v 和 v' 的邻域拓扑也应该是相似的,即 v 的邻接点能很好地匹配到 v' 的邻接点上。结合加权有向图中节点的关系结构来研究节点的相似性可知,节点的邻接点之间越相似以及邻接点与节点联系越紧密,则节点的相似度越高。具体而言,任意节点对 (v,v') 的相似度满足:

$$\text{Sim}(v,v') = \text{mat}(v,v') + \alpha \cdot \frac{\sum_{i=1}^{m} \text{Sim}(u,u') \cdot (W_{vu} \cdot W_{v'u'})}{m} + \beta \cdot \frac{\sum_{i=1}^{m} \text{Sim}(u,u') \cdot (W_{vu} \cdot W_{v'u'})}{n}$$

下面给出节点相似值的计算步骤:

首先初始化节点相似值 Sim,当 $\text{mat}(v,v')>0$ 时,将 v 和 v' 看作是根据标签匹配的节点对,$\text{Sim}(v,v') = \text{mat}(v,v')$,否则 $\text{Sim}(v,v') = 0$。$\text{mat}(v,v')>0$ 的节点对 (v,v') 作为候选匹配节点对,按照 $\text{Sim}(v,v')$ 值由大到小的顺序从候选匹配节点对中依次选择节点对 (v,v'),如果 $\text{Sim}(v,v')$ 值相同,则可随机选一个。根据上式迭代计算 $\text{Sim}(v,v')$,直到 $\text{Sim}(v,v')$ 不再变化或者达到某个稳定阈值时,停止更新。设 ξ 为相似度阈值,当且仅当 $\text{Sim}(v,v') \geq \xi$ 时,则认为 v 和 v' 是基于邻接点相似匹配节点对,构造节点匹配对集合 Match。

2. 基于路径映射的方法

边到路径的映射方法允许查询的两图有类似的拓扑结构,并且可以更准确地反映顶点间关系,同时大大提高匹配的范围。对于带标签节点、加权边的图来说,进行相似性路径映射时,需要考虑路径两端节点的相似性信息和路径的权重。路径两端节点越相似,路径上平均权重之差越小,路径存在相似性映射的可能就越大。由此,给出一个衡量路径相似情况的指标——路径相似差度 $\text{PaBalen}(E,E')$,只有当 $\text{PaBalen}(E,E')$ 的值在给定的相似阈值 θ 内时,才认为 E 和 E' 存在相似路径映射。根据路径两端节点的相似性信息和路径的权重定义路径相似差度公式:

$$\text{PaBalen}(E,E') = \frac{1}{\text{Sim}(v,v') + \text{Sim}(u,u')} \cdot \left| \frac{WP_{vu}}{m} - \frac{WP_{v'u'}}{n} \right|$$

下面给出相似路径映射的步骤,如果$(v,v') \in$ Match 是相似匹配的节点,v 和 u 是邻接点,且$(u,u') \in$ Match,首先判断 v' 和 u' 之间是否可达,如果可达,那么根据上式计算 PaBalen(E,E')。若计算出的路径相似差度 PaBalen$(E,E') \leq \theta$,则返回(E,E'),否则认为不存在相似路径映射。

如图 5-12 所示,若$(A,A')(B,B') \in$ Match,由于两点之间的路径可能不止一条,如从 B 到 A 的路径有 2 条,从 B' 到 A' 的路径有 3 条,那么可以得到 2×3 个 $WP_{E,E'}$,找出其中最小的 $WP_{E,E'}$。因为 $WP_{E,E'}$ 的值越小,PaBalen(E,E') 的值越小,(E,E') 存在相似性映射的可能越大,所以将 $WP_{E,E'}$ 最小的值代入上式计算。如果得到的 PaBalen$(E,E') \leq \theta$,那么就认为 E 和 E' 之间存在相似路径映射;否则,E 和 E' 之间不存在相似路径映射。

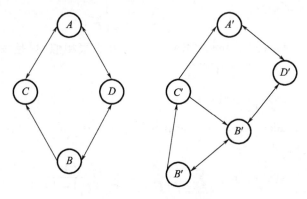

图 5-12 路径相似映射图

5.6.6 链接预测

链接预测可以应用在多个弹药智能分析场景:

(1)在弹药毁伤效能数据服务系统中向用户推荐潜在感兴趣的信息和相似的用户,使用链接预测技术进行服务推荐。

(2)链接预测用来发现可以发生相互作用的战斗部属性。由于指挥员、弹药设计者、弹药测试者等用户不熟悉种类繁多的战斗部属性,无法有效评估毁伤性能,所以需要较准确地预测可能发生相互作用的战斗部属性,减少成本。

(3)用于在已知部分节点类型的网络中预测未标签节点的类型,如用于判断一种弹药材料的类型或从弹药测试网络中预测某些质量事件。

链接预测(Link Prediction)是知识图谱嵌入(Knowledge Graph Embedding)的应用之一,将知识图谱中实体和关系的内容映射到连续向量空间中,对知识图谱中的实体或关系进行预测,即$(h,r,?)$,$(?,r,t)$,$(h,?,t)$三种知识图谱的补全任务。基于图结构的链接预测中比较流行的方法有基于相似度的、概率统计、预处理、SVM 或 KNN 等算法。链接预测还包括基于表示学习的推理、基于神经网络的推理、基于规则的推理以及混合推理。

假定图或者网络 G 的有序对 $G = <V,E>$。V 是图中的节点,E 是边,节点 x 与节点 y 的链接表达为 $e_{\{x,y\}}$。$|V|$ 表示节点的数量,$|E|$ 表示边的数量,Γ_x 表示与 x 相邻的节点,$|\Gamma_x|$ 表示与 x 相邻节点的个数,$\langle \Gamma \rangle$ 表示网络中节点的平均度数。

基于相似性的方法是预测网络中相似的节点,该方法主要是用得分函数对节点打分并排序,故序列中得分最高的就是最终预测的链接。目前主要有以下三种方法:

1) 局部法

常见的局部法有如下几种:

(1) Common Neighbors(CN)是根据两个节点共同的邻居节点的数量来判断相似性的。公式为:$s(x,y) = |\Gamma_x \cap \Gamma_y|$。

(2) The Adamic–Adar Index(AA)对 x 和 y 的共同邻居节点的度数做了对数惩罚。如果 x 与 y 有一个共同爱好,并且很多人都有这个爱好,那么 x 与 y 相似度就不大。如果只有 x 与 y 有这个爱好,那么 x 与 y 的相似度就大。公式如下:

$$s(x,y) = \sum_{z \in \Gamma_x \cap \Gamma_y} \frac{1}{\log |\Gamma_z|}$$

(3) The Resource Allocation Index(RA)与上述方法很相似,只是去除了对数惩罚,但是在很多网络中效果更好。公式如下:

$$s(x,y) = \sum_{\{z \in \Gamma_x \cap \Gamma_y\}} \frac{1}{|\Gamma_z|}$$

(4) Resource Allocation Based on Common Neighbor Interactions (RA–CNI)是在上个方法上稍加改进。公式如下:

$$s(x,y) = \sum_{\{z \in \Gamma_x \cap \Gamma_y\}} \frac{1}{|\Gamma_z|} + \sum \frac{1}{|\Gamma_i| - |\Gamma_j|}$$

2) 全局法

(1) Katz 指数算法,公式为:$S = (I - \beta A)^{-1} - I$,全局法相较于其他两种方法,效果较差。

(2) Random Walks(RW)随机游走算法。公式为:$\overrightarrow{p^x(t)} = M^T \overrightarrow{p^x(t-1)}$,其中 $\overrightarrow{p^x(t)}$ 表示由节点 x 出发,迭代 t 次到达其他节点的概率向量。M^T 是对网络的邻接矩阵的每一行进行归一化。

3) 准局部方法

(1) The Local Path Index(LPI)也是基于 Katz 指标,但是对路径的数量进行了限制。$l=2$ 时该方法就等价于上述的 CN 方法,由于时间复杂度,该方法使用时通常令 $l=3$,效果较好。公式为:$S = \sum_{i=2}^{l} \beta^{i-2} A^i$。

(2) Local Random Walks(LRW)局部随机游走算法。基于随机游走算法,但是固定了迭代的次数 l。公式为:$s^{x,y}(t) = \frac{|\Gamma_x|}{2|E|} \overrightarrow{p_y^x(t)} + \frac{|\Gamma_y|}{2|E|} \overrightarrow{p_x^y(t)}$。

本书结合上面几种算法的优点研制新算法,提高相似性节点的预测性能。

5.6.7 弹药毁伤知识不一致校验

知识的一致性指的是对于发现提取的知识不能互相矛盾,例如"远火 300 是远程火箭弹","远火 300 是地对地导弹"这样本质上是互相矛盾的知识。相较未知信息而言,不一致的知识往往意味着一个错误的知识。一致性问题的难点在于检测不一致,即:如何让一个知识发现或提取模型能够自动地检测知识的不一致。但是这是一个难题,对于结构化数据中的一致性检测问题，甚至是不可判定的问题，比如一阶逻辑中的矛盾命题的判定，精确判断不一致的知识实际上几乎是不可能的。

通常可以给每一个知识点赋予一个向量，然后判断向量之间距离来决定知识点之间的相似程度，但是不相似并不意味着相反或者矛盾。所以如何区分不相似、相反和矛盾是一个极具挑战的任务。借助先验的本体知识进行判断是一个可行的思路，即借助预先建立的本体知识来辅助判断所提取的知识是否存在矛盾，或借助本体的严格一致性来推导出提取知识的一致性。因此，在上一例子中，如果有这样的本体知识，远火是远程火箭炮或远程火箭弹的简称，还是有可能推断出这两条信息是矛盾的，二者必有其一是错误的。但在实际中，这样的一致性检测复杂度非常之高。

本书提出一种基于 Petri 网的毁伤效能数据一致性检查方法。Petri 网模型可以用来分析和解决规则库的一致性问题，Petri 网中的节点对应于规则的前提或结论部分的一个谓词（或原子公式），一个迁移对应一条规则对其谓词值的定义和规则名的说明。当产生点火时，一条规则被激活，同时传导到后继的各个节点和规则。定义：

Si：位置，代表一条规则的谓词 Pi，用圆圈表示；

Ti：迁移，代表规则的激活，用—|—表示；

e：控制点火进程的标志，用⊗表示；

y：状态标志，标明由 Si 代表的谓词 Pi 的真值，表示为 y；

n：状态标志，标明由 Si 代表的谓词 Pi 的假值，表示成 n。

通过 Petri 网构造规则库的模型可以完成一致性、完备性的检查，也包括冗余规则、冲突规则、从属规则、循环规则、死路规则等的检查。考虑如下产生式系统的规则库：

R1：if ¬ P1　　then　P2
R2：if P11　　then　P10
R3：if ¬ P4　　then　P8
R4：if P2　　then　P3
R5：if ¬ P11　then　P10
R6：if P3　　then　P4
R7：if P8　　then　¬ P10
R8：if ¬ P8　　then　P9
R9：if ¬ P1　　then　P5 then P6
R10：if P5　　then　P6
R11：if ¬ P9　　then　P11
R12：if ¬ P7　　then　¬ P1
R13：if P9　　then　¬ P8
R14：if P4　　then　P7

用 Petri 网表示如图 5 – 13 所示。

冲突规则（R14）：

由图 5 – 13 可以看出：如果 S7 加上⊗和 n 标志后点火激活，则通过 S1、S2、S3、S4 连续点火成功，最后回到 S7 而附上⊗和 y 标志。因此 R14 是冲突规则。

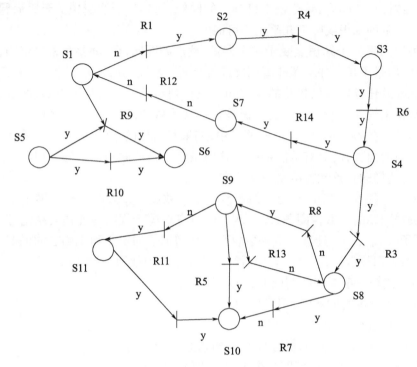

图 5-13 基于 Petri 网的毁伤效能数据一致性检查

死路规则(R7 等):

图 5-13 中因为 R7 的点火成功后到达 S10,没有任何一条规则会由此而激活。像 S10 这类节点称为终节点,如果规则结论包含这类节点,要么与目标节点匹配成功,否则为死路规则。

对于通过 Petri 网构造的产生式系统规则库模型来说,由于 Petri 网本身表达方面的优点,可以表示不同的对象类,加之出于它点火装置的自动时序,可以清晰地检查规则库的不一致性。这只要任意指定一个节点置以标志点火,则从此规则所激发的一系列结果都能分析检测。

5.6.8 弹药目标匹配相关分析

目标打击武器适宜性分析又称弹目匹配,其研究的主要内容为武器对目标的打击可行性与毁伤效能。在一定程度上解决给定打击目标清单的情况下,哪些武器弹药可以打的问题,却不能清晰地描述特定武器针对特定目标的适宜程度,以至于无法确定武器弹药使用的优先顺序。通过对弹药目标匹配度进行分析,可以以一种定量的指标去衡量目标打击武器的适宜程度。这对于优化配置火力资源,最大可能地发挥武器弹药的效能,降低作战风险,在信息化条件下达成决策制胜(快速、精准决策)有重要意义。

从决策者的意图层面上讲,在能够达到预期作战目的的情况下,决策者关注的重点在于作战所花费的时间和消耗的价值,而武器本身的能力与这两者关系密切。因此,建立匹配度模型目的在于以作战花费时间和消耗价值客观反映出武器的能力,并能够在一定程度上体现决策者的决策思维。

第5章 武器装备毁伤效能数据工程知识管理方法

在判断武器是否适合打击特定目标时,首先要满足一些基本条件,若不满足则不予考虑。射击可能性检查有如下方面:

(1)射程适宜性P_S:假如导弹武器的作战范围能够覆盖目标,则$P_S=1$;否则,$P_S=0$。

(2)末制导适宜度P_Z:如果作战环境不满足制导条件约束,那么$P_Z=0$;否则,$P_Z=1$。

(3)附带损伤适宜性P_F:如果武器对敏感设施造成附带损伤的可能性达到了一定程度,那么$P_F=0$;否则,$P_F=1$。

设匹配条件为$\vec{P_m}$,即武器与目标匹配所必须满足的条件:

$$\begin{cases} P_S=1 \\ P_Z=1 \\ P_F=1 \end{cases}$$

若当前作战环境下,导弹武器不能满足匹配条件,则匹配度P_P直接取最小值0,即可判定武器与目标不匹配;若满足"匹配条件",则可进行后续匹配度计算,只要P_P取大于0的某个值,则证明武器对于目标有一定程度的适宜性。

在武器弹药的火力控制范围可以有效覆盖目标,且末制导条件适宜的情况下,达到预定毁伤要求的弹药消耗价值可以充分体现出武器弹药的毁伤能力。在已知武器的CEP和对目标毁伤半径的情况下,弹药消耗价值可以通过模拟实验的方法进行仿真计算得到。

达到预定毁伤要求消耗的弹药实际价值是在基于成功突防的假设条件下得到的,但实际作战中必然会有导弹未能成功突防而被拦截。因此,必须保证足够数量的导弹突防,才能使最终的毁伤达到预期效果,每类弹药的实际消耗价值为

$$V'_i = \frac{V_i}{P_{T_i}} = \frac{N_i v_i}{P_n}; i=1,2,\cdots,n$$

其中,N_i,V_i和V'_i分别代表第i类武器弹药达到预定毁伤要求所消耗的弹药数量和考虑突防概率前后消耗的实际价值,v_i为第i类武器弹药的实际单位价值。

实际进行弹目匹配的过程中,武器弹药的种类往往是一定的,问题的关键在于对其进行比较。考虑到在最终匹配度的建模中,由于概率与价值的量纲存在较大差距,会使弹目匹配结果产生较大偏差,与作战实际相悖。因此需要对武器的价值进行归一化处理,引入相对价值$P_V \in (0,1]$,基本过程如图5-14所示。

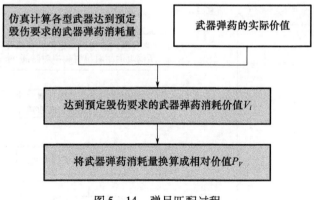

图5-14 弹目匹配过程

根据弹药知识图谱,假设有 n 类待选武器弹药,其达到预定毁伤要求所消耗的价值分别为 $V_1,V_2,\cdots,V_n$。其中第 k 类消耗的实际价值最高,则其相对价值 $P_{Vk}=1$,那么第 i 类武器弹药的相对价值为

$$P_{vi}=\frac{V_i}{V_k};i=1,2,\cdots,n$$

在信息化条件下,战争节奏明显加快,战争有利时机稍纵即逝。尤其时间敏感目标,其往往是具有重要价值的目标,或者对己方构成严重威胁的目标,对于此类目标,需要己方迅速做出反应,以最快速度将其消灭。因此要优先选择完成整个作战过程(发现、识别到打击完成)时间最短的武器弹药,以武器所消耗的相对时间 P_H 进行评价。

设 n 类待选武器弹药完成整个作战过程所消耗的时间分别为 $T_1,T_2,\cdots,T_n$。其中第 k 类消耗的时间最长,则其消耗的相对时间 $P_{Hk}=1$,那么第 i 类武器消耗的相对价值为 P_{Hi}:

$$P_{Hi}=\frac{T_i}{T_k};i=1,2,\cdots,n;$$

在实际作战中,由于决策者意图的存在以及实际战场需求等方面的原因,可能导致在进行弹目匹配的过程中,对各时间因素和价值因素的关注程度有所不同,这也是在构建匹配度模型的过程中需要重点关注的因素。因此,匹配度 P_p 绝不是几个匹配指标简单相加或者连乘得到。为了体现这种区别,特引入价值权重 K_V 和时间权重 K_T,满足 $K_V+K_T=1$。整个匹配度计算流程如图 5-15 所示。

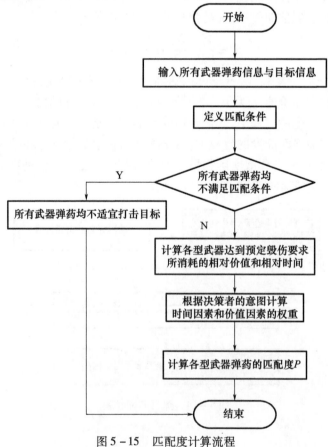

图 5-15 匹配度计算流程

那么，匹配度 P_p 便可由下式计算得到：

$$P_p = \begin{cases} \dfrac{1}{K_V \times P_V + K_T \times P_T}, & \vec{P_m} \text{满足匹配条件} \\ 0, & \vec{P_m} \text{不满足匹配条件} \end{cases}$$

本书提出融合逻辑规则的知识表示推理方法模型架构，首先模型采用自动规则挖掘算法从知识图谱中挖掘出不同长度的逻辑规则，筛选出规则置信度大于阈值的可用规则，将其运用到问题的依赖图生成过程中，然后将问题及实体用基于盒嵌入的表示学习方式编码到同一向量空间中。盒嵌入模型可以看作是空间中的韦恩图，它用轴平行的超矩形来表示集合，将计算图的操作步骤转化为超矩形之间的几何操作，通过衡量实体与问题矩形之间的空间距离来判断潜在答案与问题之间的匹配程度，从而得到查询结果。

5.6.9 自动规则挖掘

知识图谱本身包含供挖掘和派生新知识的足够信息，比如图谱中包含了如下信息：XXmm 杀伤榴弹可打击无防护有生力量，榴－3 是组成该种弹药的引信，那么有很大概率与榴－3 同类的引信可用于无防护有生力量目标的打击。用 Horn 逻辑表示为

$$\text{hasComponent(warhead, fuse)} \land$$
$$\text{isAttackOf(warhead, target)}$$
$$\Rightarrow \text{isAttackOf(fuse, target)}$$

基于规则的挖掘可以应用于知识图谱补全，使其更完整，或用于识别知识图谱中的潜在错误，并且规则的置信度可以作为实体嵌入的重要特征。以上述规则为例，如果图谱中不存在引信榴－3 的适用打击目标等信息，那么榴－3 用于无防护有生力量目标打击的假设将拥有较高可能性，不同于作用于封闭知识库的关联规则挖掘，这种特性可以应用于开放世界下的知识问答。

对于一个实体对象 h，如果三元组 $<h,r,?>$ 最多存在一个实例，那么关系 r 将是可逆的。但是知识图谱中往往会存在一个头实体 h 在同一个关系 r 下存在多个尾实体 t，比如表 5－7 中同一战斗部可能存在多个试验地；反之，对于尾实体也不是一一对应头实体的，比如一种战斗部只有一个设计生产地，而一个设计生产地对应多个战斗部，"设计生产地"和"设计生产于"是一对逆关系。因此，关系映射定义为一个 0 到 1 之间的值，而它的逆映射定义为逆关系的映射：

表 5－7 包含试验地和设计生产地的样例数据

战斗部	试验地	设计生产地
XXmm 杀伤榴弹	（XXmm 杀伤榴弹,试验地,吉林） （XXmm 杀伤榴弹,试验地,陕西）	（XXmm 杀伤榴弹,设计生产地,江苏）
XXmm 破甲枪榴弹		（XXmm 破甲枪榴弹,设计生产地,黑龙江）
XX 式反坦克枪榴弹	（XX 式反坦克枪榴弹,试验地,吉林）	—

$$\text{fun}(r) := \frac{|\{h : \exists t : r(h,t)\}|}{|\{(h,t) : r(h,t)\}|},$$
$$0 \leqslant \text{fun}(r) \leqslant 1$$

$$ifun(r):=\text{fun}(r^{-1})$$

Luis Galárraga 等证明了 $\text{fun}(r^{-1}) \geqslant ifun(r^{-1})$，因此在后续算法中，如果 $\text{fun}(r) < ifun(r)$，那么将关系替换为它的逆关系，这将简化分析而不影响本书提出方法的通用性。

支持度：规则的支持度定义为在图谱中出现的所有符合规则头、规则体的实例数量。$e_1, e_2, \cdots, e_n$ 是除了规则头实体外的其他实体变量。

$$\text{supp}(\boldsymbol{B} \Rightarrow r(h,t)) := |\{(h,t) : \exists e_1, e_2, \cdots, e_n : \boldsymbol{B} \wedge r(h,t)\}|$$

支持覆盖率：支持度是一个绝对值，这意味着在定义支持度的阈值时，必须要知道图谱的绝对大小才能给出有意义的值。此外，如果支持度的阈值高于某些关系，这个关系不会被作为规则挖掘的规则头。为了避免这种情况，模型采用支持覆盖率的概念来表示在不同大小知识图谱中的支持度绝对值：

$$\text{sc}(\boldsymbol{B} \Rightarrow r(h,t)) := \frac{\text{supp}(\boldsymbol{B} \Rightarrow r(h,t))}{\text{size}(r)}$$

$$\text{size}(r) := |\{(h',t') : r(h',t')\}|$$

置信度：规则的支持度只考虑到了正例的事实，而没有考虑负例，因此引入规则置信度来衡量规则的质量和可信度。对于负例，基于封闭世界假设和基于开放世界假设的情况下是不同的，如前文所说，可以将未知的事实视为错误的事实，得到标准置信度：

$$\text{conf}(\boldsymbol{B} \Rightarrow r(h,t)) := \frac{\text{supp}(\boldsymbol{B} \Rightarrow r(h,t))}{|\{(h,t) : \exists e_1, e_2, \cdots, e_n : \boldsymbol{B}\}|}$$

而在开放世界下，知识图谱中一个事实可能有（True, False, Unknown）三种状态，可以使用局部完备性假设（PCA）来产生负例，即如果知道一个给定的 $<h,r,t>$ 的状态，那么就知道所有的 $<h,r,t'>$ 的状态。以表 5-7 为例，已知 XXmm 杀伤榴弹的设计生产地为江苏，局部完备性假设认为 XXmm 杀伤榴弹的任何其他设计生产地都为 false，而对于 XX 式反坦克枪榴弹，其设计生产地信息在图谱中是缺省的，因此局部完备性假设不会假定其设计生产地。在这种不严格的负例下，PCA 置信度定义为

$$\text{conf}_{\text{PCA}}(\boldsymbol{B} \Rightarrow r(h,t)) := \frac{\text{supp}(\boldsymbol{B} \Rightarrow r(h,t))}{|\{(h,t) : \exists e_1, e_2, \cdots, e_n, t' : \overrightarrow{\boldsymbol{B} \wedge r(h,t')}\}|}$$

$$\forall t' : r(h,t') \in KB\text{true} \cup \text{Newtrue} \Rightarrow r(h,t') \in KB\text{true}$$

此后本书的置信度均指 PCA 置信度。

在上述融合逻辑规则的知识表示及推理模型基础上，本书提出一种毁伤规则挖掘算法（Damage Rule Mining, DRM），算法以知识图谱中的所有关系作为输入，对每种关系，从规则体为空开始，对其添加原子，创建规则的连接以扩大规则空间，最后保留置信度大于阈值的封闭规则。毁伤规则挖掘的主要挑战是找到一种有效的方法来对搜索空间进行限制。对于较大规模的知识图谱来说，枚举所有可能的规则组合将会产生非常大的搜索空间，因此本算法在迭代扩展规则的过程中进行剪枝，具体的剪枝方法将在算法描述中提及。

算法输入的参数为图谱 G，最小支持覆盖率 minSC，最大规则体长度 maxLen，最小置信度 $\text{minConf}_{\text{PCA}}$。该算法维护了一个规则集合，初始集合包含了图谱中所有长度为 1 的规则。算法步骤如下：

（1）判断规则集合是否为空，若不为空，从规则集合中获得一条关系 r。

(2)判断是否输出规则。如果当前规则未封闭或规则的置信度小于置信度阈值,则将其剪枝。这是因为长规则的支持覆盖率和置信度都是由较短的规则所主导的,如果规则$B_1 \wedge \cdots \wedge B_n \wedge B_{n+1}$没有比$B_1 \wedge \cdots \wedge B_n$更大的置信度,那么就不输出更长的规则。

(3)产生新规则。如果当前规则的规则体长度没有超过最大规则体长度,将会对其进行扩展,扩展规则参照 AMIE 算法有以下三种扩展操作,毁伤相关的语义规则示例如图 5-16 所示:

①添加悬挂边(O_D):该操作符为一条规则添加一个新的原子,该原子使用一个新变量作为它的两个参数之一,另一个参数(变量或实体)与规则共享,即在规则中出现过。

②添加实例边(O_I):该操作符为一条规则添加一个新的原子,该原子使用一个新实体作为它的两个参数之一,另一个参数(变量或实体)与规则共享,即在规则中出现过。

③添加闭合边(O_c):该操作符为一条规则添加一个新的原子,该原子的两个参数都与规则共享。

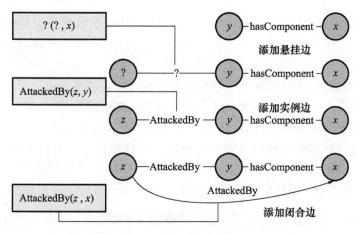

图 5-16 规则扩展操作示意图

(4)这些新规则,如果既不重复,也没有被头部覆盖阈值剪枝,就会被推入队列。

(5)重复这个过程,直到队列为空。

算法过程如算法 5-1 所示:

Algorithm 5-1:Damage Rule Mining

Input:KGG,minSC,maxLen,$minConf_{PCA}$
Output:result with rule,$conf_{PCA}$(rule)

```
1    result = [ ]
2    q = [r_1(x,y), r_2(x,y), ⋯ r_{|R|}(x,y)]
3    while q.isNotEmpty( ) do
4        r = q.pull( )
5            if r is closed ∧ conf_PCA(r) < minConf_PCA then
6                p = parentsOfRule(r, result)
7                    for r_p ∈ p do
8                        if conf_PCA(r) ≥ conf_PCA(r_p) then
9                            result.add(r, conf_PCA(r))
```

```
10        end if
11      end for
12    end if
13    if length(r) < maxLen then
14      for o ∈ {O_D, O_I, O_c} do
15        for rules r' ∈ o(r) do
16          if sc(r') ⩾ minSC and r' ∉ q then
17            q.push(r')
18          end if
19        end for
20      end for
21    end if
22  end while
23  return result
```

5.7 基于战场知识体系的推理与认知

体系态势认知预测重点是建立作战活动、事件、时间、位置和威胁要素组织形式的视图,从现象到本质、由局部到整体对战场各类信息进行汇集,从而准确把握当前战场局势与敌我作战能力对比,可察觉攻防作战体系节点与强弱点、预测战场走势,为攻击体系威胁分析、防御体系构建、作战预案生成与作战方案在线动态调整提供支撑。

知识推理的态势认知预测框架通过研究知识本体规则框架、模型的知识表示来构建。在态势认知预测框架的基础上,结合态势预测知识库对目标要素关系、目标群关系、目标作战行动等进行分析预测及推理决策。威胁评估以目标的身份属性研判、目标的轨迹预测、目标的意图为输入,同时对威胁目标进行武器目标匹配来增强防御体系能力辅助认知,提升战场态势认知可视化的清晰度。体系态势认知研究总体框架如图5-17所示。

5.7.1 基于知识推理的态势认知预测框架构建

基于知识规则的空袭威胁态势预测需要围绕战场态势分析预测中的作战企图估计、作战任务计划识别、作战活动关键点与路径估计、威胁对象/区域/时间与等级预测、战场分布变化预测、战场事件及结果预测、威胁态势与空袭目的的关联分析等态势分析、理解和预测,构建态势预测框架、明确态势预测要素构成、态势预测功能、流程以及方法。同时,在体系大数据知识图谱基础上,面向态势预测要素与功能要求,研究形成基于规则与知识的态势预测知识库,实现基于知识推理的作战体系关系预测、基于贝叶斯网络的战场实体运动趋势计算、基于模板匹配的作战企图推理、基于模板匹配的敌方作战企图预测,为面向态势认知预测过程实施提供顶层框架。各类态势理解、预测后的结果通过多视图的态势预测展示技术进行可视化展示。

1. 态势预测功能框架设计

1) 态势动态预测要素

威胁态势动态预测需要充分考虑到攻防对抗整体态势以及攻防体系大数据后可能出现的结果,梳理分析集群目标特性、航迹信息、集群编队形式、集群规模、作战行为等信息,明确支撑集群威胁整体态势预测的要素构成。拟考虑的态势动态预测要素的构成示意如图5-18所示。

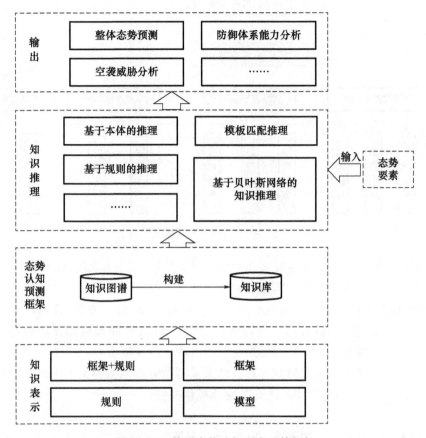

图 5-17 体系态势认知研究总体框架

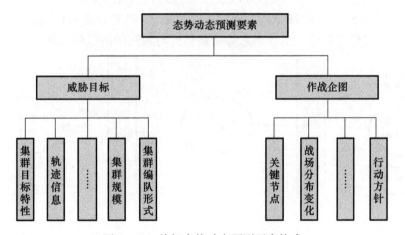

图 5-18 战场态势动态预测要素构成

2) 态势动态预测功能层次

态势动态预测从功能上包含态势要素分析、态势要素预测、态势综合预测等内容,其关系如图 5-19 所示。

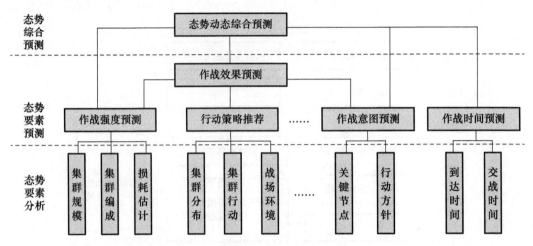

图 5-19 战场态势动态预测基本功能

态势要素预测及综合预测主要依赖于低层敌方集群规模、作战方案计划、空中动态目标以及战场环境等信息。其中,作战强度预测是要实现对集群规模、集群编成、损耗预测的综合分析;作战企图预测是要实现对敌/我/友集群行动、行动方针/作战行为和关键作战节点(攻击地域/目标,机动点等)分析结果的综合;作战时间预测是要实现对空袭集群目标和平台到达防线时间及与防御体系的对抗时间进行预测。

态势综合预测主要是对攻防双方对抗结果及与敌方其他态势走向研判分析结果的综合,为体系在线动态重构与作战效能高效发挥提供支撑。

3) 态势动态预测流程

态势动态预测基本流程如图 5-20 所示。态势动态预测主要进行 4 个方面的工作,即态势要素检验、态势要素聚合、态势假设检验、态势(要素)预测,分别对应产生态势要素集合、态势假设集合、当前态势、预测的态势(要素)。态势动态预测流程是态势预测的过程,反映了由态势要素检验估计到态势检验估计与预测的由低到高的过程。

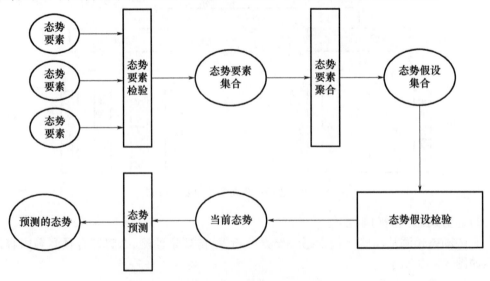

图 5-20 战场态势动态预测基本流程

4)态势动态预测基本方法

整个态势动态预测过程是战场上获得的数据流的高层次关系的处理,涉及众多因素,除了传感器信息以及各种情报信息外,还包括地理地形、电磁、天候气象环境等情况,以及作战样式、战术战法与条例,所以它比一级融合处理更复杂;它所进行的各类处理又多半是基于领域知识、模拟人脑思维的符号推理,在空袭威胁体系形式多样、协同关系复杂、作战样式灵活多变、威胁态势高动态变化等对抗环境下,要给出一个合理的、符合战场实际的整体态势比较困难。本书充分考虑综合利用基于知识的系统、模板技术、贝叶斯网络、模糊逻辑技术、遗传算法等技术,将军事领域知识与不确定性处理技术相结合开展空袭威胁态势预测。

2. 面向态势预测的知识库构建

基于知识推理的态势预测关键是合理化的知识规则集的构建,包括知识获取、规则建立、知识表示。重点以体系大数据知识图谱为支撑,同时通过研究态势垂直领域知识本体规则、框架、模型的知识表示,构建面向态势预测的知识库,为基于知识推理的态势预测提供支持。态势动态预测知识库构建过程如图5-21所示。

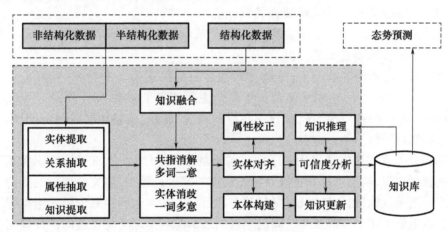

图5-21 态势动态预测知识库构建过程

知识获取主要是从知识源获取知识,经过识别、分类、筛选和归纳等阶段,将其转换成知识库的过程。规则库是一种用于描述态势事件发生的征兆与结果的有向逻辑图,能清晰地反映态势事件发生的逻辑关系,能给出态势事件发生的有向逻辑分析过程,更能合理地描述态势事件知识的层次和因果关系。

知识表示形式又称知识表示模式,是知识的一种计算机可接受的描述形式。良好的知识表示形式,能够提高态势预测准确度、效率和成功率。

5.7.2 基于知识推理的攻击体系威胁态势研究

在攻防体系对抗中,攻防体系双方的装备按照一定的规则部署、协同与聚焦,不同态势中的威胁目标呈现出不同形态的集群编组结构与空间分布形态,使得基于有限的、不确定的战场态势信息预测整体态势难以实现。本书采用知识推理的方法开展基于图的目标要素关系、集群结构与变化分析,对群目标关系、集群结构形态与变化进行推理预测,在此基础上,结合战场环境与目标作战行动等相关信息,综合利用基于本体、基于模板匹配、基于规则和基于贝叶斯网络的推理方法,开展目标运动趋势与行动方向预判等态势知识推理,形成空袭威胁整体态势,并对空袭目标的属性、意图等进行初步估计与威胁分析。

态势知识推理是对各种信息源得到的信息进行分析来解释和判断对方所要达到的目的、设想和打算。在战场这个特殊环境下,知识推理的主要任务是对敌方的作战设想和作战计划进行判断和解释。知识推理目的是识别未来的状态,通过知识推理主要用来回答"目标为什么会采取这些行动""目标采取进攻或防御作战行动的对象是什么""目标将会怎样实施这些行动"以及"目标采取这些行动的决心有多大"等问题。

基于知识推理的态势预测主要是针对一定的作战态势,将知识库中存储的有关问题的状态、性质变化等规则与事实库中的有关问题的状态、性质等事实进行匹配,推理机选择推理策略,控制并进行推理,得出当前态势的判断。考虑到战场态势要素不断发展变化,通常具有不确定性,信息不全、不确定条件下的推理是非常普遍的,有时从态势数据中得不到逻辑推理所需的条件,有时态势分析面临很多不确定因素,包括目标类型不确定性、攻击方式的不确定性、环境气象的不确定性等,基于知识推理的态势预测难以实现。本书通过有机结合其他方法,开发、利用新的方法,去解决不确定条件下的态势推理。

1. 基于知识推理的威胁目标要素关系分析

知识推理的方法对目标要素关系、目标群关系及变化进行分析预测。

1)基于图的目标要素关系分析

在上述知识库构建的基础上,分类法对敌方目标体系模型进行分类,每类分若干子类,每个子类包含多个本体,每个本体包含多个主题和多个关系,每个主题还可细分为子主题,最终构成一个网状结构图,呈现出清晰的概念、属性、关系和层次结构,形成完整的知识体系和知识网络。

目标要素关系知识推理采用基于图或逻辑的推理方法,在已有目标知识库基础上进一步挖掘隐含知识,从而丰富和扩展目标知识库。推理过程中,需关联规则的支持。知识推理对象可以是目标、目标属性、目标间关系和目标关联本体库中概念层次结构等。推理规则的挖掘主要关注实体以及关系间的丰富同现情况。推理功能通过可扩展规则引擎实现。知识库中的规则包括2大类:①针对属性的规则,即通过数值计算获取其属性值,如知识库中包含某武器的探测行动,可通过推理获取其探测距离;②针对关系的规则,即通过链式规则发现实体间隐含关系,如侦察到敌方部署了新式雷达装备,侦察发现异常信号出现并且信号特征与新型雷达相似,推理某阵地部署了该新型雷达。

2)基于知识的目标群结构及变化分析预测

目标群结构分析预测的输入为某特定时刻当前战场环境下各威胁单元(目标)的信息,比如位置、状态、平台类型和敌我属性等。分析预测的目标集群根据诸威胁单元信息,按照战役、战术条例、通信拓扑关系、几何近邻关系、功能依赖关系及先验模板等,采用自底向上逐层分解的方式对描述威胁单元的信息进行抽象和划分,以形成关系级别上的军事体系单元假设。

目标集群推理是一种前向推理过程,其基本思想是根据一级融合输入的诸威胁单元信息,按照一定的知识采用自底向上逐层分解的方式对描述威胁单元的信息进行抽象和划分,形成关系级别上的军事体系单元假设,以便揭示态势元素之间的相互关系,并据此解释感兴趣的所有元素的特性。根据输入信息,推理的过程包括3个方面:①发现新目标:加入到现有群中或产生新的群;②跟踪目标移动:检查群的成员是否有效,并根据目标移动的最新状态信息修正群结构中的有关参数;③更新目标:对先前传感器信息进行精确说明或错误更正,重新审核和维护集群。

此外,目标集群是一个周期性的形成过程,在每一个决策周期,系统都接受一级融合的输入,并使用新接收到的数据对目标的位置、状态等信息进行更新。此外,在每一周期内,传感器可能发现新的目标,也可能失去目标的跟踪,目标或群之间也可能因空间位置变化而发生分批或合批等事件。因此,群结构是一个随时序动态变化的过程,为了对态势元素及其之间的关系进行合理地解释,必须实现群结构的动态维护。

2. 基于知识推理的威胁整体态势预测

基于知识推理的态势认知预测功能主要是当态势发生变化时,在态势要素分析的基础上,综合利用各种信息,根据知识库中的规则,将当前态势外推到将来,预测未来一段时间内目标运动趋势。结合战场环境约束基于实时目标数据做进一步的关联和推理,进行威胁整体态势预测。基于知识推理的态势动态预测过程如图5-22所示。

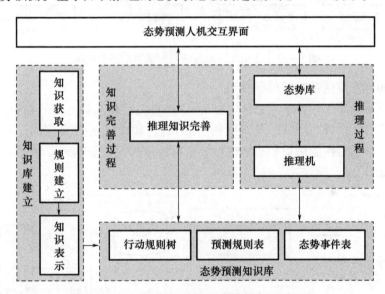

图5-22 基于知识推理的态势动态预测过程

1)基于知识推理的目标关联

该方法旨在通过设定关联波门限定行动方向预测点的选择和波门大小范围,提供行动预测效率和合理性。通常情况下,被预测对象目标的运动将服从整体作战的需要,有了对目标运动趋势的这些认识,可进一步结合我方将要采取的行动内容,推断敌方目标可能出现的应对措施,然后通过内插的方法,对目标在某一观测时刻的状态做出更加合理和准确的预测,在此基础上,设定的关联波门排除更多的干扰预测,提高关联的正确性。

2)引入战场环境约束的行动方向预测

该方法利用知识库中存储的作战规则或条例对多个假设进行合理性推断,将可能排除掉其中的部分错误假设,引入战场环境约束后可进一步降低关联结果的模糊性,然后将当前的假设与掌握的战场态势进行匹配分析,推断与当前整体态势的符合程度,进而对这一假设进行预测,判断它与敌方整体作战企图相符的程度。在此基础上,基于实时目标数据进一步关联和推理,实时目标数据包括敌方目标群的属性特征(目标群的展开区域范围、编成、战斗力等)、可用状态量(目标群的位置)以及人工进行态势预测结果(敌方目标群向各方向机动的可能性等)。基于知识推理的敌行动方向预测框架如图 5-23 所示。

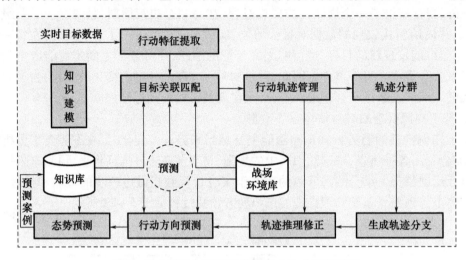

图 5-23 基于知识推理的敌行动方向预测框架

3) 基于知识推理的敌方威胁估计

态势与威胁估计的知识体系总体上分为:①态势关系和态势分类的知识;②从作战要素状态和作战活动推导态势状态及其置信度的知识;③威胁三要素:意图、能力和机会的知识;④从要素状态、作战活动和态势估计结果推断威胁类型及其程度的知识。基于知识推理的敌方威胁分析过程如图 5-24 所示。

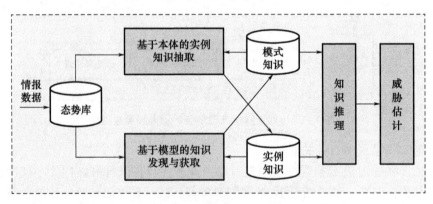

图 5-24 基于知识推理的敌方威胁估计流程

3. 基于知识推理的空袭威胁分析

对于空袭威胁分析,关键的研究内容是对目标的身份属性研判、目标的意图识别研判、目标的轨迹预测以及对目标进行威胁评估。

1) 目标身份属性研判

根据目标轨迹数据、电磁属性参数、战术特性等目标特征属性,实现目标型号身份研判,为后续指挥决策提供支撑。

(1)基于典型航线特征的目标身份研判。

战机在执行任务中采用典型航线,不同的战机在飞行过程中可能采取多种航线进行飞行,基于典型航线特征的目标身份研判方法可以对采集到目标的航线特征进行分析,得到目标所属机型的可能性。

方法包括以下步骤:

① 对每种机型,采集其若干本体航线特征信息;

② 根据本体身份特征信息,对本体特征变量进行赋值,所述赋值采用离散化变量赋值法;

③ 构建训练数据集;

④ 利用至少一种数据分类方法对训练数据集进行分类训练,并构建非线性分类器。

该方法及系统考虑并分析被关注对象特征变量之间可能存在的相关性,对特征变量进行离散化变量赋值,形成训练数据并相应构建非线性分类器,通过非线性分类器准确、高效地判别目标的机型可能。

(2)基于战术战法模型的目标身份研判。

空战战法是根据作战想定、既定的空战战术、空战经验、战斗机、无人机和机载武器性能等制定的一系列以机动决策和作战方法为主的空战实施方法,是集合各方面空战知识和经验的结晶,是实际空战中采用的作战方法。

空战战法根据战机数量可以分为单机战法和多机战法两大类,每一类还可以根据针对的目标战机数量进一步细分。根据空中作战距离也可以将空战战法分为中距战法和近距战法。不同的机种在战术战法中担任着不同而固定的角色,往往任务明确,所以对战术战法进行分析,对目标身份的研判有重要意义。

基于战术战法模型的目标身份研判方法描述如下:

① 战法分解。就是把具体的空战战法分解成多个具体的空战动作,组成该战法的动作序列,各动作序列之间为动作转换条件;

② 确定动作序列中各个动作所需要的控制量的要求值和结束条件。即确定动作序列中完成各个动作所要求的坡度 y、推力 P 和过载 n 值,称为动作要求值;动作结束执行的条件包括时间、速度、高度差和角度等。

③ 由动作要求值和战机性能限制依一定步长计算出目标速度、航向、坐标及轨迹。

④ 根据动作结束条件和动作转换条件进入下一动作。

⑤ 将以上分解战法得到的元素作为特征值,机种作为预测结果,进行训练得到一个预测模型。这个模型就可以通过输入动作序列来研判目标身份了。

(3)基于电磁特征的目标身份研判。

基于电磁特征的目标身份研判一般应包括两个重要的步骤:特征提取和属性判别。目标电磁响应及目标识别信号处理方面的研究解决目标识别中特征信号的提取、分析和处理问题,而模式识别技术则解决特征的描述和选择、目标识别的学习与训练和属性判别等问题。

目标特征的研究更多地涉及目标和电磁波的相互作用机理,其中目标形体和介质对散射电磁波稳态和瞬态特性的影响是一个理论和实际都非常重要的研究内容。由于目标的特征信息一般包含在雷达接收到的原始信息中,因此特征提取很大程度上依赖于原始信息的获取过程。目标特征的提取主要包括目标极点特征的提取、目标极化特征的提取和目标多频特征的提取等。而雷达目标属性的判别，必须依靠有效的目标特征分类技术。下面将研判过程进行阐述：采用 Prony 方法进行目标极点特征的提取，即电磁波在一个振荡周期中空间某一给定点的电场向量的方向，并在庞卡莱极化球上用球坐标来表达。将在瑞利区和谐振区选定的几个频率点上的回波幅度看成一个 n 维向量，使目标分类转化为 n 维空间的线性划分问题。其中线性判别函数是按照最小错误概率准则推导出来的，以此提取多频特征。将目标模式表征为一个 n 维特征向量，通过学习样本估计出特征向量的概率分布密度函数，并基于某种性能最优准则（如最小误分概率准则、最小风险代价准则）构造分类器。通过统计模式识别方法进行模式识别。

（4）目标身份属性综合研判技术。

目标身份属性综合研判过程如图 5-25 所示。通过目标的活动规律、战术战法模式、机场知识、特征属性、运动特征以及辐射源参数样式分别推理出活动机型、任务机型、隶属机型、呼号机型以及搭载机型。最后综合推理研判得出目标的身份属性。

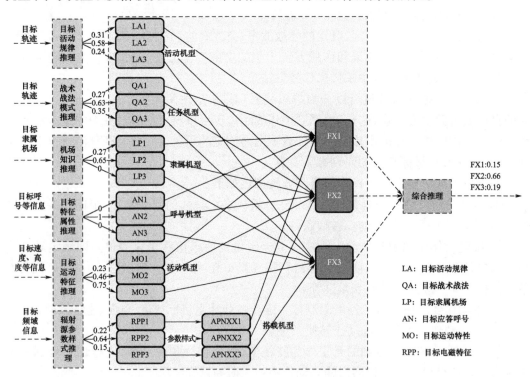

图 5-25 目标身份属性研判工作原理

2）目标意图研判

为实现目标意图识别，本书采用一种用于战术意图推理的动态序列贝叶斯网络（DSBN）模型，结合历史军事事件数据（包括历史军事事件关系数据库、互联网搜集的历史军事事件素材、技侦手段搜集的军事事件素材等），抽取军事事件事理实体。结合专家知识，DSBN 建立同指军事事件融合消歧规则，对图谱中的军事事件实体进行融合、消歧，精简图谱网络结构，进而建立贝叶斯模型并进行意图分析。

战术意图推理和识别的过程就是根据可观测的各信息状态，经过基于相应规则或逻辑的分析推理或量化计算,最终得出根意图的过程。从意图的实现方来看,意图规划显然是一个顺向的自上而下的过程:即根据一定的条例和规则,从根意图出发,先将根意图分解为子意图序列,逐层分解,最终得到若干个元意图序列,也就是行为动作序列。完成对根意图的分解后,由对应的主体实现各个元意图,即依次执行各子序列的动作行为。逐一完成了这些动作行为序列也就实现了根意图。反之,对意图的观测推理方而言,分析推理思路却是逆向即自下而上的。由于对方根意图的不可见性,尤其是军事领域中可能还存在一定的隐蔽性和欺骗性,对方的意图不可能被直接观测到,只能由分解出的子意图序列来推理和分析。层层向下递归分析,最终必须先明确对方各元意图序列也就是动作行为序列模式。而元意图行为也不能直接得到,只能由动作行为执行的表现来进行模式判别。也就是说其推理分析的原始证据信息来自意图实现方实现各元意图时在物理世界中表现出的各类特征因素信息,由这些证据的状态序列推理出相应元意图动作行为,然后逐层逆向推理各级父意图,最终计算得到概率最大的根意图作为推理结论。由于推理分析过程是意图规划展开的逆过程,只要足够逼近敌对方意图规划的条例和规则,探测到的行为表征足够准确和有效,理论上来说,推理的结果就应该可以足够地逼近敌对方的真实根意图。DSBN 整体推测流程如图 5-26 所示。

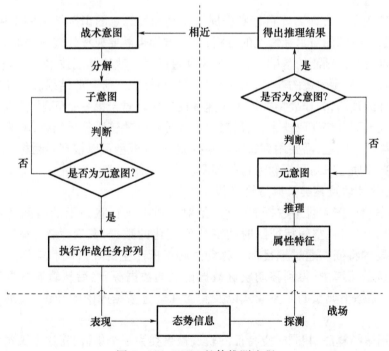

图 5-26 DSBN 整体推测流程

DSBN 推理网络模型分为上下两个部分,下半部分元意图推理层是典型的动态贝叶斯网络 DBN(Dynamic Bayesian Network)结构,用于分析和模拟非规划展开的单一层次逻辑推理;上半部分意图分解层是典型的序列贝叶斯网络 SBN(Series Bayesian Network)结构,用于分析和模拟规划识别的逐层展开过程——上下两部分结合起来,实现从不同侧面状态信息经过若干单一层次的逻辑推理和跨层次的逆规划推理,逐步推理逼近根意图的过程,如图 5-27 所示。

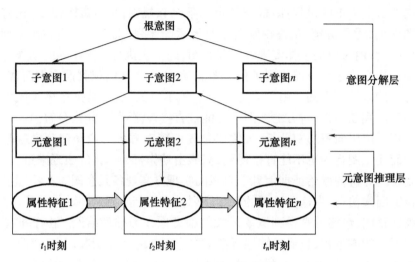

图 5-27 DSBN 推理网络模型

3）目标轨迹预测

目标轨迹预测一方面需要目标身份属性研判和目标意图识别结果的支撑，这是根据实时接收的数据得到的对目标情况的分析；另一方面也需要典型轨迹等先验知识的支撑，这是对目标进行轨迹预测的基础。基于典型轨迹的目标轨迹预测技术主要需要解决两个问题：一个是对于典型轨迹的获取；另一个是根据目标意图研判的结果和典型轨迹对目标轨迹进行合理的预测，为作战指挥提供快速辅助支撑。对于第一个问题，需要用到高分辨率轨迹聚类及典型轨迹获取技术，通过对海量高分辨率轨迹数据进行挖掘，从中获取典型轨迹。对于第二个问题，需要用到轨迹预测模型，这个模型可以根据对目标意图的研判结果和获取的典型轨迹来对目标轨迹进行预测。

（1）高分辨率轨迹聚类及典型轨迹获取技术。

高分辨率轨迹作为轨迹数据的一种，是对飞机在飞行状态下的时间特征和空间特征的概括，是记录飞机空间特征随时间变化而变化的数据，具有动态、海量、高维、时空相关 4 个主要的特征。通过把目标在移动过程中所产生的在时间和空间上均连续的数据存放于轨迹数据库中，得到移动轨迹数据挖掘的数据源，然后从轨迹数据库中的海量轨迹数据中，提炼出典型的时空模式以及隐含在轨迹数据库中的知识、规则以及相关的特征。

通过使用聚类算法，相同时空特征的轨迹被聚类为一个集群，将这个聚类集群的中心轨迹定义为典型轨迹，代表聚类轨迹集群的一般模式。聚类轨迹包含很多信息：轨迹间的共同特征、产生原因等，通过这些隐藏信息可以推测未来的飞行意图。

首先确定历史轨迹的数据格式，对轨迹数据经过预处理之后，采用以全时间序列聚类为核心的时空轨迹聚类方法，在每一采样时刻进行一次 DBSCAN 聚类（具有噪声的基于密度的聚类方法），以关注等间隔且小间隔采样时间面上空间位置的聚类效果。然后通过遍历搜索找到所有时刻聚类集群中包含的交集，最后获取到典型航迹。

(2)基于目标意图的目标轨迹预测模型技术。

轨迹预测往往利用得到的典型航迹来预测目标在当前位置之后的航迹信息,即可预测得到目标在下一时刻的位置信息。典型轨迹代表的是一般轨迹运行规律,可对待预测的目标提供比较准确的预测结果,但是对于偏离程度较高的目标,轨迹预测的误差较为明显。因此,本书设计混合预测模型进行预测。轨迹预测算法结构如图 5 – 28 所示。

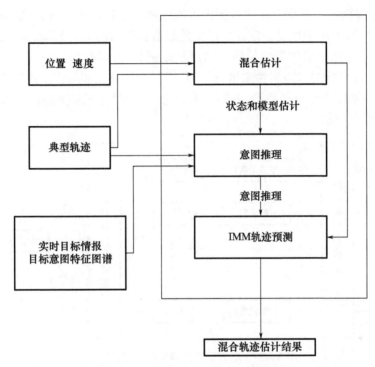

图 5 – 28 轨迹预测算法结构

混合预测模型包含混合估计模块、意图推理模块和 IMM 航迹预测模块。混合估计模块用混合估计算法来估计目标的状态和飞行模型。在意图推理模块中,意图推理算法利用来自混合估计模块的目标位置和速度信息,以及典型航迹和天气等其他信息来进行意图的推理。IMM 航迹预测模块,每隔时间间隔 k,每个目标飞行模型的属性就会根据意图推理给出的结果进行更新,然后每个飞行模型发布自己的估计,最后根据权重输出每个模型的加权结果。

4)目标威胁分析

目标威胁分析需要从已有的准确信息以及不准确信息中作出推断,完成对当前态势和威胁的理解和评估,因此需要解决如何利用已有的有限信息来获得一个准确度较高的威胁值。本书采用动态贝叶斯网络技术,在推断出威胁评估的同时,能够有效降低不同层次信息融合推理过程中的不确定性。

目标威胁评估模型基于目标的平台能力、武器能力、时空能力以及目标属性构建目标数据源,在侦测到目标高度、速度等平台能力情报后,作为数据预处理的输入,同时目标武器能力、时空能力以及目标属性也会作为预处理数据共同构成动态贝叶斯网络的事件节点,不断对信息进行融合处理,提取特征向量,最后进行决策,提取出威胁评估中需要的元素。模型的威胁评估主要包含威胁要素提取、敌方意图评估和威胁等级确定。

① 威胁要素提取要考虑的因素:威胁目标类型,威胁目标位置,威胁目标的可对抗能力,威胁目标的数量,威胁目标的高度,威胁目标的航向角等。

② 敌方意图评估要考虑的因素:对敌方机群的运动状态进行评估,对事件或活动的模式进行评估等。

③ 威胁等级确定。根据上述内容所提供的各种因素确定其隶属函数,然后根据各因素的关系和对威胁的影响程度确定相应因素的权数,综合评判对目标的威胁隶属度。

将动态贝叶斯网络应用到威胁评估的过程如图5-29所示,以单个空中目标的作战企图为例,通过该目标的状态属性来进行推测。因此,分析提取与作战意图相关的空中目标的各种状态属性,结合专家经验,主要考虑目标属性、目标机型、速度、高度、距离、方位6个因素进行威胁判断。

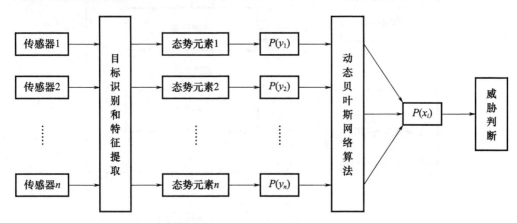

图5-29 动态贝叶斯网络威胁评估过程

为兼顾专家的经验与战场数据的客观特征,尽量减小所赋权值的随意性和片面性,本书采用将两类赋权方法进行结合的赋权方法,即组合赋权法。该方法通过一定的优化策略将主观权值与客观权值进行有机结合,较好地实现主、客观的统一,避免了单一赋权方法的缺陷,可以获得更加科学的赋权结果。威胁评估指标体系结合层次分析法与熵权法赋权法则,求解主客观赋权法权值,构建基于总偏差最小原则的优化组合赋权模型,以实现主、客观赋权方法的有机结合,提高威胁评估的准确性。

5.7.3 防御体系能力辅助认知研究

为满足动态变化的作战需求,在攻防对抗体系中,需要构建防御体系能力辅助认知模型,加快防御体系动态对抗能力生成。本书采用基于知识图谱的知识推理技术,通过以机器方式学习专家系统、军事知识库中的已有知识和规则,在防御方装备的知识图谱基础上,对整个体系防御区域大小、可拦截对象、探测能力、拦截能力、多目标能力以及拦截效费比进行分析。基于群体智能的人工智能分配通过遗传算法、粒子群算法、人工鱼群算法等仿生智能算法,针对威胁目标进行武器目标分配与作战资源分配,有效应对日益复杂与严峻的空天威胁。

1. 基于知识图谱的防御体系能力分析

针对特定防御武器的防御特征,结合图谱进行知识推理,包括基于图的推理以及基于神经网络的推理等方法,研判防御方整个体系的防御区域大小、可拦截对象、可探测能力、拦截能力、多目标能力以及拦截效费比等。

基于图的推理方法,可以通过知识图谱中的实体和关系的向量化,来对知识图谱中的数据进行特征计算和网络训练,通过训练网络来对知识图谱中已有信息进行收集,这样将可以把已有的知识图谱中存在的关系保存到神经网络中。以 GCN 为基础,采用节点选定的方式来解决 GCN 网络卷积窗口的平移不变性的需要,再进行相邻节点的选定和排序,收集相邻接节点的信息,最后进行参数的共享来实现图上的神经网络计算。GCN 网络每一层计算主要是对目标节点周围的特征信息进行聚合,每层的 GCN 隐藏层的网络可以使得目标节点获得邻居节点的信息。

基于神经网络的推理利用神经网络直接建模知识图谱事实元组,得到事实元组元素的向量表示,用于进一步的推理。该类方法依然是一种基于得分函数的方法,区别于其他方法,整个网络构成一个得分函数,神经网络的输出即为得分值。采用双线性张量层代替传统的神经网络层,在不同的维度下,将头实体和尾实体联系起来,以刻画实体间复杂的语义联系。其中,实体的向量表示通过词向量的平均得到,充分利用词向量构建实体表示。具体地,每个三元组用关系特定的神经网络学习,头尾实体作为输入,与关系张量构成双线性张量积,进行三阶交互,同时进行头尾实体和关系的二阶交互,最后模型返回三元组的置信度。即:如果头尾实体之间存在该特定关系,返回高的得分;否则,返回低的得分。关系特定的三阶张量的每个切片对应一种不同的语义类型,一种关系多个切片可以更好地构建该关系下不同实体间的不同语义关系。

2. 面向威胁态势的防御体系能力辅助认知

针对威胁目标,基于已经构建的体系大数据知识图谱,进行武器与目标分配的研究,综合防御体系的探测能力、拦截能力与拦截效费比,来解决武器与威胁目标间的适应性匹配问题,以提高武器打击目标的可行性与毁伤效能,丰富面向威胁态势的防御体系能力辅助认知。本书采用基于知识图谱的弹药目标匹配相似子图计算方法、基于广义数据包络分析法和主成分分析法的武器弹目匹配评估技术,评估威胁目标的武器弹目匹配适宜性,提高防御体系辅助认知能力。

(1)基于知识图谱的路径存在相似性技术

将弹药目标关系网络图定义为一个六元组,其中包括战斗部节点及目标节点的集合、边集合、节点标签集合、边权权重集合以及节点映射函数。假设图 G 中的节点 v 与图 G' 中的节点 v' 相匹配,那么意味着节点 v 和 v' 的邻域拓扑也应该是相似的,即 v 的邻接点能很好地匹配到 v' 的邻接点上。结合加权有向图中节点的关系结构来研究节点的相似性可知,节点的邻接点之间越相似以及邻接点与节点联系越紧密,则节点的相似度越高。对于带标签节点、加权边的图来说,进行相似性路径映射时,需要考虑路径两端节点的相似性信息和路径的权重。路径两端节点越相似,路径上平均权重之差越小,路径存在相似性映射的可能就越大。

(2)基于广义数据包络分析法和主成分分析法匹配技术

基于广义数据包络法能够克服传统方法只能评价决策单元个体效率的问题,成为基于集群竞争环境与竞争性组合效率的综合评价方法。利用主成分分析可以保留样本较大信息量，实现对原始数据的降维，缓解因 DEA 分析过程中输入输出指标维度过多，导致过多决策单元结果判断有效而降低 DEA 法区分能力的问题。基于打击武器其自身高价值和稀缺性特征，着重考虑精确打击武器弹目匹配的经济性问题，即威胁目标拦截效费比问题。运用德尔菲法进行量化打分，进而实现弹目匹配优化，能够在确保数据可获得、效率有保证的同时，使结果达到统计上可容忍的量化精度。德尔菲法是一种群体决策行为，具有匿名性、反馈性和统计性等特点，本质上是建立在众多专家专业知识、经验和主观判断能力基础上的评估方法，因而非常适合指标变量影响因素众多的分析和预测问题，在缺乏数据、不确定性高的情况下，德尔菲法是预测未来的最好方法。

首先建立精确打击能力的评估指标体系，其次运用德尔菲法对各指标进行量化打分，最后运用主成分分析法对样本数据进行降维处理，实现对精确打击武器打击能力的精准度量。然后根据科学性、可行性的原则构建精确打击武器打击能力评价指标体系，分为"突防能力""精确打击能力"以及"综合毁伤能力"等。运用德尔菲法分别对要素指标在精确打击武器中的重要性进行评估。最后根据 PCA 法的分析，对能力指标进行降维计算，得到最后的匹配结果。

5.7.4　武器装备知识图谱样例

武器装备知识图谱样例如图 5-30～图 5-34 所示。

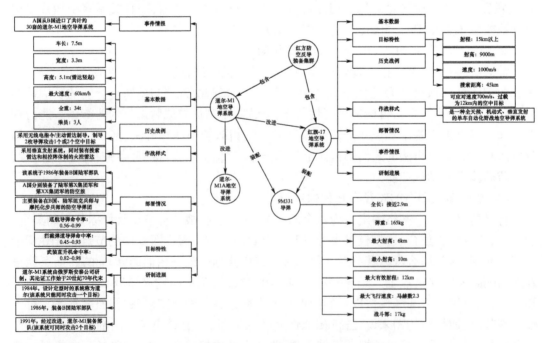

图 5-30　蓝方装备知识图谱

第 5 章 武器装备毁伤效能数据工程知识管理方法

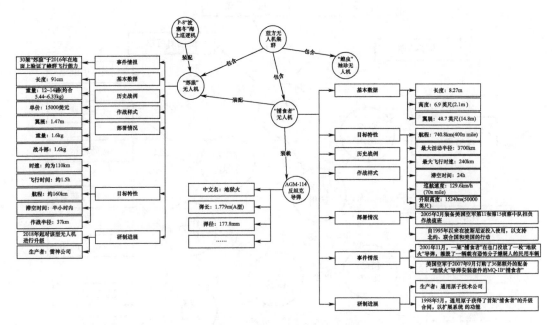

图 5-31 红方装备知识图谱

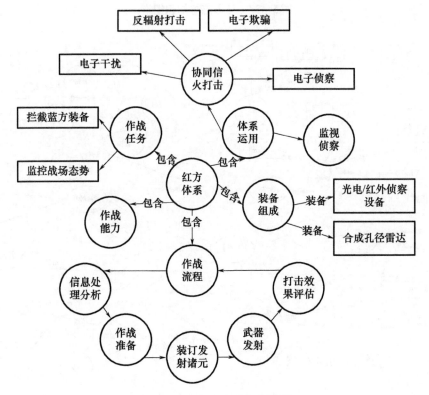

图 5-32 红方态势知识图谱

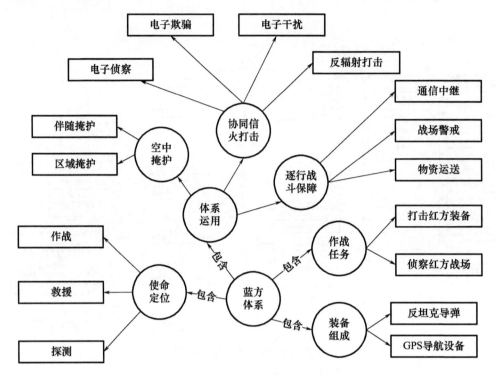

图 5-33 蓝方态势知识图谱

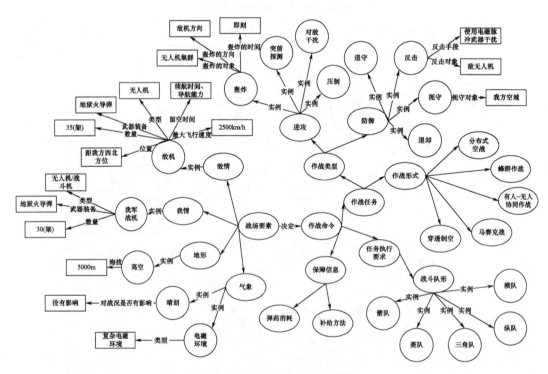

图 5-34 战术战法知识图谱

5.8 毁伤效能数据测试与验证

专门设计多种武器弹药性能数据分析模块,构建武器弹药性能数据多维度描述模型,在功能验证阶段提供典型攻坚破甲、火力压制类战斗部威力场等弹药性能数据分析功能,支持多种仿真模型评估模型接入,提供基于仿真数据的多类型数据库数据转换模型。

为确定数据或模型有效性,对数据或模型进行验证,实现方式是对数据或模型进行有效性评估。有效性验证包括模型确认和模型验证两部分内容。模型是为加强对一个物理系统或过程的行为的理解、预测或控制能力而进行的一种描述,它是对实际系统的一种抽象,具有与系统相似的数学描述或物理属性。模型验证(Verification)指确定模型的实现是否准确地表达了开发者对模型的概念描述和模型求解的过程,模型确认(Validation)指从预期应用的角度确定模型表达实际系统的准确程度的过程,如图5-35所示。

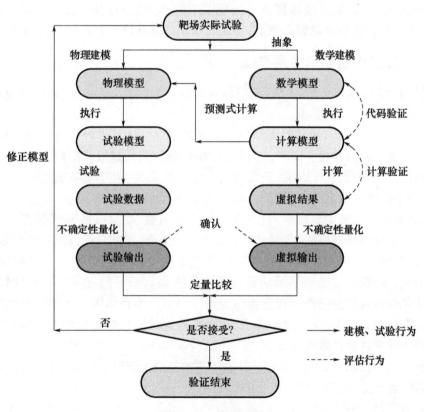

图 5-35 验证过程

例如靶场试验利用高速摄影技术、X光摄影技术、传感器等测试手段,获取战斗部作用过程及终点效应的数据,将这些过程数据及毁伤数据与数据或模型得到的结果进行对比分析,验证数据或模型的正确性,同时可进行数据或模型的反复迭代,进行验证平台的修正,构成验证平台自身的闭环迭代。数据或模型验证是一个多次迭代的过程,通过数据或模型与靶场试验的多次迭代完成对数据或模型正确性的评价和验证。

模型确认计算方法：

(1) 模型的输入参数及其相应的不确定性计算（即参数的分布和范围），即进行输入/不确定性映射。获得大量输入参数的先验信息，随着确认过程中不断获取信息，输入/不确定性映射得到更新。

(2) 确定评估准则，即描述计算机模型使用的背景，获得数据或模型和靶场试验数据的可行性，以及进行评估的方法。

(3) 收集数据和试验设计。对数据或模型的验证和靶场试验都是确认过程的一部分，试验是多阶段的，伴随靶场试验的进行，数据或模型的验证应与靶场试验不断交互。

(4) 计算机输入输出模型近似，即上面所述的数据或模型。

第三方应用程序的服务调用接口为武器研制生产、试验评估、博弈应用等几类典型用户提供验证服务，从基础、弹药、目标、试验综合数据库模型调取战斗部威力场模型、目标易损性模型、弹目交汇模型，并集成相关程序、经验、算法计算弹药对目标的毁伤效能。弹目交汇模型计算战斗部与目标交汇的场景，通过三维视景进行碰撞检测可以得到战斗部毁伤元在目标上的命中位置，载入战斗部威力场模型中的威力数据，载入目标易损性模型等数据，按照《武器装备毁伤效能数据规范》在集成框架计算环境下进行毁伤效能分析计算。

5.8.1 弹药手册知识体系框架

根据任务需求，本书中的弹药手册系统主要设计适用于火箭炮旅、连两级使用的毁伤效能评估系统和毁伤效能手册。

弹药手册研究体系以弹药对典型目标毁伤效果评估仿真平台为核心，掌握典型目标易损性数据，建立目标易损性模型；获取战斗部威力数据，构建战斗部威力分析模型，形成战斗部对典型目标毁伤效应成果；开展毁伤效能评估研究，建立任务规划模型，形成弹药手册。弹药手册研究体系架构如图 5-36 所示。

毁伤效能评估系统主要包括：目标区域作战环境数学模块、战斗部静态威力场域模块、战斗部动态威力场域模块、典型目标易损性模块集合、集群目标群体特性数学模型、弹目位置关系数据表征模型、武器系统主要性能表征模型、弹药毁伤效应计算模块、弹药效能评估模块、作战毁伤效能评估模块及任务规划模块。根据旅、连级毁伤效能评估的需要，各模块包含内容可供选择。它主要作为杀爆弹对典型目标毁伤效能计算的模拟仿真平台，能开展包括目标易损性、战斗部威力、毁伤效应的毁伤效能评估的详细数值模拟仿真，为弹药手册提供毁伤效能数据。

弹药手册是在毁伤效能评估进行数值计算的基础上，获取杀爆战斗部对典型目标毁伤效能数据，基于旅、连两级战斗单元的作战环境条件、武器弹药数量、任务毁伤等级与射击诸元等，计算武器弹药对典型目标的毁伤概率、耗弹量、瞄准点等。弹药手册有两种表现形式：一种是软件形式，另一种是基于软件数据的纸质表格形式。

弹药手册知识系统结构如图 5-37 所示。

弹药手册编制用途主要可以分为两个方面：①根据火力计划、战场环境参量、作战目标确定等主要计算参量，系统计算得到弹药毁伤效能结果；②根据作战目标确定、基本火力配置和毁伤效能指标等，推荐任务规划方案设计，包括用弹量确定、瞄准点选择、射击方式、火力分配等。

第 5 章 武器装备毁伤效能数据工程知识管理方法

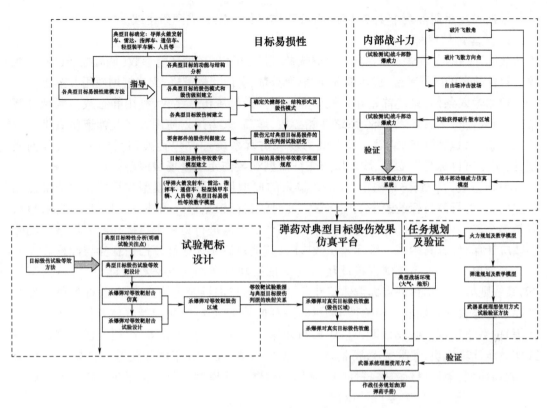

图 5-36 弹药手册研究体系框架

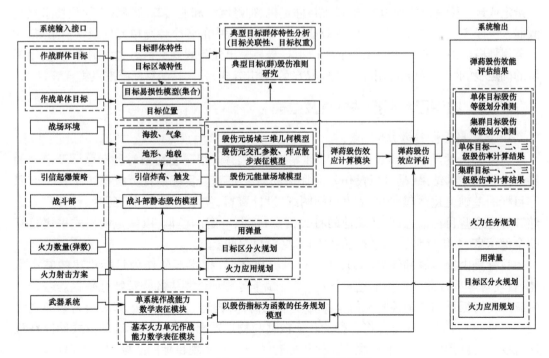

图 5-37 弹药手册知识系统结构图

根据弹药手册的两个主要用途，系统工作流程可以分成两条主线。

1. 效能评估流程

效能评估的有效输入包括典型目标选择、目标作战区域的环境参数（如海拔、气象、地貌等）、目标散布的区域范围、战斗部选择、射弹数量、引信起爆策略、火力规划使用方案等。

根据输入条件，系统首先计算战斗部静态威力场域仿真结果，利用静态威力场域计算结果，引入目标区域环境参数、系统性能参数、炸高、火力规划使用方案及弹道仿真结果等计算动态威力场域仿真结果。动态威力场域仿真系统主要包括毁伤元场域三维几何模型、毁伤元与目标交汇参数、炸点散布表征模型和毁伤元能量场域模型等。

在动态威力场域仿真输出中，加入输入的典型目标易损性模型和目标相对瞄准点的位置信息，进行该目标的毁伤效应计算。此时的目标根据输入条件可以是单个目标，也可以是多个单一种类目标或多个多种目标。多个目标需进行每一个目标在威力场域中的毁伤效应计算，计算其中某一目标毁伤效应时，其他目标作为地理遮挡信息参与计算。

若为单个目标，系统则直接调用毁伤评估模块并进行弹药毁伤效能计算；若为多目标，系统则另外调用集群目标群体特性数学模型参与进行毁伤效能计算，目标群体特性数学模型主要表征目标群体相关性（如目标的牵连关系、目标权重以及群体毁伤等级划分方法等）的数学抽象。毁伤效能评估中参与计算的包括单目标毁伤效能评估模块、集群目标毁伤效能计算模块、集群目标战斗力变化数学模型、火力分布对毁伤效能的影响评估模块、战场环境、集群目标群体特性和区域特性数学表征模型以及系统战斗力能力模型等。

2. 典型任务规划方案设计流程

典型任务规划制定的核心环节是基于给定毁伤效能评估指标条件下的任务规划模型，以给定或最大毁伤效能为函数，通过支持向量机、神经网络和遗传算法等数学优化技术建立武器系统任务规划方法与模型，利用效能评估计算流程中的各个参与单元反馈评估结果，在任务规划模块中的逻辑单元中进行对比确认，最后输出任务规划文档。文档主要包括：用弹量的确定、基本火力单元应用和火力分配方案、射击方式、分火打击目标瞄准点集合等。

5.8.2　典型目标易损性分析及建模

1. 目标易损性建模方法

典型目标的易损性等效模型是以计算机作为工具，用一套数据对目标总体及部件的特性进行描述的结果，是目标毁伤效应评估的重要基础。目标的计算机描述是在全面研究目标的基础上建立起来的，依据目标图纸、设计资料，使用手册、实物、照片、计算机来存储和管理这些目标信息，以及其他的有关信息，按照一定的模型，以规范的格式采集目标的全部信息，并借助计算机来存储和管理这些目标信息。

目标是由很多零部件组成的，在进行目标描述时，把零部件作为目标描述的基本实体，首先对零部件的几何构形进行描述，然后赋予各零部件相应的物理特性数据。若干个带有几何特征量的典型规则几何体作为基本几何体，再通过一定的运算规则去构成任意复杂零件的几何空间构形。将目标的几何数据和物理数据采用一种标准的方式储存在程序可以方便获得的地方，最后程序获得目标有关数据并实现目标的三维图形可视化。

2. 目标的功能与结构分析

系统采用功能框图的模式对目标的各种功能进行描述，在此基础上开展目标的结构分析,建立目标的结构框图。以装甲运输车为例,图5-38、图5-39分别给出了目标功能框图和结构框图。

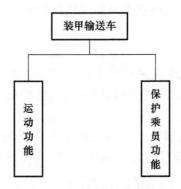

图5-38 装甲运输车功能框图

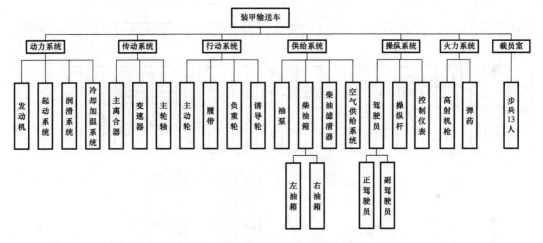

图5-39 装甲运输车结构框图

本书采用上述方法分别对人员、轻型装甲车辆、雷达、导弹发射车、技术方舱、火炮和军用电子设备等目标进行目标的功能和结构分析。

3. 目标的毁伤类别和毁伤级别建立

在明确目标功能的基础上,针对目标的各种功能,划分目标的毁伤类别,即进行"横向"毁伤建立。以装甲运输车为例,其毁伤类别可分为两类:运动(M级),乘员保护(C级)。而对于坦克车辆,其毁伤类别则可分为五类:运动(M级),火力(F级),探测(A级),乘员保护(C级),通信(X级)等。

每类毁伤按照毁伤级别进行划分,即进行"纵向"毁伤建立。在进行毁伤级别划分时,应综合考虑毁伤目标的弹药、目标类型、目标使命等因素来进行划分。比如M级毁伤既可通过目标速度的降低程度来划分:M1运动速度轻度降低(20%),M2运动速度严重降低(80%),M3完全丧失运动能力(100%);也可以根据目标的可修复程度来划分。

以装甲运输车为例,其毁伤类别和级别划分如下:

运动功能丧失:M1级、M2级、M3级。

保护乘员功能丧失(C级):死亡人数不超过10%(C1级)、10%~50%乘员死亡(C2

级)、80%以上乘员死亡(C3级)。

本书采用上述方法分别对人员、轻型装甲车辆、雷达、导弹发射车、技术方舱、火炮和军用电子设备等目标进行目标的毁伤类别和毁伤级别建立。

4. 目标毁伤树建立

毁伤树建立在一定毁伤等级划分的基础上。对应于某个毁伤等级,通过对目标结构和各功能系统的分析,构造毁伤树,从而确定要害部件。毁伤树分析方法是易损性分析程序中很重要的一环,通过构造毁伤树,可以明确目标各功能子系统之间的逻辑联系,进而建立目标的易损性分析模型。

毁伤树建立的主要依据是目标的结构框图;目标部件的毁伤机理、毁伤模式和毁伤效应分析。以装甲输送车的M级毁伤为例,经过分析,可以建立其毁伤树如图5-40所示。

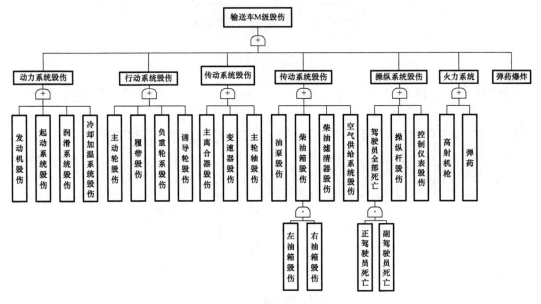

图5-40 毁伤树建立模型

5. 要害部件的毁伤判据建立

要害部件的毁伤准则是确定部件在某一种威胁下某一失效模式的量化判据。毁伤准则反映了目标特性与毁伤元参量之间的依从关系,是部件或目标是否毁伤的判别标准。

首先研究建立目标毁伤程度评价表,再通过基本试验或专家评估等手段,研究建立要害部件遭遇某种打击的程度与要害部件是否毁伤的关系,并最终得到目标毁伤判据表。以破片毁伤元对步兵运输车作用为例,最终得到如表5-8所示数据,为目标毁伤状况的评定提供依据。

表5-8 部件毁伤引起目标毁伤权值及判据表

部件号	部件名	M值	F值	K值	毁伤判断(破片个数)
1	P1	M_{p1}	F_{p1}	K_{p1}	N_{p1}
2	P2	M_{p2}	F_{p2}	K_{p2}	N_{p2}
……	……	……	……	……	……

设部件毁伤需要 N_s 块穿透破片,认为单块破片对部件的平均毁伤概率为 $1/N_s$,并假设各破片毁伤部件为相互独立事件,则击穿 i 块破片条件下部件被毁伤的概率为

$$P(i) = 1 - (1 - 1/N_s)^i$$

设战斗部爆炸形成 N 块穿透破片,单块破片击穿部件的概率为 P_k,则部件被 i 块破片击穿的概率服从二项式分布,即

$$g(i) = C_{N_k}^i P_k^i (1 - P_k)_{i-1}^N$$

当 P_k 很小且 N_k 很大时,可得

$$g(i) = \frac{(N_k P_k)^i}{i!} e^{-(N_k P_k)} = \frac{N_O^i}{i!} e^{-N_O}$$

式中,$N_O = N_k \cdot P_k$,为穿透部件破片数的数学期望值,通过软件弹目交会的计算可得。考虑了破片二项式分布后部件被毁伤的概率为

$$P_i = \sum_{i=1}^{N_s} g(i) P(i) = 1 - e^{-\frac{N_O}{N_s}}$$

假设目标由 N_p 个部件组成,第 i 个部件的毁伤贡献因子为 C_i,则战斗部对目标的毁伤概率为

$$P = 1 - \prod_{i=1}^{N_P} (1 - C_i P_i)$$

式中,C_i 即为表 5 - 8 中的 M、F 和 K 的取值。

6. 目标的易损性等效数学模型建立

典型目标的易损性等效模型是以计算机作为工具,是用数据对目标总体及部件的特性进行描述的结果,是目标毁伤效应评估的重要基础。目标的计算机描述是在全面研究目标的基础上建立起来的,依据目标图纸、设计资料、使用手册、实物、照片以及其他有关信息,按照一定的模型,以规范的格式采集目标的全部信息,并借助计算机来存储和管理这些目标信息。目标是由很多零部件组成的,在进行目标描述时,把零部件作为目标描述的基本实体,首先对零部件的几何构形进行描述,然后赋予各零部件相应的物理特性数据。采用若干个带有几何特征量的典型规则几何体作为基本几何体,再通过一定的运算规则去构成任意复杂零件的几何空间构形。

目标易损性等效模型建立的具体方法是:

对目标的关键部件进行划分,表征目标的各个零部件的几何特征,再赋予不同的零部件相应的物理特性。基于等效迎弹面积原则,采用以六面体为单元的方法进行等效模型建立,该六面体单元各个面与目标对应位置的面积相等、材质相同、等效厚度一致;将若干六面体组合成目标的关键部件;将关键部件组合即形成目标等效模型。将上述模型生成 IGES 格式文件,采用自主开发的格式转换软件对其进行转换,即可得到目标易损性等效模型数学文件。

第6章 毁伤效能智能化评估与辅助决策

武器装备毁伤效能数据工程建设的目标之一是形成可以辅助作战决策的弹药效能手册,在前述的毁伤效能数据生态、毁伤效能数据服务系统框架基础上,本书基于现代知识工程、认知科学、决策科学、人工智能等理论与技术,提出一种基于知识图谱的毁伤效能评估辅助决策支持系统构想,重点研究如何区分并创建知识资源,如何抽取、过滤生成"情境毁伤知识",如何关联知识、呈现"理解毁伤态势"等关键问题,从而实现分散的海量毁伤效能信息到具有决策质量的综合毁伤评估知识的转化,以期为未来毁伤效能智能化评估与火力运筹辅助决策系统的设计与建设提供思路与参考。

本章从毁伤效能评估问题分解、毁伤效能知识图谱生成与管理、面向毁伤效能评估领域的语义理解、战场毁伤效能信息汇聚与火力部署方案推荐、毁伤评估数据智能分析推理等几个方面对毁伤效能智能化评估与辅助决策方法进行阐述。

6.1 毁伤效能评估问题分解

针对滩涂障碍、山地工事、地面装备和有生力量等重点目标,面向各种作战决策情景的智能问答模式的毁伤效能评估与辅助决策流程是:问题输入、问题分析、信息检索、信息抽取。其中需要重点研究三个基本问题:如何分析问题,获取问句中所包含语义信息;如何构建信息检索模型,根据问题分析结果检索出答案所在知识体系;如何对知识进行抽取,从中选择出能够辅助进行精确决策的推理结果。毁伤效能评估问题分解和求解过程示意图如图6-1所示。

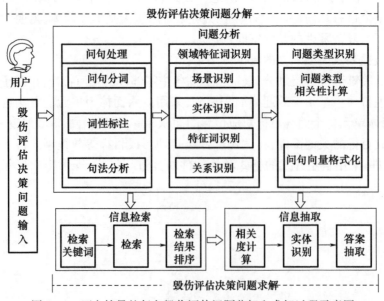

图6-1 面向情景的复杂毁伤评估问题分解和求解过程示意图

6.1.1 面向情景的复杂问题分解和求解规划生成技术

1. 面向情景的复杂毁伤评估问题分解技术

复杂问题分解的过程本质上是用结构化的方法逼近非结构化问题。首先要对复杂问题进行描述,然后是复杂问题的结构化分解和问题结构的表示。复杂问题分解过程逻辑框架如图6-2所示。可以使用问题规约法对复杂问题进行分解,这里主要使用逐级分解:按问题规约法进行分解,达到明确复杂问题的组成及其相互之间关系的目的,同时,将子问题求解目标与所处的状态空间作为匹配条件,与数学模型类知识库中的知识相匹配,选择各子问题的定量分析模型,在定量分析模型框架的指导下,完成各子问题模型类的聚合操作,生成复杂问题定量分析模型。

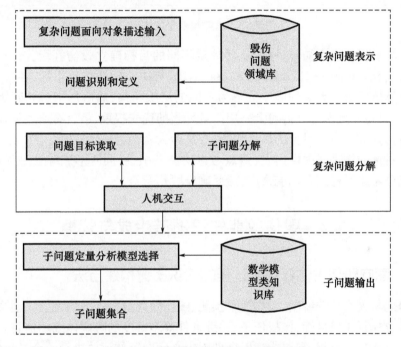

图6-2 复杂问题分解过程逻辑框架

2. 最优求解规划生成技术

求解规划生成是在战场态势、战备资源、多军种协同等各项军事指标的约束下,如何对子问题集进行优化求解,使得毁伤效能智能评估与辅助决策系统能够为毁伤评估军事决策提供实时紧急的问题输出。在求解规划生成技术中拟使用混合元启发式算法、差分进化、粒子群优化算法、自私兽群优化等算法,并使用优化策略(如单纯形法、精英反向、混沌策略)来改善混合元启发式算法用于求解最优求解规划。求解规划生成流程如图6-3所示。

6.1.2 面向重点目标的毁伤评估要素分析与设定

毁伤评估任务分解后需要确定评估要素。以重要的目标特性分析以及目标毁伤等级划分为例,为了确定目标的毁伤等级,首先应对目标特性进行详细分析,充分了解目标特

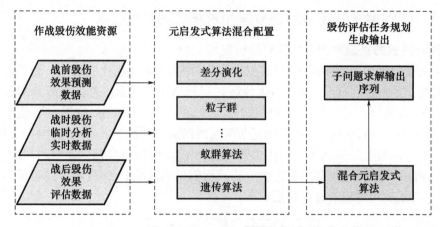

图6-3 求解规划生成流程

性以对目标的易损性进行初步分析,从而针对不同的目标确立毁伤等级。针对目标特性采用层次分析法(Analytic Hierarchy Process,AHP)将决策问题按总目标、各层子目标、评价准则直至具体的备择方案的顺序分解为不同的层次结构,然后用求解判断矩阵特征向量的办法,求得每一层次各元素对上一层次某元素的优先权重,最后再通过加权和的方法递阶归并各备择方案对总目标的最终权重,权重最大者即为最优方案。

主要从目标的物理易损性出发,重点考虑功能易损性,同时形成综合易损性,然后在此基础上充分考虑目标综合功能余度,最后确定毁伤等级。

6.2 毁伤效能知识图谱生成与管理

6.2.1 面向毁伤评估任务全过程的知识图谱构建方法

弹药编配与火力计划编制、毁伤效果预测、毁伤效果分析等毁伤评估典型决策场景需要分析时间、空间、作战目标、作战任务、关键事件等多维度的跨媒体战场信息。这些信息具有内在的发生演进流程,需要构建以事件为中心面向毁伤评估决策的全过程知识图谱,有效地进行知识库构建,同时提供便捷的信息查询。

传统的知识图谱主要以三元组和图数据库的形式存储,知识图谱的构建主要分为面向结构化数据的构建和面向自然语言文本的构建。总体来说,以事件为中心的毁伤知识图谱采用自底向上的方式构建,其主要包括数据转换及清洗、事件知识抽取、知识集成与融合、知识质量评价4个步骤。

(1)数据转换及清洗:将来自结构化和非结构化数据源统一转换为链接的数据形式,并且消除数据噪声。

(2)事件知识抽取:即从各种类型的数据源中提取出事件实体信息、属性以及实体间的相互关系,在此基础上形成时间化的知识表达。

(3)知识集成与融合:即对获得的新知识进行集成与融合,以消除矛盾和歧义,比如某些实体可能有多种表达,某个特定称谓也许对应于多个不同的实体等。

(4)知识质量评价:对于经过融合的新知识,需要经过质量评估之后(部分需要人工参与甄别),才能将合格的部分加入到知识库中。以事件为中心的毁伤知识图谱的构建流程如图6-4所示。

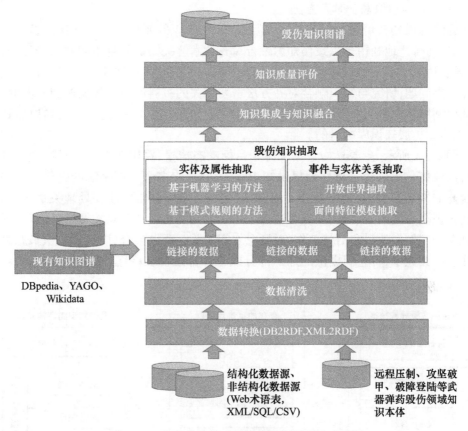

图6-4 以事件为中心的毁伤知识图谱构建流程

6.2.2 多源异构毁伤数据统一表征技术

本书研究军用数据库、作战文书、情报文本、图像、流媒体等多源异构毁伤数据统一表征技术,这些结构化、半结构化和非结构化的知识都可以用三元组来表示,而传统数据库并不能够直观地体现出三元组之间的相互关系。Neo4j 数据库虽为节点和边提供了索引功能,但是没有很好的可移植性而且发布比较烦琐,因此不适合作为此处的知识存储。相比之下,资源描述框架(Resource Description Framework,RDF)对三元组的表示具有显著优势,由于 RDF 只是一种对图的建模方式,并没有规定其存储形式,因此可以不受限制地选择合适的格式来序列化,具有强大的表现能力和可扩展性。RDF 中全部的知识都是用三元组 <主体,谓词,客体> 来描述的,其含义是主体拥有谓词所描述的这一类属性,而客体就是这个属性对应的属性值,属性值的类型既可以是一个其他的对象资源,亦可是文字描述或者简单的数据,这些数据的类型可以是整型、布尔型、浮点型、日期型或字符串等。在上述 RDF 三元组的结构描述中,主体和谓词都是用资源来描述的,客体就没有那么严格的限制,既可以用资源描述,也可以用文本表示。

6.2.3 多源毁伤知识融合对齐及知识提取方法

1. 多源异构知识融合对齐方法

研究多源毁伤知识融合对齐技术，拟解决毁伤知识的复用问题和毁伤知识的共享问题；研究如何合适地利用多源毁伤知识融合对齐技术解决知识的复用问题、重复冗余的问题、知识表达意思不一致的问题；研究使用知识融合对齐技术解决实体之间的相互关系以及实体分类问题；研究与知识融合对齐方法密切相关的机器学习和数据挖掘方面的算法；研究如何利用多源毁伤知识融合技术综合不同背景的知识，并把生成的新知识加到知识库中，以达到扩展知识库的目的。

如图 6-5 所示，多源异构数据来源于目标动态情报、军用数据库、作战文书、情报文本、图像、流媒体等。为了更好地提供知识服务功能，将多个不同来源的毁伤知识进行知识融合是非常有必要的，也就是要对概念、实例、属性进行融合，还要处理关系的冲突，解决毁伤知识重复冗余的问题、知识表达意思不一致的问题以及要对数据进行清理的问题，要将概念和实例做映射和消歧工作，对概念之间的关系要做整合，以达到知识来源之间相互合作或相互竞争，将它们提供的知识部分或全部都融合在一起，形成新的知识，对知识图谱进行扩充的目的。

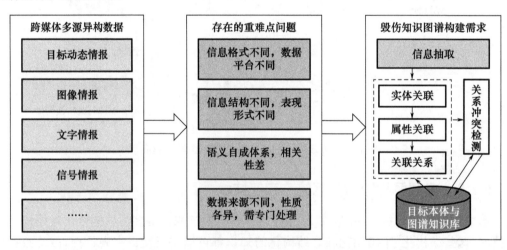

图 6-5 基于跨媒体多源异构数据的毁伤知识图谱构建问题分析

构建毁伤知识图谱需要考虑多方面的问题，其中最主要的是要考虑到毁伤知识的复用问题和毁伤知识的共享问题。多源毁伤知识融合对齐技术综合了不同背景的知识，主要利用机器学习和数据挖掘相关算法，把生成的新知识加到毁伤知识库中，以达到扩展知识库规模和丰富知识库中内容的目标。其中多源知识融合过程如图 6-6 所示。

2. 跨媒体异构数据的知识提取

军用毁伤效能知识包含战场基础知识、军事常识、战法规则、关键事件等。其来源多种多样，封装格式也各不相同，按照数据源的结构化程度可分为结构化数据、半结构化数据和非结构化数据。知识抽取即指把蕴藏在跨媒体异构数据的知识通过识别、解析、筛选、总结等一系列过程抽取出来。

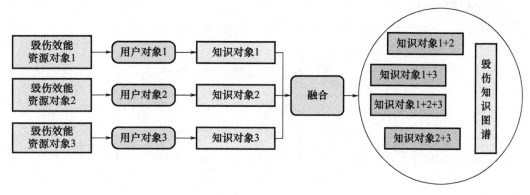

图 6-6 多源毁伤知识融合过程

其中,结构化数据主要指军用数据库,如地面装甲数据库、弹药数据库等。半结构化数据主要分为 HTML 树(DOM)、HTML 表格(TBL),主要来源于军迷论坛、新闻媒体、维基百科等网页。非结构化数据分为文本、图像、视频、声音等,其中作为知识抽取对象的主要是文本,其来源包括军事情报、作战文书等。

本书研究基于机器学习从跨媒体异构毁伤数据中提取知识的方法,完成从海量异构毁伤数据中提取知识的模型的构建,从而打破数据壁垒,推进军用领域之间的数据互通,提高军队信息化程度。

本书从三个方面分别进行知识的提取。

1)结构化知识的提取

由于结构化数据各项之间存在着明确的关系名称和对应关系,因此针对结构化数据利用前期研究积累的军事领域相关的大量关系数据库,开发多种面向结构化数据的知识抽取工具,设计基于模板的转换、人机交互转换等方法,直接利用这些工具将历史数据库(如武装直升机参数数据库)中的关系表转化为 RDF 或三元组形式。

2)半结构化知识的提取

半结构化数据主要指新闻、军迷论坛、维基百科等网页数据。其中代表性的半结构化数据就是 HTML 树(DOM)和 HTML 表格(TBL)。DOM 树的结构暗示了实体之间的关系,TBL 包含具有关系数据网络的数据,其知识抽取与结构化数据类似。

3)非结构化知识的提取

非结构化知识主要是针对文本(如作战文书等)进行的军用知识抽取。可采用来自 Transformers 的双向编码器表示(Bidirectional Encoder Representation from Transformers,BERT)模型进行对文本的知识抽取。

首先在每个文档上运行 BERT 模型执行命名实体识别、依存分析、共引分辨率(每个文档内)和实体联动等操作,接下来使用机器学习的方法进行关系抽取。对每一个给定实体对,根据上下文对实体关系进行预测。预先抽取实体中定义的类别,随后人工标注一些数据,针对军用数据对其设计特征表示,最后选择分类方法和评估方法。

最后是事件抽取,从文本信息提取出有用的事件信息,并以结构化的形式呈现。比如从文本"1916 年 9 月 15 日,有 48 辆马克 I 型坦克首次投入索姆河战役。"提取出事件类型、时间、地点、作战单位以及作战数量等信息。

综上分别对结构化数据、半结构化数据以及非结构化数据进行知识抽取,从而完成整个数据集合的知识抽取。多源异构数据的知识提取模型如图6-7所示。

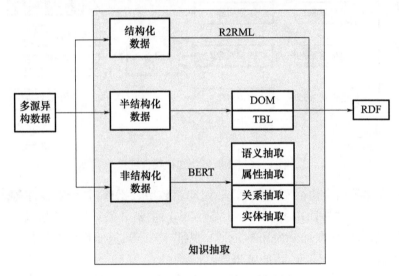

图6-7 多源异构数据的知识提取模型

6.3 面向毁伤效能评估领域的语义理解智能问答

本书研究基于语义理解的智能问答技术,其目标是根据用户毁伤评估问题从各种数据中获取相关答案,提供人机交互接口。基于语义理解的智能问答技术研究内容主要包括以下几个方面:

研究语义理解方法。语义理解主要将问题解析为计算机能够理解的形式,自然语言语义表示包括分布语义、框架语义、模型语义。智能对话平台的语义理解采用模型语义的一个变形,使用领域、意图、词槽来表示问题语义。领域是指同一类型的数据或者资源,以及围绕这些数据或资源提供的服务;意图是指对于领域数据的操作,一般以动宾短语来命名;词槽用来存放领域的属性。

研究对话管理方法。对话管理不仅决定了系统的应答语义(自然语言生成模块决定具体的应答语句),还可以预测对话的进行方向,用得较多的对话管理方法都是以对话模型理论为基础的。对话模型形式化地描述了语义和语用以及两者之间的相互关系。对话模型可大致分为三类:语法模型、规划模型和互动模型。

研究答案生成方法。答案生成首先使用语义理解解析的问题语义信息建立三元组,从而生成知识图谱查询语言,最后通过查询语言查询知识图谱获取答案信息。

智能问答的目的在于用准确、简洁的自然语言回答用户提出的问题。对于基于知识图谱的智能问答,其实现过程主要在于问句分析和答案提取两个步骤。问句分析指分析用户自然语言问句包含的语义信息,需要设计词性标注、实体识别、语义消歧等方法。答案查询指在分析出问句包含语义信息后,在知识图谱中查询问句相关知识,给出正确答案的过程。

6.3.1 面向毁伤评估领域的智能问答系统算法框架

本书设计的面向毁伤评估领域的智能问答系统算法框架是针对知识图谱的智能问答算法，重点在于结合知识图谱将自然语言问句转化为知识查询的问题。算法流程框架如图 6-8 所示。

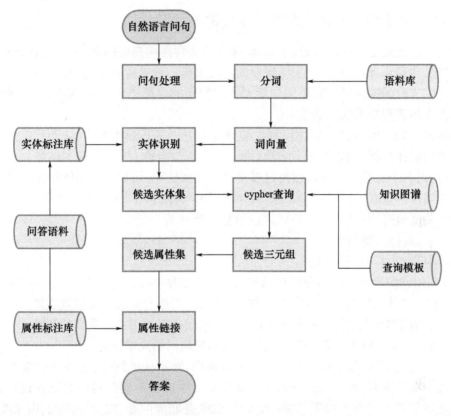

图 6-8　毁伤效能评估智能问答算法流程框架

图 6-8 中中间纵栏为主要流程，左侧为相关数据集，右侧为部分数据处理操作。从图 6-8 中可以看到用户输入一个自然语言问句后经过各模块处理，最终可以从知识图谱中寻找到问题的相关结果。

下面是针对图 6-8 中部分流程模块的相关说明：

(1) 自然语言问句：指用户自然语言表达的提问。

(2) 问句处理：这里主要是进行分词、去停用词等数据处理部分工作。由于中文不同于英文以单词为最小粒度，对中文问句的分析必须考虑到词语的整体语义，所以分词在中文自然语言处理中是必经的一步数据处理过程。

(3) 词向量：利用词嵌入技术来代替传统方法提取词语的潜在语义信息，将问句输入转换为模型词向量输入，主要利用 word2vec 等工具训练语料来完成。

(4) 实体识别：该步骤目的在于通过自然语言处理的方法获取用户问句中包含的实体名称。

(5) 属性链接：目的在于找到问句询问的实体相关属性。

(6)候选三元组:目的在于描述问句可能的三元组,如 < NER,PRO,VAL >(实体:NER,属性:PRO,属性值:VAL)。在上文获取到问句实体和相关属性后,标记为候选三元组放入候选集合。

(7)cypher 查询:根据问题类别及查询模板、上文流程识别的实体和属性信息,构建查询从知识库中获取候选三元组,从而构建候选属性集。

6.3.2 基于自然语言处理的问句分析

问句分析是通过自然语言处理的方法来分析并理解用户的问题,主要包括图中分词、词向量特征构建、实体识别以及实体层面的消歧工作。首先对问句进行数据处理,这里指的是进行中文分词操作以及利用词向量来提取问句的隐藏语义特征,将问句表示为低维向量作为实体识别步骤的特征输入。

将该矩阵向量输入经过实体识别模型处理后可以将其标注为实体,而后在知识库中找到相关的实体名称(通常为正式名称、别名以及相似名称)作为候选实体集。获取到候选实体后,对每个实体的所有属性经过属性链接模型处理,找到每个实体相关度最高的属性为候选属性。获取候选属性后,经过问句分析可以分析到问句相关的实体名称,以及对应实体相关度最高的属性名称,得到这些信息也意味着一定程度理解到用户问句想询问的关键信息,具体步骤如下:

(1)对问句进行分词处理。

(2)利用词向量提取问句深层次的语义特征及表征。

(3)利用实体识别模型标注问句实体,并从知识图谱中提取相关候选实体。

(4)分析问句相关属性,并从知识图谱中提取候选实体相关度最高的属性。

(5)整合(3)、(4)中获取信息即为用户问句想询问的关键信息。

自然语言的问答,通常会涉及事物的各方各面,对不同的问题,在知识图谱中进行查询的方式会有所区别,本节将讨论如何在知识图谱中进行不同问题的答案查询。通常问答系统会将用户问题分为以下几类:事实类问题、是非类问题、对比类问题、因果类问题、关系类问题、观点类问题。

基于知识图谱的智能问答系统,由于结构化知识中描述的更多的是实体的属性信息,所以相对一般的问答系统,其更关注事实类、定义类的问题,也更擅长在这些问题上进行回答。问答的实现过程,其实是根据问句分析过程获取到的实体和属性,在知识图谱中检索相关知识的过程,以声明式查询语言 cypher 为例的构造查询流程。

在获取到问句中实体后,根据实体名称在知识库中查询相关三元组,从而获取到实体相关属性及属性值。对于事实类问题,只需要查找到相关的候选属性集合,通过属性链接模块的相似度匹配即可获取到正确答案。对于其他类型的问题,则需要根据问题的不同构建不同的查询方法,如是非类问题,答案需要给出的并不是相关属性值,而是"是"或者"不是";对比类问题,需要给出的也不是属性值,而是对比结果。

6.3.3 面向语义理解的智能问答流程

面向语义理解的智能问答技术,以自然语言问句作为输入,并根据已有结构化知识库提供的信息,寻找到问句的一个或多个答案。其中语义理解将非结构化的文本信息转化为结构化的语义表示,将系统的动作转换为系统能够理解的自然语言。对话管理根据语义理解的结果以及对话的上下文语境等进行综合分析,通过知识管理查询知识库来生成答案,具体流程如图 6-9 所示。

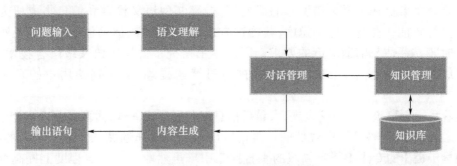

图 6-9　基于语义理解的智能问答流程

智能问答技术的关键是语义理解,语义理解将问题转换为系统能够理解的自然语言,包括关键信息抽取(实体识别任务)和用户意图识别。语义理解首先接收用户以自然语言方式表述的提问,使用二元分词将其切分成一系列词组;然后提取关键词与特征词,根据问题分析的需要,提取关键词、问句特征词以及提问侧重点,得到包含语义信息的关键词串和特征词串,对关键词进行同义和近义词转化等处理;再依据问句特征词进行提问方式识别,对提问侧重点进行分析,最终形成包含语义信息的 n 元特征向量。智能问答的答案生成基于知识图谱,其中问答匹配的流程如图 6-10 所示:

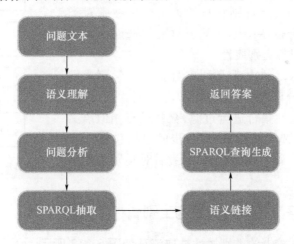

图 6-10　基于知识图谱的答案生成流程

首先用户输入问题文本,然后通过语义理解完成问题分析,得到问题的类别、实体等信息;然后完成构造 SPARQL 模板工作,语义链接主要解决语义理解中待链接的自然语言表达分别链接到 <类别,资源,实体> 对应的知识图谱中的 URL 上,SPARQL 查询生成模块根据 SPARQL 模板以及问题类别和连接完成的实体,构造标准的 SPARQL 查询;最后由 SPARQL 查询返回相应的结果,并转化成用户易于理解的形式。

6.4 战场毁伤效能信息汇聚与火力部署方案推荐

近年来军事上基于语义知识库的面向实体、事实的语义检索和信息集成研究不断涌现。尽管目前存在有多种知识库，其构建方式也多种多样，但是仍旧无法满足军事领域对实时毁伤评估与辅助决策的要求。因此本书研究多源答案语义级融合技术，通过在语义级融合多源答案，准确地对信息进行过滤与提炼，从而判断用户的真实信息需求。

随着我国军事领域的迅速发展，大量新信息以各类形式涌现，而多源传播媒介中较低的信息融合效率、问答系统中较低的检索精度已然成为毁伤领域从业人员苦恼的问题。领域内早年提出的专注于特定领域的垂直搜索引擎虽然能够在一定程度上提高检索精度，但仍不能满足是针对实时毁伤评估与辅助决策中对信息准确程度、反应速度、更新频度的要求。想要准确地对信息进行过滤与提炼，判断用户的真实信息需求，必然离不开对多源答案进行语义级融合。

6.4.1 基于多过滤器驱动的类别属性抽取算法

实现多源答案语义级融合技术关键算法的第一步为基于多过滤器驱动的类别属性抽取算法。抽取过程包括3个步骤：首先，从目标类别实体文本条目标签中提取候选类别属性；其次，使用统计规则和自然语言处理技术对类别候选属性集合进行过滤；最后，基于类别候选属性的分散度统计规律排序目标类别属性。

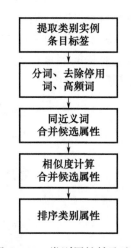

图 6-11 类别属性抽取流程

如图 6-11 所示，首先提取类别实例条目标签，对类别原始候选属性进行分词，去除停用词和高频词。然后，对上一步得到的候选属性集合进行过滤，合并具有相似语义的候选属性，减少候选属性数量，这一步的过滤包括同近义词合并与相似度计算合并候选属性，最后对类别属性进行排序。

6.4.2 基于语义关联度挖掘的类别属性抽取算法

基于语义关联度挖掘的类别属性抽取流程如图 6-12 所示。

实现多源答案语义级融合技术关键算法的第二步为基于语义关联度挖掘的类别属性抽取算法。首先需要从多源答案数据集合中抽取条目标签，建立原始候选属性集合；然后对原始候选属性集合进行预处理，切分词，利用停用词表去除停用词，去除高频词，生成候选属性集合，建立"文档 - 候选属性"的 $m \times n$ 矩阵；之后将矩阵转换为共现度矩阵，计算候选属性对的归一化距离。

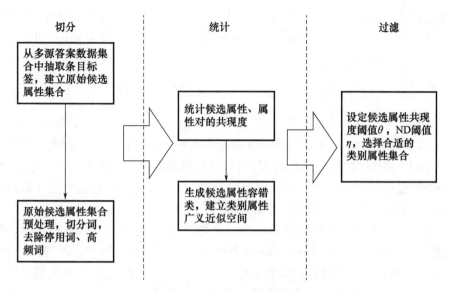

图6-12 基于语义关联度挖掘的类别属性抽取流程

6.5 毁伤评估数据智能分析推理

根据战前预测、战时分析、战后评估的毁伤效能评估三个阶段开展智能分析推理技术研究,支持兵力武器作战方案推荐。

基于知识图谱的实时毁伤效果预测技术采用机器学习算法,对军事战场实时场景进行预测分析,进而做出正确的战场毁伤预测,以应对复杂多变的战场环境。主要包括以下关键技术:

1. 毁伤效果动态预测功能层次框架构建技术

毁伤效果动态预测以军事领域知识为基础,自适应地对急剧动态变化的战场场景进行监控,自动对实时多源数据进行分析、推理和判断,做出当前战场场景的合理应对。由于毁伤效果预测的输入数据和知识库都具有不确定性,所以需要动态预测功能框架来完成。

2. 基于动态贝叶斯网络的敌方作战体系及作战重心关系分析技术

作为一种知识表示和进行概率推理的框架,贝叶斯网络在具有不确定性的预测和决策问题中得到了广泛的应用。对敌方作战体系及作战重心关系分析是态势预测的一个重要环节,该网络以图形的模式表示网络中节点之间的信息传播过程。

3. 基于知识推理的敌方目标要素关系及作战行动推理技术

对于敌方目标和作战行动通过独立于知识库的、易于识别的推理控制机制进行,整个系统的工作是从知识库出发,通过控制推理得到所需的结论,其解决问题的能力很大程度上取决于所存储知识的正确性、可用性和完备性。同样需要收集大量的知识,包括敌方目标的先验知识与数据、军事专家的经验和启发性知识等。

4. 基于模版匹配与机器学习的敌方毁伤趋势分析技术

通过设计开发的态势提取工具获取的知识称为模版。根据毁伤效果预测的需要,模版中应包括的信息有:目标及实现的计划,事件和活动之间的相互关系,不同类型证据的确定。

6.5.1 基于机器学习的毁伤评估作战辅助决策方法

为了准确理解指挥员的真实意图,快速准确地找到合适的毁伤决策资源,给出合理建议,减轻指挥员的决策负担,本书提出基于机器学习的毁伤评估作战辅助决策方法。该方法引入神经网络模型,替换基于仿真推演的行动效果预测模块。具体而言,其通过模拟人脑的决策推理过程和学习人类决策推理经验,挖掘历史作战推演数据中隐含的毁伤评估规律,进而实现对作战毁伤效果的科学评估。

基于机器学习的行动效果评估模型的核心思想是,通过对仿真大数据中隐含的关于"在过去的仿真推演中,针对在不同的决策条件下采取相应的决策方案取得的行动效果"的抽象和学习,将无监督的特征提取和有监督的网络训练相结合,让神经网络模型提取隐含在作战数据中的特征,拟合复杂的作战规律,利用神经网络良好的记忆、联想、泛化和并行计算能力,实现对决策方案行动效果的快速预测和评估。

基于机器学习的毁伤评估作战辅助决策框架如图 6-13 所示。

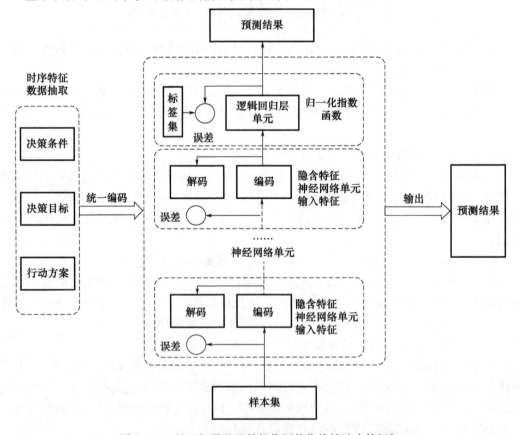

图 6-13 基于机器学习的毁伤评估作战辅助决策框架

在构建决策效果评估模型时,本书进行如下设计:

(1)设计面向时序特征的输入信息编码方法,抽取战场环境及相关仿真实体的基本属性及多个时刻的状态特征,并将其与决策目标、决策方案进行整合,经过统一编码和标准化处理,作为决策效果评估模型的输入。

(2)设定评价决策效果的模式标签,即按照人类思维习惯,定义模糊数集,以决策方案付诸实施后取得的实际作战效果与期望效果之间的差距来度量决策方案的优劣,解决决策效果难以度量和比较的问题。

(3)构建具有神经网络结构的决策效果预测模型,利用其良好的特征提取和复杂规律拟合能力,挖掘隐含在决策条件、决策目标、决策方案和决策效果之间的关联关系。

(4)在对历史推演数据统计分析的基础上,结合领域专家的认知经验,抽取数据样本,并为其添加模式标签,以克服传统算法在知识获取和知识表达上的困难。

(5)利用数据集对模型进行训练,将知识经验融入网络模型,利用模型对决策效果进行评估。

6.5.2 基于知识图谱的实时毁伤效果预测

基于知识图谱的实时毁伤效果预测技术采用了机器学习技术,以实现局部作战行动的毁伤效果预测、耗弹量测算以及毁伤效果分析。该毁伤效果预测技术研究内容主要包括:

(1)研究图结构行为演化预测模型:针对敌军的行为模式和武器装备出现的场景问题,通过相似性分析、类统计分析、条件过滤分析等方法,定位敌军对象以及疑似敌军对象的行为轨迹特征。实现对敌军的军队、武器装备行为模式的有效追踪,进而追踪和识别可疑目标的临近和相似个体。

(2)目标异常行为预测技术:在初始对象网络图谱结构中,首先基于目标最大化模型寻找敌军目标源;接着研究随着时间变化,网络结构发生变化的情况下,有效对网络结构变化进行建模和量化,以实现信息溯源和传播估计的同时,准确描述敌军的动态特性和变化趋势。

(3)异常行为预测支持技术:构建知识图谱的大数据平台关注实时聚集度是通过对大规模敌军军队、武器等轨迹趋势分析的实时获取,并对相关事件进行预测。

为有效对军事问题分析预测,本书提出一种基于机器学习算法构建的军事毁伤效果预测模型。首先本书以战场场景来获取核心语义摘要数据,然后利用潜在狄利克雷分配(Latent Dirichlet Allocation,LDA)主题模型实现科技文献中信息抽取和主题强度表征热点度,进而利用余弦相似度定理建立主题关联构建,最后利用机器学习算法进行预测分析,并对不同机器学习算法预测能力进行分析。实时毁伤效果预测框架如图6-14所示。

其中,本书选取的是目前时间序列预测研究中常用且准确度较高的3种机器学习算法作为热点趋势预测模型,分别为BP神经网络、支持向量机和LSTM模型。

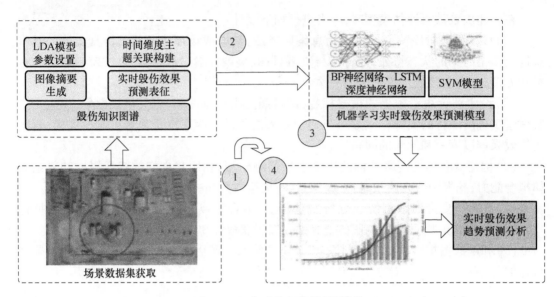

图 6-14 实时毁伤效果预测框架

第7章 部分关键技术

武器装备毁伤效能数据工程是一个庞大的系统工程,离不开相关领域的理论与技术支持。本章选择了武器装备毁伤效能数据工程所涉及的部分关键技术,进行简要介绍。这些技术包括系统分析与建模、数据智能、毁伤评估方法、毁伤效能分析计算等,最后介绍了几种新技术,包括数字孪生、云边端协同、湖仓一体化等,同时介绍了它们在毁伤效能评估领域的潜在应用。

7.1 系统分析与建模

现实世界中的任何系统都是由相互之间有机联系的实体构成的,这些实体之间存在的有机联系主要有两种:能量联系和信息联系。对于构建信息系统来说,我们最关心的是系统中各实体之间的信息联系,这是信息系统需求分析的核心内容。数据建模是将现实世界中实体与实体之间的信息联系描述为计算机可以处理的数据模型的过程。通过建模可以简化信息关系的表达,使复杂的信息关系变得简洁易懂,使人们容易洞察杂乱原始数据背后的规律,可有效地将系统需求映射到软件结构,所以数据建模是系统分析的最重要和最主要的任务。

对于信息系统来说,通过数据建模,最后建立数据库结构,是系统分析的主要任务之一。所以一说到数据建模,就会想到数据库分析与设计中的概念模型、逻辑模型和物理模型,这部分内容前面已经做了说明。这里我们主要说明另外的一些分析方法和数据模型,主要有结构化分析方法和面向对象分析方法。

7.1.1 结构化分析方法

在结构化分析方法中,数据流分析方法和IDEF分析方法应用广泛。结构化分析方法及其建立的数据模型如表7-1所示。

表7-1 结构化分析方法

分析方法	建立的模型
数据流分析方法	数据流图
	数据字典
IDEF分析方法	活动数据图

1. 数据流分析方法

数据流分析方法是较早使用的一种结构化分析方法,它的主要成果是数据流图和数据字典。

数据流图用有向图来表示,有向图由弧线和节点构成。弧线和节点的含义取决于数据流图的定义。在用于表示用户业务的数据流图里,有向图的弧线表示数据,有向图的节点通常表示部门、岗位或人员等实体。在用于表示系统的数据流图里,有向图的弧线仍表示数据,但有向图的节点表示的是处理数据的程序。当然,部门、岗位或人员与程序存在对应关系,因此每个程序最终都要对应到部门、岗位或人员等用户,表示是一项工作。数据流图可以表达为多个层次,以便说明不同层次的系统结构。

数据字典是对数据实体的统一定义,一般需要做成标准化的形式,其中的数据实体包括数据流、数据元素、文件及数据库等,数据字典是对这些数据实体的规范化说明。由于每一种数据实体又需要一系列的信息来说明,所以数据字典的内容和结构实际上往往比想象的要复杂。例如数据元素,主要说明数据元素的定义,但往往还要说明数据元素的各种性质,有的还要说明多个数据元素之间的关系。对于有标准值集合的数据元素,还要给出标准值的清单或说明。所以在实际中,一般是根据一些经典结构和分析具体问题的需要,确定一个适用的数据字典结构,应用于具体的系统分析。

根据系统分析的不同,有的还需要定义出程序的层次结构,这里不再赘述。

2. IDEF 分析方法

IDEF 是用于描述企业内部运作的一套建模方法,最早由美国空军发明。由于其具有很多优点而被广泛接受使用,它是一个方法和模型的系列,包括从 IDEF0 到 IDEF14 在内的 16 套方法。其中的每套方法都用于获取某个特定类型的信息,最常用的是 IDEF0 ~ IDEF4 这 5 种方法。

  IDEF0:功能建模

  IDEF1:信息建模

  IDEF1X:数据建模

  IDEF2:仿真建模设计

  IDEF3:过程描述获取

  IDEF4:面向对象设计

每一种方法都定义了一系列的元素用来描述系统的特定特征,所以每一种模型其实代表了一种表达系统结构和特征的方法。这些模型既可以单独使用,也可以配合使用,以清晰地描述系统的结构和特征。

7.1.2 面向对象分析方法

面向对象的分析方法更符合人的自然思维方式,所以在面向对象的分析方法提出以后,便很快得到了广泛应用。面向对象的分析和建模方法也有很多种,如表 7 - 2 所示。

表 7 - 2 面向对象的分析方法

建模方法	模型表示
UML	使用实例图
	顺序图
	交互图

续表

建模方法	模型表示
OMT-2	文本化的使用实例描述
	使用实例图
	对象交互图
	场景图
Booch'93	文本化的使用实例描述
	使用实例图
	对象交互图
	场景图
Coad/Yourdon	文本化的使用实例描述
	使用实例图
	对象交互图

在表7-2中,Booch、Coad/Yourdon的对象建模技术(OMT)和Jacobson的面向对象软件工程(OOSE)方法在面向对象软件开发界得到了广泛的认可,他们的方法中包括了面向需求分析的使用实例方法。

统一建模语言(Unified Modeling Language,UML),结合了Booch、OMT和OOSE方法的优点,统一了符号体系,并从其他方法和工程实践中吸收了许多经过实际检验的概念和技术,成为面向对象建模方法的标准。

7.2 数据智能

作为信息革命中最具颠覆性、变革性的前沿技术,人工智能是互联网出现以来技术社会形态的第二次世界性萌芽。在爆炸式积累数据、神经网络模型算法与强劲计算力的持续推动下,数据已成为机器学习的重要支撑,智能则是数据深度挖掘的关键输出,在经济生产、社会民生行业的应用场景日趋明朗。数据智能(Data Intelligence)在国防领域也产生了深远影响,推动激发降本增益的效能和更高质量的活力。美国国防部储备了一流的科研人才,所参与的国家规划和自身布局的研发项目孕育了该技术方向下美国国防事业的发展方向。本书将在梳理数据智能概念的基础上,分析近三年相关战略布局及国防高级研究计划局(Defense Advanced Research Projects Agency,DARPA)开展的多元化项目,着重对美国数据智能的最新进展及其国防应用展开解剖和论述。

1. 数据智能的概念理解

在国防科技竞争的前沿领域,数据智能的发展推动作战理论变革和装备智能化趋势,为国家安全治理带来了机遇与挑战。基于政府、学术界和产业界的理论与实践探索,本节首先厘清数据智能的核心概念,尝试辨析其与传统数据科学(Data Science)、人工智能主流理解的具体关系,如图7-1所示。

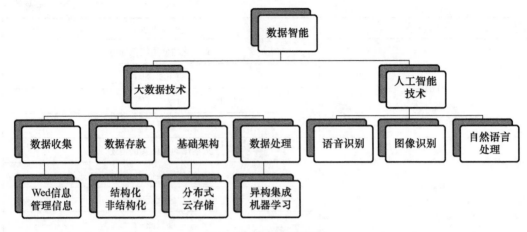

图 7-1 数据智能内涵

数据智能源于大数据一词在智能时代的流变和碰撞,是人工智能技术和大数据技术相互交融的概念性产物。在数字时代,数据来源较为广泛,异构程度极其复杂,国内外各行各业的中英文网站、社交微博等都是可采集的数据源。数据智能就是基于机器学习、数据挖掘和大数据分析来实现智能判断和决策,具体通过数据清洗和转换、特征提取和整合、数据的探索性分析等途径,在输入到输出的全过程自主性地解决问题。它主要通过智能化去重、排序等信息过滤方式来提高数据抓取过程中的准确性,减少无效数据对系统分析精准度的影响,进而模拟启动微电子设备到机器人自主平台的逻辑、概率、感知、推理、学习和行动等。随着高级机器学习、分布式计算等先进技术的涌现,数据的发展逐渐呈现出高维度、高阶态、异构性的复杂态势。

数据智能的概念区别于传统的数据科学和普遍意义上的人工智能。数据科学是研究赛博空间数据问题的理论与方法,其本身边界较广,且明确以数据界中的数据作为研究对象,为自然科学及社会科学提供了数据研究的新方法。数据科学涉及数理统计、代码编程、商业分析等多样性维度,在不同领域已形成较有针对性的数据学,如行为数据学、气象数据学、金融数据学、脑数据学等。相对而言,数据智能的深层次目标在于帮助开展预测和决策,而非停留在数据科学的分析和展示层面。

在实现方式上,人工智能一是包括基于规则的半智能,即通过计算机按照规定语法结构录入规则,采用不大灵活的规则进行智能处理;二是无规则的统计智能,即发挥计算机在数据统计、概率分析方面的优势,通过读取大量数据进行智能处理;三是深度神经网络的新一代智能,随着存储成本的降低和处理速度的提升,深度学习算法大幅优化了智能的精准度。相对而言,数据智能则是人工智能的主流分支,智能服务提供了高附加值的赋能优势,有利于吸纳用户,而流量用户的增多反过来又产生了更多数据,使智能本身更为优化。

2. 数据智能领域战略与管理布局

在世界主要军事强国中,美国是开展智能系统、自主无人平台第一梯队的领先者,2016 年开始重点关注智能化技术的开发应用,出台了若干战略规划,明确提出开发适用于智能培训和测试的公开共享数据集和环境战略,持续投入基于数据驱动且以知识开发为目的的方法论。此后,国防部迅速将智能化定位为维系美国军事强国主导权的核心助力,于 2017 年正式启动内部智能项目研发。近两年,美国政府和国防部更加强调颠覆性数据智能技术的战略布局和落地推进。

7.2.1 不同来源主动诠释含义

2017 年 DARPA 启动了"不同来源主动诠释"(Active Interpretation of Disparate Alternatives,AIDA)项目,以期克服数据环境的混乱、矛盾和潜在欺骗性。"不同来源主动诠释"项目将开展模糊性多源信息流的重要数据筛选研究,开发一种多假设"语义引擎",根据从各种来源获得的数据,产生对现实世界事件、形势和趋势的显性化释义;解决当今数据环境下的数据繁杂、矛盾和潜在的欺骗问题等。

美国政府强调保持对不同领域发展和对世界各地事件、局势和趋势的战略性理解优势。用于增强这种理解所使用的信息来源很多、类型各异,大多是结构化和非结构化数据的混合。其中,非结构化数据包括英语和其他各种语言的语音或文本,以及图像、视频和其他传感器信息,对于结构化数据,其表达性、语义和特异性也可能不同。此外,由于数据包含准确和不准确的信息,内容混杂甚至矛盾,具有潜在欺骗性,因此,其复杂性已经超出了分析师从各种信息源搜集有价值信息的能力。

7.2.2 不同来源主动诠释目标

"不同来源主动诠释"项目通过对不同方案的主动解释,采用人工智能、机器学习、自然语言理解、计算机视觉、神经网络等技术,对从广阔渠道获得的数据进行处理,生成对真实世界事件现状和趋势的解释,从而透过矛盾看清真伪,帮助分析员和决策者提升分析能力,形成对事态更加透彻的理解和感知,从而获得对塑造世界的元素和力量更加透彻的理解。

美国政府一直希望更好地理解世界每天发生的各种事件、世界的现状和未来趋势。然而,最近几年来,信息的复杂性已经超出分析师从各种信息源搜集有价值信息的能力,这些信息样式各异,是结构数据和非结构数据的混合体,从军事情报到社交媒体,包含准确和不准确的消息。近年来,DARPA 试图通过开发"不同来源主动诠释"项目克服现有的数据环境混乱、矛盾和潜在的欺骗性。不同来源主动诠释提供了对趋势和事件的更好理解,清除了不相干的和不可靠的数据。

不同来源主动诠释的目标是开发一种多重假设"语义引擎",这种"引擎"基于从广阔的渠道获得的数据,生成真实世界事件、现状和趋势的备选解释或者意义。不同来源主动诠释旨在创造一种技术,这种技术能够自动地聚集和扫描采自多个媒体的碎片信息,并将这些信息转化为常用表述或故事情节,然后生成和探究各种关于事件、现状和趋势的事实真相和言外之意的假设,如图 7-2 所示。

首先,在语义映射和反馈阶段(TA1),需要解决核心部分,即利用现有分析算法从所有可用媒体中提取知识元素,并将这些信息映射到定义的公共语义表示语言中。这一阶段的主要输入包括各种类型的文本、语音、图像、视频及其相关元数据流。通过分析每个输入的信息项,最终生成出一组关于该信息项中可观察到的事件、子事件或动作、实体、关系、位置、时间和情感的结构化表示。除了出处记录外,表示的每个知识元素(包括互排斥的知识要素)都需要有一个与之相关的置信度度量。

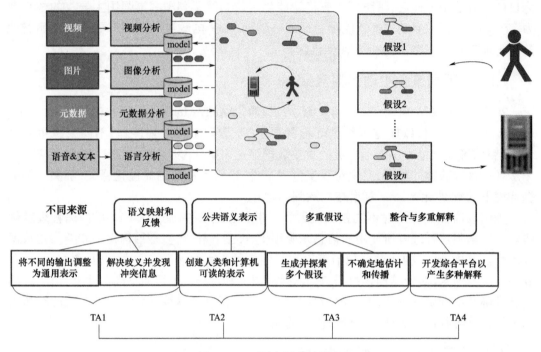

图 7-2 不同来源主动诠释

其次,在公共语义表示阶段(TA2),需要重点研究和开发一种新的通用语义表示,使人和计算机都可读。将输入的结构化且具有置信度量知识元素,用通用语义进行语言表示,并形成一个体系化的知识库。

另外,在多重假设阶段(TA3),需要在知识库中以公共语义表示的方式组装信息,从而形成一个或多个内部一致的假设,其中的每个假设都应该捕获一个内部一致的世界模型,通过对输入数据的某些子集的解释,进而估计和传播不确定性。

最后,集成和多重假设阶段(TA4),需要开发出一个能够接受各种数据流的原型,该原型必须能够实现通过探测知识库、显示假设、向系统提交查询、编辑知识库或假设中的知识元素,以及向计算的任何阶段注入额外的"假设"来管理用户交互。

DARPA 信息创新办公室项目经理 Boyan Onyshkevych 说,对于那些力图理解世界大事的人,没有由其他媒体提供的信息作为参考,经常独立分析来自各个媒体的信息是有挑战的。经常出现的情况是,各个独立的分析会导致仅仅只有一种解释,而由于缺少证据,没有备选的解释,甚至缺少那些可以反驳那些可能选项的证据。通常在后续的分析过程中,当这些独立的、无力的分析被放在一起,结果会是单一的表象的认识,而不是一个真正的认识。

不同来源主动诠释项目希望让每一条信息和语义引擎生成的每一个假设的可信度都大大提高。为了让信息更加准确和没有歧义,符合现实世界的期望,此项目也将尝试让信息和数据更容易让人理解,通过调整变量和概率生成备选选项。

Boyan Onyshkevych 说,甚至结构数据在表达、语义和特异性的陈述上也会变化。不同来源主动诠释有可能帮助分析员和军队决策者改善他们的分析,以便他们更能同更大更完整的整体语境相一致,并且能获得对塑造我们世界的元素和力量的更加透彻的理解。

7.3 评估方法

7.3.1 层次分析法

层次分析法(AHP)是美国运筹学家 T. L. Saaty 教授于 20 世纪 70 年代初期提出的一种简便、灵活而又实用的多准则决策方法。层次分析法是一种能将定性分析与定量分析相结合的系统分析方法,是分析多目标、多准则的复杂大系统的有力工具。层次分析法大体可以分为以下 5 个步骤。

1. 建立层次结构模型

首先,将复杂问题分解成称为元素的各组成部分,把这些元素按属性不同分成若干组,以形成不同层次。同一层次的元素作为准则,对下一层次的某些元素起支配作用,同时它又受上一层次元素的支配。这种从上至下的支配关系形成了一个递阶层次。处于最上面的层次通常只有一个元素,一般是分析问题的预定目标或理想结果;中间层次一般是准则、子准则;最低一层包括决策的方案。层次之间元素的支配关系不一定是完全的,即可以存在这样的元素,它并不支配下一层次的所有元素。

其次,层次数与问题的复杂程度和所需分析的详尽程度有关。每一层次中的元素一般不超过 9 个,因一层中包含数目过多的元素会给两两比较判断带来困难。

最后,一个好的层次结构对于解决问题是极为重要的,层次结构建立在决策者对所面临的问题具有全面深入认识的基础上。如果在层次的划分和确定层次之间的支配关系上举棋不定,最好重新分析问题,弄清问题各部分之间的相互关系,以确保建立一个合理的层次结构。

2. 构造两两比较判断矩阵

在建立递阶层次结构以后,上下层次之间元素的隶属关系就确定了。假定上一层次的元素 C_k 作为准则,对下一层次的元素 $A_1, A_2, \cdots, A_n$ 有支配关系,目的是在准则 C_k 之下按其相对重要性赋予 $A_1, A_2, \cdots, A_n$ 相应的权重。

第一,在两两比较的过程中,决策者要反复回答问题:针对准则 C_k,两个元素 A_i 和 A_j 哪一个更重要一些,重要程度如何? 需要对重要程度赋予一定的数值。

第二,对于 n 个元素 $A_1, A_2, \cdots, A_n$ 来说,通过两两比较,得到一个两两比较判断矩阵 $\boldsymbol{A}$。$\boldsymbol{A} = (a_{ij})_{n \times n}$,其中判断矩阵具有如下性质:

① $a_{ij} > 0$;
② $a_{ij} = 1/a_{ji}$;
③ $a_{ii} = 1$。

称 $\boldsymbol{A}$ 为正的互反矩阵。根据性质②和③,事实上,对于 n 阶判断矩阵仅需对其上(下)三角元素共 $n(n-1)/2$ 个给出判断即可。

3. 计算单一准则下元素的相对权重

这一步是要解决在准则 C_k,n 个元素 $A_1, A_2, \cdots, A_n$ 排序权重的计算问题。

4. 判断矩阵的一致性检验

在特殊情况下,判断矩阵 $\boldsymbol{A}$ 的元素具有传递性,即满足等式 $a_{ij} \cdot a_{jk} = a_{ik}$。

例如,当 A_i 和 A_j 相比的重要性比例标度为3,而 A_j 和 A_k 相比的重要性比例标度为2,一个传递性的判断应有 A_i 和 A_k 相比的重要性比例标度为6。当上式对矩阵力的所有元素均成立时,判断矩阵 A_k 称为一致性矩阵。

一般地,并不要求判断具有这种传递性和一致性,这是由客观事物的复杂性与人的认识的多样性所决定的。但在构造两两判断矩阵时,要求判断大体上一致是应该的。出现甲比乙极端重要,乙比丙极端重要,而丙又比甲极端重要的判断,一般是违反常识的。一个混乱的经不起推敲的判断矩阵有可能导致决策的失误,而且当判断矩阵过于偏离一致性时,用上述各种方法计算的排序权重作为决策依据,其可靠程度也值得怀疑。因而必须对判断矩阵的一致性进行检验。

5. 计算各层元素的组合权重

为了得到递阶层次结构的每一层次中所有元素相对于总目标的相对权重,需要把3.中的计算结果进行适当组合,并进行总的一致性检验。这一步是由上而下逐层进行的。最终计算结果得出最低层次元素,即决策方案的优先顺序的相对权重和整个递阶层次模型的判断一致性检验。

经过上述步骤,就得到了问题的层次分析模型,可用来对评估对象进行评估。

7.3.2 模糊评价法

对方案、人才、成果的评价,可考虑的因素很多,而且有些描述很难给出确切的表达,这时可采用模糊评价方法。它可对人、事、物进行比较全面而又定量化的评价。

模糊综合评价的基本步骤如下。

(1)首先要求给出模糊评价矩阵 P,其中 P_{ij} 表示方案 X 在第 i 个目标处于第 j 级评语的隶属度。当对多个目标进行综合评价时,还要对各个目标分别加权。设第 i 个目标的权系数为 W_i,则可得权系数向量:

$$A = (W_1, W_2, \cdots, W_n)$$

(2)综合评判。

利用矩阵的模糊乘法得到综合模糊评价向量 B,$B = A \odot P$(其中 $\odot$ 为模糊乘法),根据运算 $\odot$ 的不同定义,可得到不同的模型。

模型1: $M(\wedge, \vee)$ ——主因素决定型

$$b_j = \max \{(a_i \wedge p_{ij}) \mid 1 \leq i \leq n\} \quad (j = 1, 2, \cdots, n)$$

模型2: $M(\cdot, \vee)$ ——主因素突出型

$$b_j = \max \{(a_i \cdot p_{ij}) \mid 1 \leq i \leq n\} \quad (j = 1, 2, \cdots, m)$$

模型3: $Af(\cdot, +)$ ——加权平均型

$$b_j = \sum (a_i \cdot p_{ij}) \quad (j = 1, 2, \cdots, m)$$

7.3.3 专家评估预测法

专家评估预测法是以专家为信息的索取对象,由专家直观地对预测对象进行分析评估,再对结果进行统计处理以获得预测结果的预测方法。该方法适用于重大的战略性问题和缺乏足够历史数据的问题。

1. 专家意见汇总预测法

专家意见汇总预测法是指依靠专家群体经验、智慧,通过思考分析和综合判断,把各位专家对预测对象的未来发展变化趋势的预测意见进行汇总,然后进行数学平均处理,并根据实际工作中的情况进行修正,最终取得预测结果的方法。

2. 头脑风暴法

头脑风暴法是针对某一问题,召集由有关人员参加的小型会议,在融洽轻松的会议气氛中,敞开思想、各抒己见、自由联想、畅所欲言、互相启发、互相激励,使创造性设想起连锁反应,从而获得众多解决问题的方法。

3. 德尔菲法

该法由美国兰德公司 1964 年正式提出,以德尔菲(Delphi)为代号。德尔菲法是采用函询调查,对与所预测问题有关领域的专家分别提出问题,而后将他们回答的意见予以综合、整理、反馈。经过多次反复循环,得到一个比较一致且可靠性也比较高的意见。

7.3.4 多目标决策法

1. 多目标决策的求解过程如图 7-3 所示。

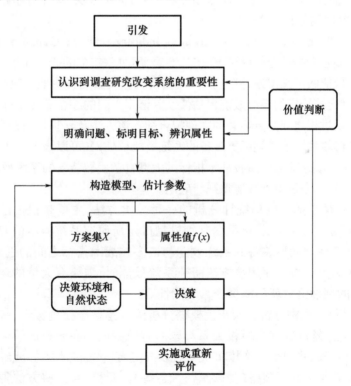

图 7-3 多目标决策的求解过程

2. 多目标决策问题的五要素

决策单元(Decision-making Unit)。决策人、分析人员、人机系统构成决策单元,主要是提供价值判断,据以排列方案的优先次序。

目标集(Set of Objectives)及其递阶结构。目标是决策人希望到达的状态,可以表示成层次结构,最高层目标是促使人们研究该问题的原动力,但是它过于笼统,不便运算,需分解为具体而便于运算的下层目标。

属性集(Set of Attributes)和代用属性(Proxy attribute)。属性是对基本目标达到程度的直接度量,当目标无法用属性值直接度量时,可以用衡量目标达到程度的间接量,即代用属性来表示。

决策形势(Decision Situation)。指决策问题的结构和环境,其范围宽窄不等。

决策规则(Decision Rule)。是指对方案排序或分档定级的依据。

7.3.5 毁伤效能评估方法

弹药毁伤效能是指:弹药系统在一定条件下,满足毁伤任务要求的可能程度。它是在型号论证时主要考虑的效能参数。弹药毁伤效能是针对毁伤任务而言,是武器系统自身毁伤能力的一种刻画,不存在所能完成的毁伤任务和需要完成的毁伤任务两者之间的关系。系统效能的评估是站在武器装备的角度,以规定的环境和装备为对象进行效能评估,属功能性的,通常是静态的非对抗的。毁伤效能评估的方法多种多样,由国内外文献知,用于研究武器装备的系统效能和作战效能的方法包括:经典的 WSEIAC 方法和近年来提出的层次分析法、模糊评价法、专家评估预测法、多目标决策法、聚类分析法、判别分析法、模糊分析法、灰色模糊分析法等。

(1) WSEIAC(Weapons Systems Effectiveness Industry Advisory Committee)方法是美国工业界武器系统效能咨询委员会集中了 50 多位专家,历时一年多的研究而提出来的。该方法是严格地从系统效能的定义出发,建立基本评估模型。模型能鲜明地反映武器装备系统效能的物理本质,其运算给出的系统效能评估值及其诸多中间的综合品质指标值,与武器装备的实际作战效果及过程之间具有显著的物理拟合性。该方法及其基本模型在工业应用上又很简便、灵活,既可单独用于各类武器装备的系统效能评估,又可以该方法为主,辅以近年提出的一些方法,用于缺乏部分定量技战术指标的大型复杂武器装备的系统效能评估。所以,该方法在美国、西欧至今仍得到普遍重视与应用。

(2) 判别分析法是基于数理统计分析的一种分类方法,主要是根据已知分类结果的某些样本数据来建立判别模型,再根据判别模型确定所研究系统样本的归类问题。用判别分析法可以研究建立武器装备的系统效能与诸多技战术指标之间的近似函数关系,也可用于参数的灵敏度分析。使用该方法研究系统效能时,需要有大量的现场数据资料作支持,否则得到的判别函数就不能保证其准确性。

(3) 聚类分析法、模糊分析法及灰色模糊分析法都是基于模糊数学、灰色数学而提出来的,是分析研究系统内部存在模糊关系问题的有效方法。在研究武器装备的系统效能时,这些方法可用于那些内部存在模糊关系而又缺乏定量技战术指标或者无法用定量指标来描述其作战效果的武器装备(如软杀伤武器等)。显然,用这些方法得到的系统效能评估值与武器装备的实际作战效果之间也不具有物理拟合性。

7.4 毁伤效能分析计算

毁伤效能分析计算主要用于解决弹药毁伤效能和目标毁伤效果的评价与估量问题,通过方法建立、模型构建、数值模拟等方法支撑武器弹药的论证、研制和作战运用等。毁伤效能分析计算是综合考虑战斗部威力、火力力量、目标特性等因素,对弹药/战斗部的毁伤效能和目标的实际毁伤效果进行综合分析评定的过程。本书将此部分分为战斗部威力分析、目标易损性分析和弹目交汇毁伤评估三部分展开研究。

7.4.1 战斗部威力分析

战斗部威力分析主要是对不同种类的战斗部的威力场进行表征和评价,构建武器弹药性能数据库,并对战斗部威力场计算方法进行研究,得到战斗部威力场计算模型,建立的威力场仿真模型的计算结果主要为弹目交汇毁伤评估部分的工作提供数据支持。该部分构建的武器弹药性能数据库包含处理后的弹药性能数据、威力场仿真计算结果数据、靶后威力场仿真计算结果数据、战斗部威力场模型、靶后威力场模型数据等。

战斗部威力分析主要为战斗部模型的存储和战斗部威力场的仿真分析,对仿真模型和仿真模型计算结果进行存储。战斗部威力场模型指战斗部毁伤元(破片、冲击波、射流等)的空间分布及变化过程。可以主要采取数值模拟的方式得到战斗部威力场模型,通过ANSYS等软件建立数值有限元模型,进一步通过数值模拟软件 AUTODYN、LS – DYNA 等计算得到毁伤元空间分布及变化过程。其中靶后威力场模型根据不同的工况,包括战斗部与靶板的交会角度、靶板材料厚度等,建立一系列仿真模型,其计算结果仅包含破片场模型,即侵彻杆侵彻靶板产生的由毁伤元本身和靶板组成的破片场的空间分布及变化情况。

战斗部威力分析功能由战斗部仿真模型的建立、仿真模型的计算和结果的处理等部分组成。主要工作流程为:首先建立战斗部或战斗部侵彻杆的有限元模型,然后确定工况,即仿真的参数设置(包括战斗部与靶板的侵彻角度、靶板的材料和厚度等),根据工况在数值模拟软件 AUTODYN 中进行有限元分析计算,将计算结果文件即破片场模型数据导出(分为来自靶板的破片和来自弹体的破片),并转换为 Excel 格式进行存储,方便弹目交汇评估等部分的调用。具体的战斗部威力分析工作流程如图 7 – 4 所示。

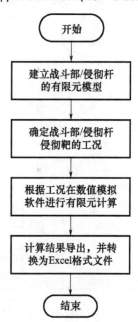

图 7 – 4　战斗部威力分析流程图

7.4.2 目标易损性研究

目标易损性研究是武器装备生存能力研究的重要环节,也是武器装备毁伤与战损评估的重要依据。除此之外,目标易损性研究对于武器弹药的威力评估、试验验收、战场指挥决策等方面也都有极其重要的意义和价值。主要实现对目标进行等效几何建模,结构树构建,毁伤树构建、材料设定、毁伤准则绑定,形成目标模型数据。

目标等效几何建模支持导入通用 CAD 格式(如 stl)的目标实体模型,根据目标实体部件尺寸等效建立目标部件简化模型并设置部件信息,进行目标等效模型三维可视化显示,输出等效模型信息,可对等效模型结果进行保存。可从数据库调入,并支持输入毁伤等级以及毁伤等级的描述,用户可独立根据目标部件简化模型及自行分析,建立特定毁伤等级下目标的毁伤树,确立目标毁伤与目标部件失效的功能逻辑关系。为目标部件添加材料信息,或新建材料信息,同时设置等效信息,例如设置等效厚度。为目标部件绑定毁伤准则,结合目标等效模型、毁伤树和毁伤准则形成目标易损性模型,并对目标易损性模型信息进行保存。

具体的目标易损性建模流程如图7-5所示:先选择目标,接着上传实体模型,并构建结构树,之后建立等效几何模型(可以导入模型或者使用提供的几何体添加模型)。下一步需要添加毁伤等级与毁伤树,之后要为部件添加材料和等效材料,并绑定毁伤准则,最后生成目标易损性模型数据。

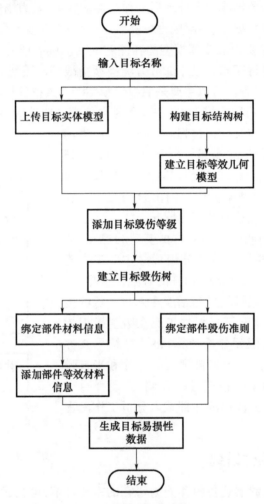

图7-5 目标易损性建模流程图

7.4.3 弹药毁伤效能评估方法研究及数学建模

1. 毁伤效能评估方法研究

本书在第1章中介绍了弹药毁伤效能评估的基本概念,而本节则主要阐述效能评估方法研究及数学建模。弹药毁伤效能分析研究比较典型的模型是系统效能模型,即 **ADC**

模型,该模型认为弹药的毁伤效能是其可用性(A)、可信性(D)和固有能力(C)的函数,即 $E=ADC$。建立模型可分为4步,即描述状态、确定有效性向量、确定可信度矩阵、确定能力向量或矩阵。将有效性向量、可信度矩阵和能力向量(矩阵)连乘,其积就是武器系统总的效能量度值。A 为有效度向量,表示武器系统在开始执行任务时的可能状态,可表示为武器系统装备、人员、操作程序的函数。A 是系统在执行任务开始时刻可用程度的量度,反映武器系统的使用准备程度。D 为可信度矩阵,描述系统在执行任务期间的随机状态,可表示为系统在特定状态下完成各项任务的概率。C 为能力矩阵,表征系统的最终能、描述武器系统完成任务的可能性,表示系统处于可用及可信状态下,系统能达到任务目标的概率。弹药毁伤效能 E 是有效度向量 A、可信度矩阵 D、能力矩阵 C 的乘积,其表达式为:$E=ADC$。调用目标易损性模块中的目标毁伤树、关键部件毁伤判据和目标毁伤等级模块,结合目标毁伤效应计算结果,即可开展对单目标的毁伤效能评估。调用群体目标的关系模型和毁伤等级,即可开展对多目标的毁伤效能评估。

2. 典型战场环境(地形地貌)下的毁伤评估方法

典型战场环境(地形地貌)下的毁伤评估方法主要包括以下研究内容:

(1)研究自然环境条件下目标的易损性变化(图7-6)、运动特性变化和关联特性变化。目标易损性的主要属性有运动速度、材质变化、结构功能、呈现面积、目标分布、集群目标关联性等。研究自然环境因素和集群目标特性因素对目标易损性的影响规律,基于蚁群算法和神经网络算法,并进行归一化处理,最终得到战场环境下的目标易损性模型。

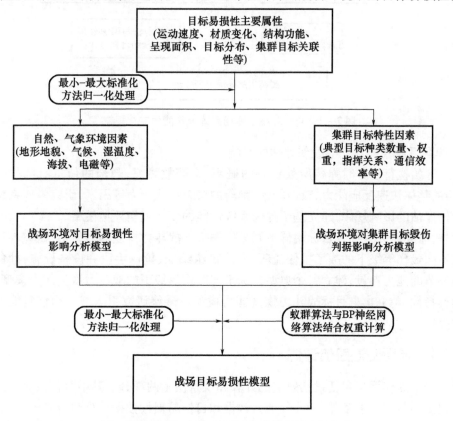

图7-6 自然环境条件下目标的易损性变化规律

(2)研究自然环境对弹药系统毁伤能力的影响规律(图7-7)。考虑自然环境因素,研究战场环境对战斗部威力场的影响分析模型,并根据经验和专家评议结果,将地形、地貌等自然环境影响因素建立数学描述,反映毁伤元在该类典型环境下的效能折损;考虑弹药系统的末端动态因素和多弹联合打击情况,建立多弹复合动态威力场模型。基于蚁群算法和神经网络算法,并进行归一化处理,最终得到弹药实战化威力场模型。

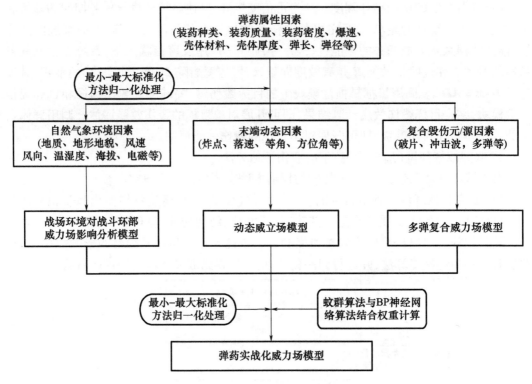

图7-7 自然环境下弹药系统毁伤能力变化规律

3. 弹药系统性能对作战毁伤评估的影响

引入开始执行任务时弹药所处状态的概率、弹药故障率、弹药的信息对抗与生存能力、弹药的整体快速反应能力、攻击能力、弹药的持续作战能力等因素,研究弹药系统性能对其毁伤评估的影响规律,建立基于弹药系统性能的作战毁伤评估模型。

此外,需要研究目标及目标集群不同毁伤等级下战斗力恢复能力评估,研究各种典型目标在不同毁伤等级下的战场抢修流程、抢修班组编配、抢修手段和设备设施,抽象出各个抢修环节的能力参量,建立各个典型目标不同毁伤等级下的战斗力恢复能力模型,根据目标集群特性,建立集群目标战斗力恢复能力模型。最终研究引入战斗力恢复能力后的弹药作战效能评估方法。

7.4.4 弹目交汇毁伤评估

弹目交汇毁伤评估包括毁伤效应的计算和视景演示两部分。其中毁伤效应的计算主要实现根据弹目交汇的条件、战斗部威力数据和目标易损性数据计算弹目打击毁伤效应。视景演示主要实现结合弹目打击参数和弹目毁伤评估计算的毁伤评估数据,构建可视化演示场景,通过毁伤评估结果文件进行推演,生成弹目打击过程及毁伤效果可视化动画。

1. 技术思路分析

弹目交汇毁伤评估包括毁伤效应的计算和视景演示两部分。

毁伤效应计算功能中,根据弹目交汇的条件(弹丸的末速、着靶角度、攻角、瞄准点及瞄准点所在面的面属性)调取战斗部威力场分析中得到的靶后威力场模型计算数据,并根据目标易损性数据(部件毁伤准则、毁伤树等)计算弹目毁伤效应,包括破片效应、冲击波效应和弹丸侵彻效应等的一种或几种。在 MATLAB 中输入交汇参数,根据参数获取对应计算出的破片场 Excel 数据,区分靶前破片和靶后破片,根据目标等效模型以及目标绑定的毁伤准则,计算每个面的毁伤概率;接着根据目标的毁伤树,计算每个部件的毁伤概率和整体的毁伤概率,最后将计算结果存储,供视景演示和其他数据分析功能调用。

视景演示部分主要由 Unity 3D 实现毁伤过程数据推演,即支持打击目标整个过程的三维动画演示功能,以及战斗部爆炸、弹丸侵彻、破片产生、目标毁伤等毁伤效果的动态可视化功能。其中弹药模型和毁伤元模型均使用 3ds Max 制作,各种特效采用粒子系统,在原有素材的基础上,对特效效果进行设置,达到适合的特效效果。其中弹丸飞行轨迹拟基于重力、空气阻力、力矩、升力等共同影响的轨迹路线。碰撞检测采用在 Unity 中给弹丸和目标各添加一个碰撞器 collider 和刚体组件,当弹目交汇时,碰撞器相互碰撞,触发碰撞检测机制实现,并能在 Unity 中使用射线,在弹上挂一个射线检测脚本,在碰撞的方向画一条射线,射线与目标交汇点即为碰撞点,从而根据碰撞点坐标和目标规模参数确定具体是哪个面。参数的输入使用 Unity UI 中的 Text 组件和 Input Field 组件设计界面,通过单击事件将输入框中内容传到系统中。破片效果采用粒子系统实现,调用仿真传来的数据对破片的范围、角度、速度等方面进行设置。目标毁伤效果拟采用高度图和贴图实现,高度图可以实现目标凹陷、变形,或利用其他插件实现损伤。

2. 功能框架设计

弹目交汇毁伤评估主要由视景演示分系统、战斗部威力分析分系统、目标易损性分析分系统、弹目交汇毁伤评估分系统等构成。弹目交汇毁伤评估系统框架如图 7-8 所示。

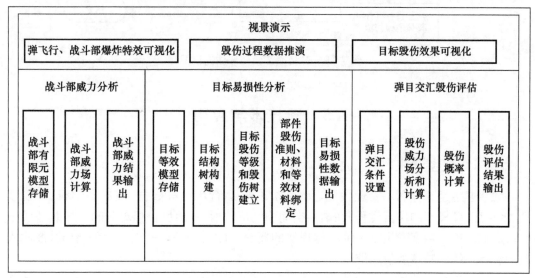

图 7-8 弹目交汇毁伤评估系统框架

3. 弹目交汇毁伤评估流程

弹目交汇毁伤评估首先输入交汇的参数(弹丸的末速、着靶角度、攻角、瞄准点及瞄准点所在面的面属性),然后调用第三方工具写的弹目交汇毁伤计算算法,该算法调用战斗部威力分析中对应的侵彻靶仿真计算的破片 Excel 数据并对其进行分析,区分出靶后破片。获得靶后破片数据后,调用目标等效模型以及目标的毁伤准则,并根据毁伤准则和破片信息,计算每个面的毁伤概率,然后根据目标毁伤树计算部件和整体的毁伤概率。视景演示根据得到的计算结果对弹丸飞行、爆炸、毁伤元形成、破片侵彻、目标毁伤等过程进行三维动画显示。弹目交汇毁伤评估流程图如图 7-9 所示。

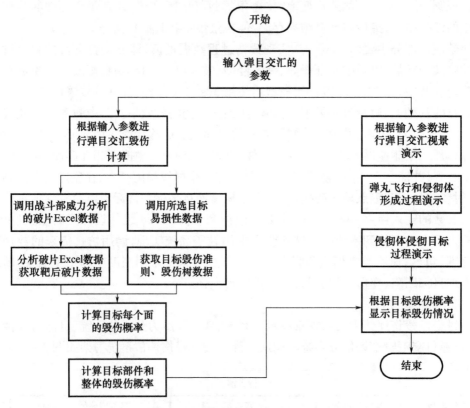

图 7-9 弹目交汇毁伤评估流程图

7.5 新技术与应用

7.5.1 数字孪生

数字孪生是充分利用物理模型、传感器更新、运行历史等数据,集成多学科、多物理量、多尺度、多概率的仿真过程,在虚拟空间中完成映射,从而反映相对应的实体装备的全生命周期过程。数字孪生是一种超越现实的概念,可以被视为一个或多个重要的、彼此依赖的装备系统的数字映射系统。

数字孪生是个普遍适应的理论技术体系,可以在众多领域应用,在产品设计、产品制造、医学分析、工程建设等领域应用较多。在国内应用最深入的是工程建设领域,关注度最高、研究最热的是智能制造领域。

美国国防部最早提出利用数字孪生技术,用于航空航天飞行器的健康维护与保障。首先在数字空间建立真实飞机的模型,并通过传感器实现与飞机真实状态完全同步,这样每次飞行后,根据结构现有情况和过往载荷及时分析评估是否需要维修,能否承受下次的任务载荷等。

最早,数字孪生思想由密歇根大学的 Michael Grieves 命名为"信息镜像模型"(Information Mirroring Model),而后演变为"数字孪生"的术语。数字孪生也被称为数字双胞胎和数字化映射。数字孪生是在基于模型的定义(Model Based Definition,MBD)基础上深入发展起来的,企业在实施基于模型的系统工程(Model Based System Engineering,MBSE)的过程中产生了大量物理的、数学的模型,这些模型为数字孪生的发展奠定了基础。2012年 NASA 给出了数字孪生的概念描述:数字孪生是指充分利用物理模型、传感器、运行历史等数据,集成多学科、多尺度的仿真过程,它作为虚拟空间中对实体产品的镜像,反映了相对应物理实体产品的全生命周期过程。为了便于数字孪生的理解,庄存波等提出了数字孪生体的概念,认为数字孪生是采用信息技术对物理实体的组成、特征、功能和性能进行数字化定义和建模的过程。数字孪生体是指在计算机虚拟空间存在的与物理实体完全等价的信息模型,可以基于数字孪生体对物理实体进行仿真分析和优化。数字孪生是技术、过程和方法,数字孪体是对象、模型和数据。

进入 21 世纪,美国和德国均提出了信息物理系统(Cyber – Physical System,CPS),作为先进制造业的核心支撑技术。CPS 的目标就是实现物理世界和信息世界的交互融合。通过大数据分析、人工智能等新一代信息技术在虚拟世界的仿真分析和预测,以最优的结果驱动物理世界的运行。数字孪生的本质就是在信息世界对物理世界的等价映射,因此数字孪生更好地诠释了 CPS,成为实现 CPS 的最佳技术。

以美国为代表的世界军事大国已将数字孪生技术视为"改变战争游戏规则"的颠覆性技术。美国海军领导人曾表示:"数字孪生体不是有趣的假设,而是当务之急"。数字孪生技术在军事领域的应用已经是大势所趋。本书根据数字孪生技术的本质和特点,从物、环境和人三个层面总结概括该技术在智能化战争中的应用场景。

数字孪生技术应用领域如图 7 – 10 所示。

数字孪生技术可应用于作战平台的研发、生产和维护。装甲车、舰艇、飞机、航天器等大型作战平台结构复杂、零部件繁多、测试过程较慢,导致研发周期较长。数字孪生技术的应用可以极大缩短研发周期,降低研发成本,快速研制出满足现实作战需要的新型作战平台和作战系统。这是因为相较于传统作战平台先生产出物理原型再测试,直至产品满足需求的闭合循环研发过程,数字孪生技术在设计阶段就开始进行各种测试。同时,通过传感器搜集初始原型数据,在决定更改物理原型之前,在数字化环境中模拟测试各种场景,从而达到创建最少物理模型、最快生产出合适产品的目的。例如波音公司在波音 777 客机研发的整个过程全靠数字仿真推演,随后直接量产。据报道,数字孪生技术帮助波音公司减少 50% 的返工量,有效缩短 40% 的研发周期。随着大数据的兴起以及计算能力的提升,数字孪生体可以显著改善作战平台的维护效率。平时数字孪生体可以通过日常按需维修减少装备进厂维护的次数,从而降低维护的资金成本和时间成本。战时技术人员

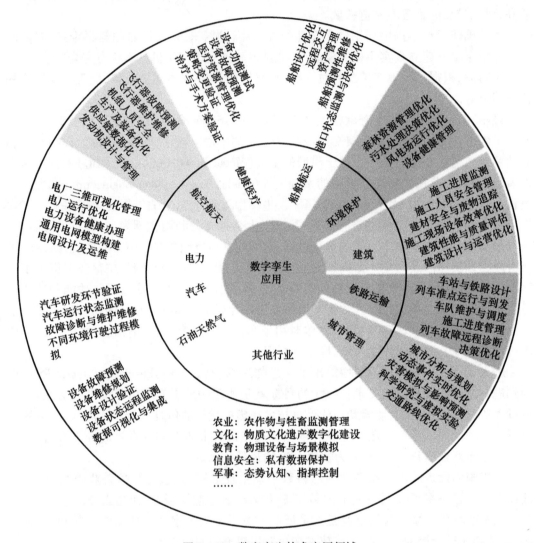

图 7-10 数字孪生技术应用领域

可以在数字化空间及时了解装备情况，确定故障源，远程组织抢救抢修，从而快速恢复作战能力。据报道，美军在 2020 年夏天就开始拆除空军的 B-1 轰炸机，以制造数字孪生机，还计划创建 F-35 战斗机的数字孪生体，以预测飞机的性能、预期寿命和故障情况。美国空军于 2022 年 3 月 21 日宣布，已在佛罗里达州廷德尔空军基地启用数字孪生全息实验室，以数字模型形式展示空军基地，使飞行员能够在虚拟环境中测试技术。数字孪生技术最先应用于航天航空装备的研发，未来将融入陆、海、空、天、电、网各领域装备的研发、生产与维护。

数字孪生技术可应用于战场环境的想定、模拟和更新。战场环境指对作战活动和作战效果有影响的各种因素和条件的统称。战场环境包括自然环境、人文环境、电磁环境及战场建设环境。战场环境是军事行动的舞台，能否清晰准确了解分析战场环境，直接影响着军事行动的成败。数字孪生战场环境是真实战场环境的映射，是战场环境数字化的高级阶段。以往的真实战场与数字化战场模型之间存在数据分离情况,很难实现信息的闭环流动。数字孪生技术的应用解决了这一难题,它可以实现真实环境与数字孪生战场环境之间的实时双向互操作,实现高效实时数据共享。数字孪生战场环境能够在作战筹划、作战演练、作战行动中提供一致的数据,确保信息的一致性,使部队能够在同一张地图上作战。当前,数字孪生技术仍主要应用于智能制造,尚未真正广泛应用于战场环境的创建中。由于数字孪生战场环境能够为智能化战争提供信息支撑,帮助己方快速获取智能化战争先机,因此应积极推进数字孪生战场环境理论研究和具体实施,建立基于时空大数据平台的数字孪生战场环境。

  数字孪生技术可应用于指挥控制的观察、判断和决策。数字孪生是虚拟资产,可实现真实战场与其仿真模型之间的双向实时映射和交互,输入数据后可以提供决策信息。当前战争样式已经由网络中心战逐渐向决策中心战转变,增加己方作战选择,干扰敌人决策,在"认知域"这个新的维度实现对敌颠覆性优势,是智能化战争形态的制胜机理。数字孪生技术通过在虚拟空间创建作战平台、武器系统、战场环境等战争实体的副本,集成所有副本模型,为指挥员展示最全面、最实时的战场真实情况,从而使指挥员形成对战场情况最直观的认识,为其设计作战方案、作出决策奠定认知基础。战争构成要素的数字孪生体还能够反映和预测它们在真实空间中的行为,在战场学习算法的辅助下,能够模拟不同作战方案所能实现的作战效果,帮助指挥官在最短时间内选择最佳行动方案,形成最佳决策。数字孪生技术的应用实现了从观察、判断、决策至行动全过程的闭环优化,能够将指挥决策优势转变为行动优势和战争优势。

  大数据时代的到来牵动了军事领域的变革。军事领域一直在尝试利用无处不在的海量数据,强化数据的价值,将数据转化为信息、知识和智慧,最后利用这些知识和智慧做出最有利于己方的决策。随着科学技术的发展,战争形态由信息化战争向智能化战争逐渐过渡。战场上,掌握"制智权"将逐渐取代"制信息权","制智权"成为了战场主动权争夺的焦点。数字孪生技术的应用能够加速数据转化为知识和智慧的进程,进而提升掌握"制智权"的速度,在战争中实现先发制人。

  数字孪生技术的应用将贯穿智能化战争全过程。从时间角度来看,数字孪生技术将贯穿智能化战争战前、战时和战后三个阶段。智能化载荷、智能化平台、智能化系统等构成的新型作战力量是智能化战争的物质基础。战前,数字孪生技术能够应用于智能化作战力量的研发与生产,加速奠定智能化战争的稳固地基。除此之外,数字孪生技术还能通过整合当下实时作战力量和作战环境数据,预测评估其未来的状态,模拟不同作战方案的作战效果,帮助指挥官实现作战规划的最优解。战时,利用传感器输入的数据实时呈现战场态势,高效部署作战力量。战后,可快速掌握打击目标与己方作战力量状态,高效进行目标打击效果评估和作战能力恢复。从内容角度来看,数字孪生技术可以应用于智能化战争中人事、情报、作战、计划、后勤每个环节。以智能化战争后勤工作为例,随着指挥控制系统和保障装备智能化水平的不断提升,未来智能化战场后勤保障资源的配置模式将更为分散灵活,要求按需供应、快速供应。数字孪生技术能够应用于供应链、运输网络和物流运营,这使后勤保障部门能够预测和即时感知战场后勤需求,高质高效解决战场装备故障、物流等问题,从而使后勤保障满足智能化战争要求。

7.5.2 云边端协同

"云端协同"即云和端相互合作、互相渗透的物联网部署方式,这里的云指的是"云计算"或者说"云数据中心",而端就指的是终端。当云端协同这个词开始步入大众的视野之后,边缘计算也开始逐渐受到重视和运用,于是越来越多的厂家开始走上云边端协同战略方向。

云边端协同包括三个方面的互相协同:云计算中心、边缘设备以及终端。终端负责数据的采集和生成,然后传送给边缘设备。边缘设备可以对数据进行初步计算,然后再传送给云计算中心,也可以不进行处理直接传送给云计算中心。如果不进行处理直接传送给云计算中心,就是传统的云管端。云管端是传统的计算架构,终端进行数据的生成和采集,然后直接通过网络(管)把所有的数据传送到云计算中心,由云计算中心进行统一的处理。

边缘计算系统逻辑架构如图7-11所示,由图可知,逻辑架构侧重边缘计算系统云、边、端各部分之间的交互和协同,包括云、边协同,边、端协同和云、边、端协同3个部分。

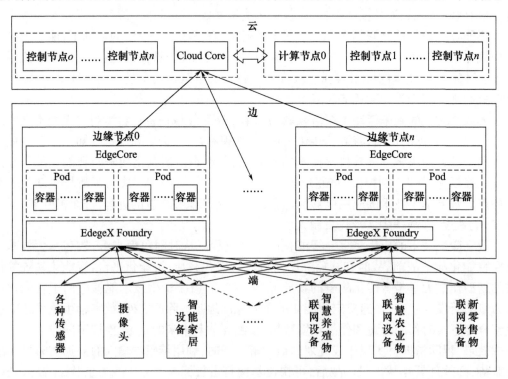

图7-11 边缘计算系统逻辑架构

(1)云、边协同:通过云部分Kubernetes的控制节点和边部分KubeEdge所运行的节点共同实现。

(2)边、端协同:通过边部分KubeEdge和端部分EdgeX Foundry共同实现。

(3)云、边、端协同:通过云解决方案Kubernetes的控制节点、边缘解决方案KubeEdge和端解决方案EdgeX Foundry共同实现。

当云边端开始协同发展之后,其优势将会得到进一步的显现:

优势一:更多的节点来负载流量,使得数据传输速度更快。

优势二:更靠近终端设备,传输更安全,数据处理更即时。

优势三:更分散的节点相比云计算故障所产生的影响更小,还解决了设备散热问题。

云边端协同运用场景:智慧战场指控云脑。

能否在通信无连接、时断时续、低带宽(Disconnected Intermittent Limited ,DIL)的战术边缘环境中,以本地方式生成并处理任务关键型数据,以及恢复连接后能否立即实现数据同步,是保障作战部队顺利完成任务的一个关键要素。美军将战术环境中的云计算列为构建下一代战术网计划的重点,部署于战术边缘的模块化数据中心能够更好地实现分布式任务指挥。

智慧战场包括了战场态势感知、态势认知、指挥决策、毁伤评估等方方面面,边缘计算这里的角色就像是指控大脑的神经末梢,一方面采集数据信息,本地进行实时处理、预测,将本地处理提取的特征数据传输给云端大脑;另一方面将人工智能与分布在战场中的传感器结合,打通各系统平台,使得战场指控中出现的诸多问题能够更加及时、有效地发现和处理。

智慧战场需要支持分布式数据处理和存储、通信以及云复制的自动化,以确保对战场边缘的态势感知优势,使数据和应用程序能够无缝地从云端传输到边缘,然后回传,几乎不需要操作员干预。实现这一目标的几个关键技术包括应用程序虚拟化和容器化、网络虚拟化、超融合存储基础架构。

应用程序虚拟化和容器化,是将应用程序与底层硬件分离的技术,允许多个应用程序在单台服务器上安全运行,通过减少处理应用程序所需的服务器数量来优化 SWaP。这两种技术还能够实现将应用程序从一个服务器复制或迁移到另一个服务器,以及从云端复制或迁移到边缘客户端,平衡计算资源的可用性或最大限度地减少网络连接的延迟。对于战术部队而言,这提供了将一些应用程序移动到靠近作战人员位置的潜力,从而减少处理延迟,甚至在通信断开连接时也能提供处理能力。

超融合基础架构(Hyper Converged Infrastructure,HCI)技术将应用程序数据的存储与硬件分离,同时还消除了对传统的网络附加存储(NAS)或存储区域网络(SAN)架构的依赖。这些新技术是在云和边缘处理之间复制数据的基础——使作战人员能够将云数据的副本带入战区,并在适当的时候,能够在 DIL 环境中对数据进行复制和更改。

对于需要高可靠性的已部署部队而言,HCI 还能提供本地数据复制,确保即便在服务器或磁盘发生故障的情况下,也能在战区中使用数据。这些技术的新进展,正在迅速提高战术部队在任何主要云提供商之间复制数据的能力,以及在战场边缘和云之间迁移应用程序的能力,为作战人员提供最大程度的战术机动性。

在网络边缘拥有一个采用现代软件基础架构的融合计算/存储/联网模块化数据中心将带来很多优势。在 DIL 环境中运行时,该数据中心可以支持各种不同的作战需求,包括托管态势感知、任务指挥和指挥控制应用程序,支持信号情报、人力情报和图像情报数据收集和分析工作负载,以及支持基于物联网和传感器融合的新兴应用程序。这是一种理想方案,将确保由新的全域态势感知驱动的作战条令能够取得成功,同时还能解决战术边缘 DIL 环境中的通信问题。

7.5.3 湖仓一体化

面对海量武器装备毁伤效能大数据场景下的结构化、非结构化数据归档的需求,针对信息时代高效精确的武器装备毁伤效能数据处理面临的诸多挑战,解决传统数据仓库和数据湖架构的局限,设计湖仓一体武器装备毁伤效能大数据存储平台,打通数据仓库和数据湖,将数据仓库丰富管理功能和性能优化能力与支持多种数据格式的低成本存储的数据湖灵活性结合起来,融合两种架构的优势,构建新一代武器装备毁伤效能数据基础设施。

依托云原生特性、计算存储分离架构、强 ACID 特性、强 SQL 标准支持、Hadoop 原生支持、高性能并行执行能力等一系列底层技术,实现高弹性、强扩展性、强共享性、强兼容性、强复杂查询能力、自动化机器学习支持等上层技术能力的变革,有效支撑大规模、强敏态、高时效的工程技术分析决策。

湖仓一体化数据存储平台可加快系统对海量大数据的高效处理与应用,在数据湖及数据仓库基础上创建面向主题的、集成的数据集合,以经过优化的湖仓一体数据存储支撑工程云资料信息化平台运行与管理。

Data Lakehouse(湖仓一体)可定义为基于低成本,可直接访问存储的数据管理系统,它结合了数据湖和数据仓库的主要优势,开放格式的低成本存储可通过数据湖的各种系统访问,而数据仓库则具有强大的管理和优化功能。数据分析师和数据科学家可以在同一个数据存储中对数据进行操作,同时它也能为工程技术大数据治理带来更多的便利性。湖仓一体工程技术资料大数据存储平台框架如图 7-12 所示。

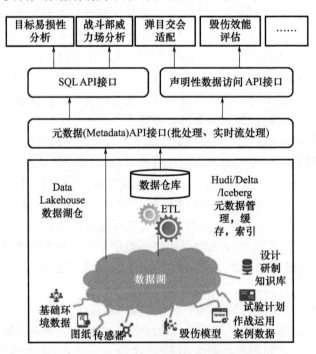

图 7-12 湖仓一体化毁伤大数据存储平台框架

该湖仓一体大数据存储平台提供从批处理、流式计算、交互式分析到机器学习等各类计算引擎,兼容主流开源湖仓一体化系统 Hudi/Delta/Iceberg。一般情况下,数据的加载、转换、处理会使用批处理计算引擎；需要实时计算的部分，会使用流式计算引擎；对于一些探索式的分析场景，可能又需要引入交互式分析引擎。该平台引入各类机器学习/深度学习算法，平台支持从 HDFS/S3/OSS 上读取样本数据进行训练，该湖仓一体解决方案提供计算引擎的可扩展/可插拔。

具体的，离线数据流可实现离线数据湖能力，数据通过批量集成，存储到 Hudi，再通过 Spark 进行加工。实时数据流通过 CDC（变更数据捕获）实时捕获，通过 Flink 实时写入 Hudi；通过 Redis 做变量缓存，以实现实时数据加工处理，之后送到诸如 Clickhouse、Redis、HBase 等专题集市里对外提供服务。

采用钻取（Drill-down）、上卷（Roll-up）、切片（Slice）、切块（Dice）、旋转（Pivot）等多种联机分析处理（On-line Analytical Processing，OLAP）技术，将数据立方体元数据进行任意多关键字的实时索引，加速数据的查询和检索效率，在数据湖与数据仓库一体化多维模型的基础上实现面向分析的各类操作。

采用关联分析、聚类分析、偏差分析等数据挖掘技术，从数据湖与数据仓库中大量的、不完全的、有噪声的、模糊的、随机的数据中提取挖掘出可信而有效的数据，寻找数据间潜在的关联，支撑系统高层应用。

这种湖仓一体存储平台实现了数据库与数据仓库双方的优势互补，其特点如下：①湖和仓的数据/元数据无缝打通，互相补充，数据仓库的模型反哺到数据湖（成为原始数据一部分），湖的结构化应用知识沉淀到数据仓库；②湖和仓有统一的开发体验，存储在不同系统的数据，可以通过一个统一的开发/管理平台操作；③数据湖与数据仓库的数据，系统可以根据自动的规则决定哪些数据放在数仓，哪些保留在数据湖，进而形成一体化。

参考文献

[1] 黄寒砚,王正明. 武器毁伤效能评估综述及系统目标毁伤效能评估框架研究[J]. 宇航学报,2009, 30(3):10.

[2] 王凯,闫强强. 基于多源决策级情报的炮兵远程火力毁伤评估[J]. 指挥控制与仿真,2022,44(3): 71-74.

[3] 张玉叶,王尚强,王春歆. 智能化作战下的海战场毁伤评估面临的挑战及发展趋势[J]. 军事文摘, 2022(4):16-19.

[4] 总装备部综合计划部. 装备业务信息化建设研究与实践[M]. 北京:解放军出版社,2012.

[5] 全军军事术语管理委员会. 中国人民解放军军语[M]. 北京:军事科学出版社,2011.

[6] 杨凯达. 加入毁伤时间流的目标毁伤效果评估方法[J]. 舰船电子工程,2022(4):129-134,170.

[7] 管东林,刘静涛,周万宁. 军事大数据建设运用关键环节思考[C]. 第八届中国指挥控制大会, 2020:150-154.

[8] 王玉,王树山,李文哲,等. 半穿甲炮弹对小型舰船目标毁伤效能评估研究[J]. 火炮发射与控制学报,2022,43(1):8.

[9] 罗荣,肖玉杰,王亮,等. 大数据在海战场指挥信息系统中的应用研究[J]. 舰船电子工程. 2019,39 (3):6-10,19.

[10] 唐川. 美国陆军研究实验室超算与大数据研发目标[J]. 科研信息化技术与应用. 2015,6(2): 94-96.

[11] 范开军,易华辉,周朝阳. 毁伤评估技术体系概论[J]. 防护工程,2016(5):7-10.

[12] 马春茂,孙卫平,李炎,等. 武器装备毁伤评估研究进展[J]. 火炮发射与控制学报. 2019,40(4): 96-101.

[13] 董桂旭,曾权. 导弹战斗部终端毁伤效能评估[J]. 兵器装备工程学报,2021,42(S01):116-121.

[14] 卢莉萍,张晓倩,李翰山. 地面装甲车毁伤概率计算方法[J]. 南京理工大学学报,2021,45(4):7.

[15] 徐豫新,蔡子雷,吴巍,等. 弹药毁伤效能评估技术研究现状与发展趋势[J]. 北京理工大学学报, 2021,41(6):569-578.

[16] 章原发. 大数据生态系统在海军作战中的应用[J]. 国防科技. 2015,36(3):101-103.

[17] 王红梅,郭燕青. 基于知识生态系统的数据驱动将成为"双循环"体系的源动力[J]. 管理现代化, 2021,41(3):54-56.

[18] Ren H Y, Hu W H, Jure L. Query2box: Reasoning over knowledge graphs in vector space using box embeddings[C]. ICLR2020, arXiv:2002.05969.

[19] Antonio G L, Christina T, Katja H, et al. AMIE: Association rule mining under incomplete evidence in ontological knowledge bases [C]. Proceedings of the 22nd International Conference on World Wide Web. 2013:413-422.

[20] Dong X L, Evgeniy G, Geremy H, et al. Knowledge vault: A web-scale approach to probabilistic knowledge fusion[C]. Proceedings of the 20th ACM SIGKDD International Conference on Knowledge Discovery and Data Mining. 2014:601-610.

[21] Antoine B, Nicolas U, Alberto G D, et al. Translating embeddings for modeling multi-relational data

[G]. Advances in Neural Information Processing Systems 26. Curran Associates, Inc., 2013: 2787-2795.

[22] Kristina T, Chen D Q. Observed versus latent features for knowledge base and text inference [C]. Proceedings of the 3rd Workshop on Continuous Vector Space Models and Their Compositionality. 2015: 57-66.

[23] Hamilton W, Bajaj P, Zitnik M, et al. Embedding logical queries on knowledge graphs[C]. In Advances in Neural Information Processing Systems (NeurIPS2018). 2018: 2027-2038.

[24] Ren H Y, Jure L. Beta embeddings for multi-hop logical reasoning in knowledge graphs[C]. In Advances in Neural Information Processing Systems (NeurIPS2020), arXiv:2010.11465.

[25] 戴剑伟,吴照林,朱明东,等. 数据工程理论与技术[M]. 北京:国防工业出版社,2010.

[26] 胡昌平,陈传夫,邱均平,等. 信息资源管理研究进展[M]. 武汉:武汉大学出版社,2008.

[27] Franks B. 驾驭大数据[M]. 黄海,车皓洋,王悦,等译. 北京:人民邮电出版社,2013.

[28] 陆嘉恒. 大数据挑战[M]. 北京:电子工业出版社,2013.

[29] 朱杨勇,熊赟. 数据学[M]. 上海:复旦大学出版社,2009.

[30] 杨学强,黄俊. 装备保障信息化建设概论[M]. 北京:国防工业出版社,2011.

[31] 军事科学院军队建设研究部. 军队信息化建设概论[M]. 北京:军事科学出版社,2009.

[32] 梁基照. 工程管理学[M]. 北京:国防工业出版社,2007.

[33] Smith D. 采购项目管理[M]. 北京:机械工业出版社,2008.

[34] 周跃进,等. 项目管理[M]. 北京:机械工业出版社,2007.

[35] 赖一飞,夏滨,张清. 工程项目管理学[M]. 武汉:武汉大学出版社,2006.

[36] 杰克. 信息技术项目管理[M]. 马丘卡,许江林,等译. 北京:电子工业出版社,2007.

[37] 卢向南. 项目计划与控制[M]. 北京:机械工业出版社,2004.

[38] 张爱霞,李富平,赵树果. 系统工程基础[M]. 北京:清华大学出版社,2011.

[39] 郁滨,等. 系统工程理论[M]. 合肥:中国科技大学出版社,2010.

[40] 陈庆华,李晓松,等. 系统工程理论与实践[M]. 北京:国防工业出版社,2009.

[41] 郝晓玲,孙强. 信息化绩效评价[M]. 北京:清华大学出版社,2005.

[42] 哈佛商学院出版公司. 绩效管理[M]. 赵恒,杨勇,译. 北京:商务印书馆,2008.

[43] 维克托,肯尼思. 大数据时代[M]. 盛杨燕,周涛,译. 杭州:浙江人民出版社,2013.

[44] McGilvray D. 数据质量工程实践[M]. 刁兴春,曹建军,张健美,等译. 北京:电子工业出版社,2010.

[45] Wang R Y, Pierce E M, Madnick S E, et al. 信息质量[M]. 曹建军,刁兴春,许勇平,译. 北京:国防工业出版社,2013.

[46] 林小村. 数据中心建设与运行管理[M]. 北京:科学出版社,2011.

[47] 卢浩,黄牧,耿昊,等. 目标数据库在防护工程毁伤评估中的应用探讨[J]. 防护工程,2018(4):6.

[48] 钟景华,朱利伟,曹播,等. 新一代绿色数据中心的规划与设计[M]. 北京:电子工业出版社,2011.

[49] "数字三位一体"推动美国空军采办模式变革:美国空军2019/2020财年"数字三位一体"实施进展[J]. 航空标准化与质量,2021(4):后插1-后插2.

[50] 康红宴,赵阳,张鹏. 作战数据工程建设与发展[J]. 国防科技,2018,39(1):120-124.

[51] 迟明祎,侯兴明,周磊,等. 对作战试验数据工程建设的思考[J]. 兵工自动化,2020,39(4):30-34.

[52] 黄志文. 专题数据库建设推动重大项目档案管理与服务创新:以载人航天工程档案资料数据库建设为例[J]. 数字与缩微影像,2015(3):5-9.

[53] 林平,刘永辉,陈大勇. 军事数据工程基本问题分析[J]. 军事运筹与系统工程,2012(1):14-17,34.

[54] 中国国家标准化管理委员会. 信息安全技术 公钥基础设施 数字证书格式:GB/T 20518—2018[S]. 北京:中国标准出版社,2018:6.

[55] 国家标准化管理委员会. 信息安全技术 公钥基础设施 PKI 系统安全技术要求:GB/T 21053—2023[S]. 北京:中国标准出版社,2023:3.

[56] 中国国家标准化管理委员会. 信息安全技术 公钥基础设施 时间戳规范:GB/T 20520—2006[S]. 北京:中国标准出版社,2006:8.

[57] 王宇,卢昱,吴忠望,等. 构建多级多层的空间信息系统安全基础设施[J]. 宇航学报,2007(5):1081-1085.

[58] 蒋泰,钟文龙. 基于 PMI 的 ERP 系统安全基础设施研究[J]. 计算机系统应用,2007(11):36-40.

[59] 李耿,朱美正. 数据订阅分发技术的研究和实现[J]. 计算机工程与设计,2010(12):2876-2879.

[60] 赵春宇,马伦,孔祥群,等. 信息化条件下装备维修保障技术发展现状及趋势[J]. 信息技术,2012(1):185-187.

[61] 杨英科,俞静一. 信息化作战与电子信息装备试验鉴定术语[M]. 北京:国防工业出版社,2011.

[62] 陆嘉恒. 大数据挑战与 NoSQL 数据库技术[M]. 北京:电子工业出版社,2013.

[63] 刘昕,王晓,张卫山,等. 平行数据:从大数据到数据智能[J]. 模式识别与人工智能,2017,30(8):673-681.

[64] 庞雪凡,王振宇. 数字孪生技术在智能化战争中的应用[J]. 军事文摘,2022(8):5.

[65] 苏多,柳鑫. 数字孪生驱动下的装备适航性和安全性设计与验证技术研究[J]. 航空科学技术,2021,32(11):11.

[66] 金鑫,韩风,邹阳. 基于"云边端"的业务信息系统构建技术研究[J]. 信息化研究,2021,47(6):18-23.

[67] 酷克数据. 数据库未来:湖仓一体成为新趋势[EB/OL]. [2002-05-31]. https://blog.csdn.net/m0_54979897/article/details/125069175.